普通高校"十二五"规划教材

光电技术实验

江月松　编著

北京航空航天大学出版社

内 容 简 介

"光电技术"教材分课堂讲授部分《光电技术》和实验操作指导部分《光电技术实验》。本书是实验操作指导部分,内容由 48 个实验组成,分别归属为辐射度量的测量、光电探测器、光电弱信号探测、光学调制器原理及信号解调方法、成像器件与系统的性能测试及信号处理方法、激光器的参数测量及其应用、光电技术设计性与综合应用实验七大部分。

本书适合于光电信息工程、电子信息工程、应用物理、自动控制、计量测试技术与仪器、光电检测、光学遥感、测绘工程等专业高年级本科生和研究生使用,也可作为光电信息技术领域的科研人员和工程技术人员的参考书。

图书在版编目(CIP)数据

光电技术实验 / 江月松编著. -- 北京 : 北京航空航天大学出版社,2012.10
ISBN 978-7-5124-0959-0

Ⅰ. ①光… Ⅱ. ①江… Ⅲ. ①光电技术-实验 Ⅳ. ①TN2-33

中国版本图书馆 CIP 数据核字(2012)第 223613 号

版权所有,侵权必究。

光电技术实验
江月松　编著
责任编辑　刘晓明

＊

北京航空航天大学出版社出版发行

北京市海淀区学院路 37 号(邮编 100191)　http://www.buaapress.com.cn
发行部电话:(010)82317024　传真:(010)82328026
读者信箱 bhpress@263.net　邮购电话:(010)82316936

北京时代华都印刷有限公司印装　各地书店经销

＊

开本:787×960　1/16　印张:20.75　字数:459 千字
2012 年 10 月第 1 版　2012 年 10 月第 1 次印刷　印数:2 000 册
ISBN 978-7-5124-0959-0　　定价:39.00 元

若本书有倒页、脱页、缺页等印装质量问题,请与本社发行部联系调换。联系电话:(010)82317024

前 言

"光电技术"教材分课堂讲授部分《光电技术》与实验操作指导部分《光电技术实验》。这套教材是作者在从事教学工作20多年的基础上,总结了其先后编著的全国电子信息类专业"九五"规划教材《光电技术与实验》(北京理工大学出版社,2000年)和北京市精品教材《光电信息技术基础》(北京航空航天大学出版社,2005年)的经验和教学实验研究经验的基础上,结合当前本科-研究生一体化教学要求、国际光电技术的发展趋势和创新型人才培养需求编著而成的。

本套教材以培养学生创新能力为宗旨,适应本科-研究生一体化教学要求,在体系上体现了"行为主义→认知主义→建构主义"的现代教育理念。实验操作指导内容紧密配合课堂讲授内容为本教材的重要特色。在内容安排上,不同类型高校、研究单位以及工程单位等,可以结合自身的具体情况选择使用;在加强理论基础内容时,注重介绍实用技术对理论的灵活应用,既反映了经典的理论与技术,也尽可能系统地介绍目前正在被广泛应用以及正在研发的技术内容。

作者编著的《光电技术与实验》自2000年出版后,被许多高校作为光电技术、应用物理、自动控制以及测试仪器等专业的教材,在出版后的10余年的时间里,重印多次,其中许多实验项目也被一些公司开发成为教学仪器,取得了良好的教学效果和社会效益。

《光电技术实验》内容紧密配合课堂讲授的《光电技术》内容。第一部分内容——辐射度量的测量紧密结合《光电技术》中第1章的辐射理论和第2章的半导体光电子学基础;本书的第二部分到第六部分的实验项目内容分别是光电探测器、光电弱信号探测、光学调制器原理及信号解调方法、成像器件与系统的性能测试及信号处理方法、激光器的参数测量及其应用,紧密结合《光电技术》的第3章至第9章的光辐射源、光探测器、光伏器件、晶体光学基础与光调制、光电成像器件、光学信息存储和光电信息显示内容;本书的第七部分的光电技术设计性与综合应用实验紧密结合《光电技术》中的第10章光电探测方式与探测系统内容。

本书中的全部实验项目内容由江月松执笔,需要说明如下几点:

1. 按照本教材教学体系需求,选编了一些其他相关实验教材中的实验项目,在书后给出了有关参考书目,在此对这些教材的作者表示深深的感谢!

2. 在选编的实验项目中,有的根据我们的教学实践作了一些修改;有的实验项目是我们从科研成果中转化而来的,如"激光表面等离子体共振测量薄膜光学特性"、"光声光谱实验"等实验项目均为在国内光电技术教材和物理类教材中首次出现。

3. 本书列出的实验项目绝大多数是以分立元器件作为搭建实验装置的基础,很少采用目前不少教学仪器公司生产的一体化式的"集成"实验箱装置。作者认为:一体化式的实验箱虽然便于教师教学和节省实验操作时间,但不利于培养学生对客观事物内在关系结构的认识,不利于学生灵活应用知识和创新实践能力的培养。

4. 本书的出版得到了北京航空航天大学精品课程建设的支持,作者在此表示衷心的感谢!

由于作者水平有限,书中难免有错误与不妥之处,恳请读者批评指正。

作　者

2012 年 4 月

于北京航空航天大学电子信息工程学院

目 录

第一部分 辐射度量的测量 1

    实验 1   辐射体光谱能量分布的测量 1

    实验 2   法向全发射率的测量 6

    实验 3   法向光谱发射率的测量 16

    实验 4   绝对反射比的测量 23

    实验 5   辐射温度、亮度温度和有色温度的测量 29

第二部分 光电探测器 40

    实验 6   光电探测器光谱响应度的测量 40

    实验 7   光电探测器响应时间的测量 44

    实验 8   光电探测器探测度的测量 49

    实验 9   雪崩光电二极管 53

    实验 10 光电倍增管的静态和时间特性的测量 59

    实验 11 光电池的偏置与基本特性的测量 67

    实验 12 光电探测器输出信号的信噪比匹配 76

第三部分 光电弱信号探测 82

    实验 13 低噪声放大器 82

    实验 14 有源滤波器 88

    实验 15 锁相环及其应用 93

    实验 16 微弱信号的锁定接收法 106

    实验 17 取样积分原理 111

    实验 18 光电信号的积累检测 116

    实验 19 随机共振实验——用噪声检测弱信号 123

    实验 20 光子计数 132

第四部分 光学调制器原理及信号解调方法 142

    实验 21 光学调制盘 142

    实验 22 光栅莫尔条纹测长原理 148

实验 23	光电轴角编码器	154
实验 24	声光调制器	160
实验 25	电光调制——激光通信的应用	168
实验 26	光外差原理	177

第五部分　成像器件与系统的性能测试及信号处理方法　184

实验 27	CCD 转移效率的测定	184
实验 28	CCD 相机的空间分辨率和最大作用距离的测定	188
实验 29	行扫描装置扫描参数的测定	193
实验 30	光电信号的采样和保持	198
实验 31	摄像机信号的应用原理	203
实验 32	线阵 CCD 成像传感器的原理与应用	214
实验 33	二维光强分布的立体显示	224
实验 34	图像的数据采集	227

第六部分　激光器的参数测量及其应用　232

实验 35	He-Ne 激光器的增益系数测量	232
实验 36	He-Ne 激光器的模式分析	238
实验 37	迈克尔逊干涉仪和马赫-曾德干涉仪	242
实验 38	光纤全息照相	246
实验 39	全息高密度信息存储	250
实验 40	白光散斑摄影测量方法	253

第七部分　光电技术设计性与综合应用实验　260

实验 41	光电报警系统设计	260
实验 42	尼柯夫盘扫描成像	265
实验 43	金属(钨)电子逸出功的测定	273
实验 44	光电定向	279
实验 45	激光多普勒测速	293
实验 46	莫尔三维测量	300
实验 47	激光表面等离子体共振测量薄膜光学特性	307
实验 48	光声光谱实验	314

参考文献　319

第一部分 辐射度量的测量

这部分所安排的实验从辐射度量学中一些基本的和常见的辐射量出发,通过实验加深对这些辐射量物理意义及其相互关系的理解。在实验中所用到的一些测量仪器也是光电技术类专业学生应当学会使用的。同时,通过实验还可以观察到一些物质的基本辐射特性,获得有关的感性认识,更重要的是通过实验掌握测量这些基本辐射量的主要方法。而了解和掌握这些方法又是进一步学习光电技术及其在实际中的应用所必需的。

实验1 辐射体光谱能量分布的测量

物体的光谱辐射出射度(辐出度)是物体的温度、辐射波长以及该物体的发射率的函数。辐射源的光谱辐亮度(或光谱辐出度、光谱辐射强度)与波长的关系,称为辐射源的光谱能量分布。从光谱能量分布可以知道辐射源的辐射波长范围、某一波段的辐射通量值以及这一波段的能量占全波长积分辐射通量的百分比等。所以,辐射源光谱能量分布的测量,对于光电技术的科学实践和工程设计有着十分重要的意义。本实验利用光电法测量辐射源的相对光谱能量分布和绝对光谱能量分布。

一、实验目的

① 加深对辐射源光谱能量分布概念的理解;
② 掌握辐射源相对辐射亮度和绝对辐射亮度的概念、测量原理和基本测量方法。

二、实验原理

1. 辐射源的相对辐亮度的测量

辐射源的光谱能量分布,一般以光谱辐亮度为纵坐标,以波长为横坐标作图来表示。在大多数光谱测量中,往往并不知道光谱辐亮度的绝对值,而只要知道它们的相对值(即以峰值波长的光谱辐亮度为1,其他波长的光谱辐亮度与其相比的百分数)就可以了。光谱辐亮度的相对值与波长的关系,就是辐射源的相对光谱能量分布。这种相对光谱能量分布关系曲线比较直观,在实际工程应用中被广泛采用。

测量辐射源的相对光谱能量分布,可以与标准源相比较。测量中常用单色仪作为分光器,并用钨带灯(标准温度灯)作为光谱辐射标准源。测量装置原理如图1-1所示。

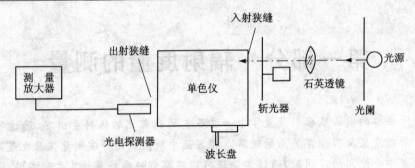

图1-1 光电法测量相对光谱能量分布

根据热辐射定律,钨的光谱辐亮度 $L_W(\lambda,T)$ 与黑体的光谱辐亮度 $L_b(\lambda,T)$ 之间有下列关系:

$$L_W(\lambda,T) = \varepsilon_W(\lambda,T) L_b(\lambda,T) \qquad (1-1)$$

式中,$\varepsilon_W(\lambda,T)$ 为钨的光谱发射率。表1-1列出了常用温度下钨的光谱发射率;表1-2列出了与此对应的温度下黑体的绝对光谱辐亮度。

表1-1 钨的光谱发射率 $\varepsilon_W(\lambda \cdot T)$

$\lambda/\mu m$ \ T/K	1 400	1 600	1 800	2 000	2 200	2 400	2 600	2 800
0.4	0.485	0.481	0.477	0.474	0.471	0.467	0.464	0.461
0.5	0.473	0.469	0.465	0.462	0.458	0.456	0.451	0.448
0.6	0.458	0.455	0.452	0.448	0.445	0.441	0.437	0.434
0.7	0.448	0.444	0.440	0.436	0.431	0.427	0.423	0.419
0.8	0.437	0.431	0.425	0.419	0.415	0.409	0.404	0.402
0.9	0.419	0.413	0.407	0.401	0.396	0.391	0.387	0.383
1.0	0.395	0.390	0.385	0.381	0.378	0.373	0.370	0.367
1.1	0.368	0.366	0.364	0.361	0.359	0.356	0.354	0.352
1.2	0.346	0.345	0.344	0.343	0.342	0.329	0.328	0.328
1.3	0.322	0.322	0.323	0.323	0.324	0.324	0.324	0.325
1.4	0.298	0.300	0.302	0.305	0.306	0.310	0.311	0.313
1.5	0.275	0.279	0.282	0.288	0.291	0.296	0.299	0.302
1.6	0.259	0.263	0.267	0.273	0.278	0.284	0.288	0.292
1.8	0.227	0.234	0.241	0.247	0.254	0.262	0.268	0.275
2.0	0.202	0.210	0.218	0.227	0.235	0.243	0.251	0.259
2.2	0.180	0.190	0.200	0.209	0.218	0.228	0.236	0.244
2.4	0.170	0.175	0.182	0.197	0.205	0.215	0.224	0.234
2.6	0.150	0.164	0.174	0.185	0.194	0.205	0.214	0.224

表 1-2 黑体的绝对光谱辐亮度 $L_b(\lambda, T)$

$L_b(\lambda,T)/$ [W·(sr·m²)⁻¹] $\lambda/\mu m$ \ T/K	1 400	1 600	1 800	2 000	2 200	2 400	2 600	2 800
0.4	0.808×10^5	0.200×10^7	0.244×10^8	0.180×10^9	0.922×10^9	0.360×10^{10}	0.114×10^{11}	0.307×10^{11}
0.5	0.451×10^7	0.589×10^8	0.435×10^9	0.215×10^{10}	0.795×10^{10}	0.237×10^{11}	0.595×10^{11}	0.131×10^{12}
0.6	0.558×10^8	0.474×10^9	0.251×10^{10}	0.951×10^{10}	0.238×10^{11}	0.701×10^{11}	0.151×10^{12}	0.292×10^{12}
0.7	0.298×10^9	0.187×10^{10}	0.778×10^{10}	0.244×10^{11}	0.621×10^{11}	0.135×10^{12}	0.261×10^{12}	0.460×10^{12}
0.8	0.958×10^9	0.477×10^{10}	0.166×10^{11}	0.452×10^{11}	0.102×10^{12}	0.202×10^{12}	0.361×10^{12}	0.591×10^{12}
0.9	0.222×10^{10}	0.923×10^{10}	0.280×10^{11}	0.681×10^{11}	0.141×10^{12}	0.258×10^{12}	0.432×10^{12}	0.671×10^{12}
1.0	0.410×10^{10}	0.148×10^{11}	0.402×10^{11}	0.895×10^{11}	0.172×10^{12}	0.297×10^{12}	0.472×10^{12}	0.703×10^{12}
1.1	0.648×10^{10}	0.208×10^{11}	0.517×10^{11}	0.107×10^{12}	0.194×10^{12}	0.319×10^{12}	0.486×10^{21}	0.699×10^{12}
1.2	0.913×10^{10}	0.267×10^{11}	0.613×10^{11}	0.120×10^{12}	0.207×10^{12}	0.326×10^{12}	0.480×10^{12}	0.670×10^{12}
1.3	0.118×10^{11}	0.318×10^{11}	0.687×10^{11}	0.127×10^{12}	0.211×10^{12}	0.322×10^{12}	0.461×10^{12}	0.628×10^{12}
1.4	0.144×10^{11}	0.360×10^{11}	0.736×10^{11}	0.131×10^{12}	0.209×10^{12}	0.310×10^{12}	0.434×10^{12}	0.579×10^{12}
1.5	0.166×10^{11}	0.392×10^{11}	0.764×10^{11}	0.131×10^{12}	0.203×10^{12}	0.294×10^{12}	0.402×10^{12}	0.527×10^{12}
1.6	0.185×10^{11}	0.413×10^{11}	0.774×10^{11}	0.128×10^{12}	0.194×10^{12}	0.274×10^{12}	0.369×10^{12}	0.477×10^{12}
1.8	0.210×10^{11}	0.429×10^{11}	0.752×10^{11}	0.118×10^{12}	0.171×10^{12}	0.234×10^{12}	0.305×10^{12}	0.385×10^{12}
2.0	0.220×10^{11}	0.420×10^{11}	0.697×10^{11}	0.105×10^{12}	0.147×10^{12}	0.196×10^{12}	0.250×10^{12}	0.309×10^{12}
2.2	0.218×10^{11}	0.394×10^{11}	0.627×10^{11}	0.913×10^{11}	0.125×10^{12}	0.162×10^{12}	0.203×10^{12}	0.248×10^{12}
2.4	0.210×10^{11}	0.361×10^{11}	0.555×10^{11}	0.786×10^{11}	0.105×10^{12}	0.134×10^{12}	0.166×10^{12}	0.199×10^{12}
2.6	0.196×10^{11}	0.326×10^{11}	0.486×10^{11}	0.672×10^{11}	0.882×10^{11}	0.111×10^{12}	0.135×10^{12}	0.161×10^{12}

当辐射源为标准光源时,对于不同的波长,光电探测器输出的光电压(或光电流)信号为

$$V_s(\lambda) = L_w(\lambda)\tau(\lambda)R(\lambda)\Delta\lambda \tag{1-2}$$

式中,$L_w(\lambda)$为标准光源的光谱辐亮度;$\tau(\lambda)$为光学系统(单色仪和透镜)的透射比;$R(\lambda)$为光电探测器的光谱响应度;$\Delta\lambda$ 为波长是 λ 时单色仪出射光的波长范围。

用待测辐射源代替标准光源,在单色仪出、入射狭缝不变的情况下,对于各个波长的光电压信号为

$$V_x(\lambda) \propto L_x(\lambda)\tau(\lambda)R(\lambda)\Delta\lambda \tag{1-3}$$

式中,$L_x(\lambda)$为待测辐射源的光谱辐亮度。

由式(1-2)和式(1-3)两式相除可得

$$L_x(\lambda) = k \frac{V_x(\lambda)}{V_s(\lambda)} L_w(\lambda) \tag{1-4}$$

式中,$V_x(\lambda)$和 $V_s(\lambda)$可由测量电表读出;$L_w(\lambda)$根据式(1-1)查表即可算出;k 是与波长无关的比例系数。在测量相对光谱辐亮度时,一般可以令 $k=1$,因此可以算出待测辐射源的相对光谱辐亮度。

2. 辐射源的绝对辐亮度的测量

在计算辐射源的相对光谱辐亮度时,曾令比例系数 $k=1$,但在测量绝对光谱辐亮度时,k 就不能取 1 了,而需要考虑标准光源和待测辐射源的辐射面积及它们对单色仪入射狭缝所张立体角的影响。测量绝对光谱辐亮度的装置如图 1-2 所示。

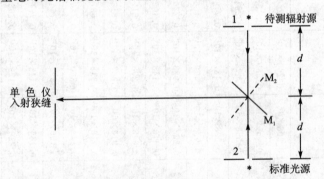

图 1-2 光电法测量绝对光谱能量分布

将标准光源与待测辐射源置于单色仪光轴两侧的对称位置处,它们的辐射面积分别由光阑1、2的透光面积 A_1、A_2 所限制,它们对轴线的距离都为 d。反射镜到 M_1 位置时,测量标准光源;转到 M_2 位置时,测量待测辐射源。在单色仪出、入射狭缝不变的情况下,光电探测器输出的光电压信号为

$$V_{so}(\lambda) = A_1\Omega_1 L_w(\lambda)\tau(\lambda)R(\lambda)\Delta\lambda \tag{1-5}$$

$$V_{xo}(\lambda) = A_2\Omega_2 L_{xo}(\lambda)\tau(\lambda)R(\lambda)\Delta\lambda \tag{1-6}$$

式(1-5)和式(1-6)相除可得

$$L_{xo}(\lambda) = \frac{A_1}{A_2} \frac{V_{xo}(\lambda)}{V_{so}(\lambda)} L_w(\lambda) \tag{1-7}$$

式(1-7)是在 A_1、A_2 相差不多时,认为立体角 $\Omega_1 = \Omega_2$ 而得出的。由于式中的 A_1、A_2 可以测量出来,$V_{xo}(\lambda)$、$V_{so}(\lambda)$ 可由电表读出,$L_w(\lambda)$ 可查表后由式(1-1)算出,因此,可以通过式(1-7)得到待测辐射源的绝对光谱辐亮度。

三、主要实验仪器

① 单色仪 1 台;
② 钨带灯(标准温度灯)1 台;
③ 待测辐射源;
④ 光电探测器(或温差电堆)1 只;
⑤ 测量放大器(或电流计)1 台;
⑥ 微型电机和斩光器 1 套;
⑦ 石英透镜、反射镜 1 件;
⑧ 隐丝式光学高温计 1 套;
⑨ 可调光阑 2 台。

四、实验内容

1. 仪器调整

按图 1-1 将仪器排放好,并连接好线路。应当注意的是,光电探测器一定要与单色仪的出射狭缝紧密接触,以免杂散光照射到探测器上。单色仪的入射和出射狭缝都固定在某一相同宽度,测量放大器的增益也应固定。

用高温计精确测量待测辐射源和标准光源的温度,调节供给两光源的电功率(电流或电压值),使两光源的温度相等。

再将标准光源限制在单色仪入射准直管光轴的延长线上,调节光源与入射狭缝的距离,并将单色仪的出、入射狭缝调节到适当的宽度,使得从出射狭缝处得到最小的波长范围,又保证光源辐射功率足够大,并使电压表(或电流计)偏转满刻度或接近满刻度。

2. 辐射测量

① 整个系统调节好后,先用标准光源测量单色仪在各个波长处所对应的输出信号 $V_s(\lambda)$ 的值。
② 用待测辐射源取代标准光源,测出 $V_x(\lambda)$。
③ 按照图 1-2 将标准光源与待测光源置于单色仪光轴对称处,测出光阑 1、2 的透射面

积 A_1 和 A_1,重复上述步骤,测出 $V_{so}(\lambda)$ 和 $V_{xo}(\lambda)$ 的值。

3. 数据处理

① 根据式(1-1)、式(1-4)和式(1-7),算出相对光谱辐亮度和绝对光谱辐亮度值。
② 画出 $L_x(\lambda)$-λ 曲线和 $L_{xo}(\lambda)$-λ 曲线。
③ 进行误差分析。

五、思考题

1. 若测得物体的绝对光谱辐亮度后,能否得出物体的光谱发射率和光谱辐出度?为什么?
2. 在测量辐射源的绝对光谱能量分布时,为什么要将标准光源与待测辐射源置于单色仪光轴对称位置处?
3. 为什么要保持待测辐射源和标准光源有相同的温度?否则会产生什么影响?

实验 2　法向全发射率的测量

自然界中几乎所有的物质,无论固体、液体或气体,只要其温度在绝对零度以上,都能向外辐射电磁波。为了衡量物体辐射本领的大小,人们定义了发射率这个概念。发射率表征了物体热辐射本领与黑体辐射本领接近的程度,它是广泛应用于天文观测、大气探测、对地观测遥感、工业、农业、显微学、太阳能研究、资源调查以及国防等领域的一个十分重要的参数。由于不同的应用需求和各类条件的限制,发射率测量方法有多种。本实验列出辐射计法中的三种方法,有关学校可根据自身的条件,选择其中的一种或几种方法进行实验。

方法一

一、实验目的

① 熟悉红外波段的光在测量中涉及的仪器和装置,掌握辐射计法测量全发射率的原理和方法;
② 深刻认识全发射率是材料基本辐射特性的表征,是研究物质热物性的重要参数。

二、实验原理

实际物体的热辐射功率与相同条件下黑体的辐射功率之比称为发射率。
定义中所说的"相同条件",除温度外还包括几何条件和光谱条件。几何条件相同,即指发射辐射的面积、测量辐射功率的立体角大小以及方向相同;光谱条件相同,即指所取辐射功率的光谱范围相同(对于全发射率,理论上应取整个电磁波波长范围)。由于以上条件的限制,全发射率又可分为半球全发射率、方向全发射率以及法向全发射率,相应地还有一个对应的光谱发射率。

本实验仅就法向全发射率的测量做详细说明。

如果被测材料与黑体同在相对于表面的某(θ,φ)方向上一个很小的立体角$d\Omega$(或单位立体角)内测量比较,则称之为方向发射率。

关于某(θ,φ)方向,是指三维空间内,θ为天顶角,φ为方位角的方向。在实际物体辐射时,除特殊表面(如纤维材料、纺织物品、有取向的晶体或沟槽表面)的方向发射率随方位角φ变化外,大多数物体的辐射与方位角φ无关,只和天顶角θ有关。所以通常方向发射率可简化为天顶角θ的函数。

根据以上分析,可用下式表达方向发射率:

$$\varepsilon(\theta,T)=\frac{L(\theta,T)}{L_b(\theta,T)} \tag{2-1}$$

式中,T是辐射体表面的热力学温度。如果测量时,被测材料和黑体都在表面法线上($\theta=0$)取一很小的立体角$d\Omega$,并在$0\sim\infty$的波长范围内测量其全辐射亮度,则法向全发射率$\varepsilon_n(T)$定义如下:

$$\varepsilon_n(T)=\varepsilon(0,T)=\frac{L(0,T)}{L_b(0,T)}=\frac{L(T)}{L_b(T)} \tag{2-2}$$

式中,$L(T)$和$L_b(T)$分别表示温度为T的实际物体和黑体在法线方向的辐亮度。

我们日常接触的大量实际材料,大部分都接近朗伯辐射体。由朗伯余弦定律可知,朗伯辐射体的辐亮度与方向无关,从而得出朗伯辐射体的全发射率也与方向无关,并且都等于相应的法向全发射率。所以在一般情况下,测出材料的法向全发射率就能基本上反映材料的辐射特性。有时在谈到法向全发射率$\varepsilon_n(T)$时,就简称发射率,并省掉表示法向的下标n。

三、实验仪器与装置

本实验采用的主要仪器包括黑体炉、控温仪、样品炉、热电偶测温计、调制盘、直流调速电机、光阑、冰瓶、热探测器、稳压电源、毫伏表等。测量系统原理图示于图2-1中。

做实验前,要弄清控温仪的控温原理与方法,以及热探测器使用时的响应波长范围和必须加的偏置电压,而且调制盘的调制频率必须稳定在某一固定值。为了提高控温精度和稳定调制频率,所使用的直流稳压电源都必须通过交流稳压电源接入电网;用热电偶测量黑体炉和样品炉温度时,其冷端都插入冰瓶,以稳定参考点。

四、实验内容

测量一个预先给定温度(例如500 K)的材料的法向全发射率。

依据前述原理,测量方法是:通过控温仪将黑体炉和样品炉表面温度都控制在预先给定

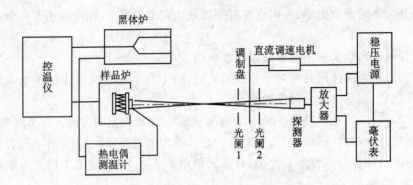

图 2-1 法向全发射率测量装置原理图

的温度上。将探测器垂直对准样品材料的辐射面,通过探测器和毫伏表读出由辐射能转换而得的电压信号;然后将黑体炉放在与样品炉相同的位置,用同样的方法再测一个电压信号。将这两个值进行比较,即可得出法向全发射率 $\varepsilon_n(T)$。

设黑体炉的辐射面在其垂直法向的辐亮度为 $L_{b\Delta\lambda}$,调制器的辐亮度为 $L_{c\Delta\lambda}$,光阑1与环境杂散辐亮度为 $L_{w\Delta\lambda}$。当黑体放入光路后,探测器在其窗口材料允许的通带内接收辐射功率。热探测器的理论响应波长是无限的,实际响应波长取决于窗口材料的透射波段。对于 ZnS 材料,其透射波段为 0.4~15 μm。符号中的下标 Δλ 即代表窗口材料决定的响应波长。经前置放大器放大后的电压信号为

$$V_{b\Delta\lambda} = k(L_{b\Delta\lambda} + L_{w\Delta\lambda} - L_{c\Delta\lambda})A\Omega\tau_{\Delta\lambda}\Delta\lambda \tag{2-3}$$

式中,k 为放大器的转换系数;Ω 为探测器对目标所张的立体角;A 为样品或黑体的被测表面积;$\tau_{\Delta\lambda}$ 为大气透过率 τ_1 与窗口材料透过率 τ_2 之积,即 $\tau_{\Delta\lambda} = \tau_1\tau_2$(若使用滤光片,则应再乘以滤光片的透过率);Δλ 为透射波长范围。

移开黑体炉,同样将样品放入测量光路,探测器垂直接收辐射的功率,经放大器放大后输出电压信号为

$$V_{s\Delta\lambda} = k(L_{s\Delta\lambda} + L_{w\Delta\lambda} - L_{c\Delta\lambda})A\Omega\tau_{\Delta\lambda}\Delta\lambda \tag{2-4}$$

式中,$L_{s\Delta\lambda}$ 为样品炉的辐亮度。

如果将黑体炉和样品炉都移出测量光路,此时仅剩下光阑1和环境杂散辐射与调制器的差分放大信号 $V_{w\Delta\lambda}$,为

$$V_{w\Delta\lambda} = k(L_{w\Delta\lambda} - L_{c\Delta\lambda})A\Omega\tau_{\Delta\lambda}\Delta\lambda \tag{2-5}$$

将式(2-5)代入式(2-3)和式(2-4)得

$$kL_{b\Delta\lambda}A\Omega\tau_{\Delta\lambda}\Delta\lambda = V_{b\Delta\lambda} - V_{w\Delta\lambda} \tag{2-6}$$

$$kL_{s\Delta\lambda}A\Omega\tau_{\Delta\lambda}\Delta\lambda = V_{s\Delta\lambda} - V_{w\Delta\lambda} \tag{2-7}$$

然后用式(2-7)除以式(2-6),并对 λ 在 Δλ 范围内积分(假定被测样品是灰体。因辐射能主要位于 Δλ 之内,可以用 0~∞ 积分近似代替 Δλ 积分),则得

$$\varepsilon_n(T) = \frac{L_s(T)}{L_b(T)} = \frac{V_s - V_w}{V_b - V_w} \tag{2-8}$$

又因为

$$\varepsilon_n(T) = \varepsilon(T) = \frac{M(T)}{M_b(T)} = \frac{\varepsilon(T)\sigma T^4}{\varepsilon_b(T)\sigma T_b^4} \tag{2-9}$$

合并上两式得

$$\varepsilon_n(T) = \varepsilon(T) = \frac{V_s - V_w}{V_b - V_w} \frac{T_b^4}{T^4} \varepsilon_b(T) \tag{2-10}$$

由式(2-10)可知,若控制 $T = T_b$,则有

$$\varepsilon_n(T) = \frac{V_s - V_w}{V_b - V_w} \varepsilon_b(T) \tag{2-11}$$

做实验时,通过控温仪给定一个控制温度(例如 500 K),让黑体炉和样品炉控制在同一温度。待温度稳定后,让探测器处于工作状态,使黑体炉在测量光路中,通过毫伏表读得一个电压值 V_b。然后,用一块较厚的纸板放置在黑体炉口前,挡住光路。这时,毫伏表显示出电压值 V_w。接着把黑体炉移出光路,将样品炉放在相同位置,重复测量,得出样品 1 的电压值 V_{s1}。

一种材料测完后,用石棉手套旋下样品,再换上新的样品。待温度稳定后,又可测出样品 2 的 V_s 和 V_w。这样就可以测出不同材料在这一温度的辐射能量,通过式(2-11)计算,便可得出所测材料在该温度下的法向全发射率。将记录和计算结果填入表 2-1 中,做出实验报告。

用与上面同样的方法,只要改变控温值,即可作出材料法向全发射率随温度变化的曲线。由于改变控温值需要较长的稳定时间,教师可根据实验课时的安排决定取舍。

表 2-1 实验记录及结果

材料	控温		V_b/mV	V_w/mV	V_s/mV	ε_n
	设定电压值/mV	对应温度/℃				
45#钢						
铜						
铝						
红外涂料						

五、注意事项

① 在接入探测器时,必须注意不能接错电源的正负极,并保证电压稳定在额定值。

② 为了精确控制调制盘频率,在调制盘处配有数字频率计,在测量过程中应时刻监视,使频率稳定在某一固定值。

③ 在测量过程中应保持环境温度、湿度稳定,尽量避免人员走动,以免影响测量结果的精度。

六、思考题

在测量过程中,如果所测的 V_s、V_w、T、T_b、ε_b 等均有一定误差,试对此测量方法进行误差分析,得出误差分析的解析式,并由解析式进行分析。通过分析指出减小测量误差的途径。

方法二

本方法是用红外热像仪测量材料的全发射率。由于所用定标对象不同,又分为直接测量法和比较法两种。

一、实验目的

通过本实验使学生了解热像仪的基本结构,学会正确使用红外热像仪,掌握用红外热像仪测量材料全发射率的原理和方法。

二、实验原理

红外热像仪是利用红外热成像原理制成的光电转换仪器,它将人眼看不见的红外图像转换成可见光图像,并可以用来测量物体表面温度场的分布。待测样品上各个像点经光学系统和光机扫描逐点依次成像于红外探测器的光敏面上。由于红外探测器和扫描器的作用,使空间变化的红外辐射信号变成按时间变化的电信号,然后经过信号处理,使其变成串行的图像信号,显示器再将串行的图像信号变成可见光图像。操作人员可根据热像仪荧光屏上图像的亮度来区分温度的高低。较亮的部分表示温度较高,较暗的部分表示温度较低。

1. 直接测量法

直接测量法是把待测样品的辐射与相同温度下假想黑体的辐射相比较。

热像仪接收并检测到的红外辐射数值大小在仪表上可以显示出来,该数值称为热值,用符号 I 表示。热值与热像仪的光子探测器所接收到的量子数 $\phi(T)$ 之间呈线性关系,即

$$I = A\phi(T) \qquad (2-12)$$

式中,A 是由实验确定的仪器常数。

由温度为 T 的黑体在热像仪上所产生的热值为

$$I_b = A\phi_0(T) \qquad (2-13)$$

由温度为 T、全发射率为 $\varepsilon(T)$ 的样品在热像仪上所产生的热值为

$$I_s = A\phi_0'(T) = A\varepsilon(T)\phi_0(T) \qquad (2-14)$$

将式(2-13)与式(2-14)比较,就得到样品的全发射率为

$$\varepsilon(T) = \frac{I_s}{I_b} \quad (2-15)$$

式(2-14)中,$\phi'_0(T)$为探测器接收到的来自温度为 T 的样品的辐射(光子/秒);$\phi_0(T)$为探测器接收到的来自温度为 T 的黑体的辐射(光子/秒),它们都与其辐亮度成正比。所以,式(2-15)与式(2-12)相当。

I_b 是黑体在热像仪上所显示的热值,它与黑体温度之间的关系可以通过一条标定曲线来表示,如图 2-2 所示。该曲线可以预先用黑体进行标定。

如果用热电偶精确测量样品的温度 T_0,并在热像仪上读出响应的 I_s,然后在标定曲线上查得温度为 T_0 时黑体所对应的热值 I_b,把 I_s 除以 I_b,就得到该样品在温度 T_0 时的全发射率(注意,这里所说的全发射率也是近似的,因为不是全波段,而是由热像仪的工作波段决定的波谱范围)。

大气的某些成分(如水蒸气和二氧化碳)会吸收一些波段的光辐射,这种吸收将减弱从目标到仪器的辐射。此外,全发射率为 ε 的样品置于热像仪的探测器前面,样品不仅自身发射电磁辐射,而且还要反射周围环境的辐射,样品周围的大气也会发生辐射。因此,到达探测器的辐射(见图 2-3)可表示为

$$\phi'_0 = 目标辐射 + 反射辐射 + 大气辐射 = \tau_0\varepsilon\phi_0 + \tau_0(1-\varepsilon)\phi_a + (1-\tau_0)\phi_{atm} \quad (2-16)$$

式中,ϕ_a 是温度为 T_a 的黑体辐射(光子/秒);ϕ_{atm} 是温度为 T_{atm} 的黑体辐射(光子/秒);τ_0 为探测器与样品之间的大气修正系数。

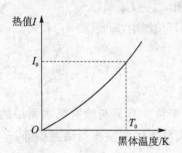

图 2-2 黑体温度标定曲线

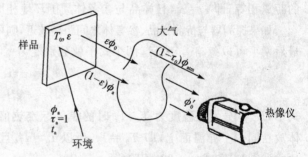

图 2-3 一般测量条件下的辐射情况

经过变换,不难得到目标在热像仪上产生的热值为

$$I_s = \tau_0\varepsilon I_0 + \tau_0(1-\varepsilon)I_{a0} + (1-\tau_0)I_{atm} \quad (2-17)$$

假设样品周围的环境与大气有相同的温度,则

$$I_{a0} = I_{atm} = I_a$$

把此关系代入式(2-17),求得样品的全发射率为

$$\varepsilon = \frac{I_s - I_a}{\tau_0(I_0 - I_a)} \quad (2-18)$$

由于大气中水蒸气和二氧化碳对光辐射的吸收减弱了从目标到热像仪探测器的辐射能，因此在距离较短时，应用 LOWTRAN 软件计算的透射比为

$$\tau_0 = e^{-\alpha(\sqrt{d}-1)} \qquad (2-19)$$

式中，α 为衰减系数，在标准大气压情况下，对 3～5 μm 波段为 0.046；d 为探测器到目标的距离（m）。

只要测得样品的温度 T_0，并在热像仪显示器上读得响应的热值 I_s，再从标定曲线上读得温度为 T_0 时黑体的热值 I_0，记录下环境温度 T_a（把环境当成黑体处理），且从标定曲线上读得 T_a 时的热值 I_a，量得探测器与样品之间的距离 d，就可以由式(2-18)和式(2-19)计算求得样品的全发射率。

这种直接测量法，将待测样品的辐射能力与一个假想的同温度黑体的辐射能力相比较，在使用时不必引入黑体，借助于标定曲线进行计算，在工程上使用十分方便。

2. 比较法

比较法就是把待测样品与具有已知温度、已知全发射率的参考体相比较。

根据前面的分析，我们可以把一个具有已知温度的参考体在热像仪上显示的热值写为

$$I'_r = \tau_r \varepsilon_r I_r + \tau_r (1-\varepsilon_r) I_{ar} + (1-\tau_r) I_{atm} \qquad (2-20)$$

式中，I_{ar}、I_{atm} 分别为参考体环境和大气辐射在热像仪上显示的热值。

如果把待测样品与涂有黑表面层的参考体放在同一个导温面上，则参考体、样品到探测器的距离相等，即 $\tau_r = \tau_0$，且样品与参考体周围环境相同，因此 $I_{a0} = I_{atm} = I_a$。

如果探测器与待测样品、参考体之间距离较近，则可忽略环境影响，即式(2-17)和式(2-20)中最后两项可以忽略。于是这两个式子就分别变为

$$I_s = \tau_0 \varepsilon I_0 \qquad (2-21)$$

$$I'_r = \tau_r \varepsilon_r I_r \qquad (2-22)$$

式中，I_0、I_r 分别是温度为 T_0、T_r 时的黑体标定热值。由于待测样品与涂有黑表面层的参考体放在同一个导温面上，即 $T_0 = T_r$，所以 $I_0 = I_r$，且样品、参考体到探测器距离相等，$\tau_0 = \tau_r$。故式(2-21)和式(2-22)相除得

$$\varepsilon = \varepsilon_r \frac{I_s}{I'_r} \qquad (2-23)$$

根据这一公式，可由已知全发射率的参考体求得待测样品的全发射率。

三、实验内容

1. 用直接测量法测碳化硅、铝样品的全发射率

按照图 2-4 所示安装好测量装置，将待测样品垂直紧贴在加热器的导温面上，使热电偶的热端与待测样品表面保持良好的热接触，冷端置于冰水混合物中。把直流数字电压表串接

在热电偶回路里。调节温度控制器,使加热器恒定在某一温度。调节热像仪的探测器与待测样品之间的距离,使待测样品在热像仪的显示器荧光屏上清晰成像。记录样品在温度 T 时,热像仪所显示的热值 I_s。从黑体标定曲线上查得与样品温度 T 所对应的黑体热值 I_b 以及与环境温度 T_a 所对应的热值 I_a,然后根据式(2-18)计算求得样品的全发射率。逐次改变加热器的温度,测得不同温度 T 时样品的全发射率。分别对碳化硅、铝的全发射率进行测量。根据测量结果作出碳化硅和铝的 ε-T 曲线。

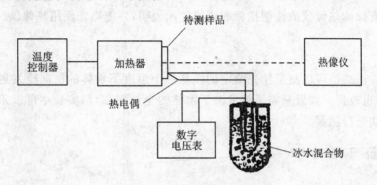

图 2-4 全发射率测量装置

2. 用比较法测量碳化硅、铝样品的全发射率

如图 2-5 所示,在待测样品的局部涂上已知全发射率为 $\varepsilon_r=0.94$ 的黑漆(参考体)。将局部涂有无光黑漆的样品紧贴在图 2-4 中加热器的等温面上,并按照图 2-4 安装好测量装置。照上述测量步骤分别测出某一温度 T 时样品材料在热像仪上显示的热值 I_s,以及参考体(黑漆)在热像仪上显示的热值 I'_r。分别将局部涂有已知发射率 $\varepsilon_r=0.94$ 无光黑漆的碳化硅、铝样品,按以上方法进行测量。根据式(2-23)求得碳化硅和铝的全发射率。改变加热器温度,重复上述步骤。最后根据测量结果列出表格,并作出碳化硅和铝的 ε-T 曲线。

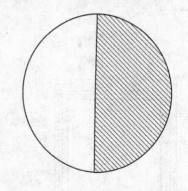

图 2-5 涂有黑漆(参考体)的样品

对于以上两种用热像仪测量全发射率的方法,可以任选一种进行实验,也可以两种方法都进行,最后比较其结果。

四、思考题

1. 金属与非金属材料的全发射率随温度的变化规律有什么不同?
2. 影响全发射率大小的因素有哪些?
3. 为什么要使样品达到热平衡时才能进行测量?

4. 造成测量误差的主要原因有哪些？

5. 试比较直接测量法和比较法的测试优点。

6. 如果待测样品不是平板材料，而是具有一定几何形状的物体，其发射率的测量又该如何进行？

五、注意事项

实验前认真阅读热像仪的性能指标和详细使用说明，并能熟练使用热像仪。

方法三

方法一和方法二虽可以测量预先给定的任意一个温度下物体的法向全发射率，但测量装置较复杂，价格也较贵。如果只需了解常温下物体的全发射率，则实验中可以采用测温仪，通过下述简单方法进行测量。

一、实验目的

同方法一。

二、实验装置和原理

此方法只用一台测量精度较高的红外测温仪和两只相同的带有夹层的圆筒形空腔，如图 2-6 所示。

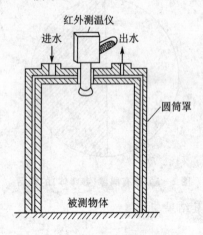

图 2-6 常温物体全发射率测量装置示意图

在图 2-6 所示的圆筒罩的夹层中充热水，使内壁的温度为 T_1；另一个夹层中充冷水，使内壁温度为 T_2。空腔的上端面开一个可以插入测温仪探头的小孔，并让探头可以自由转动。下端面是平的，不封闭。选择被测物体（例如铝板、不锈钢板、光木板、塑料板、红砖等）和腔体均为不透明灰体，具有朗伯体辐射特性。设被测物体的全发射率为 ε，反射比为 ρ，两个腔壁的全发射率均为 ε'（设壁面的全发射率 ε' 在温度 T_1 和 T_2 时保持不变，这对于温度变化不大时是允许的），反射比为 ρ'。那么，当腔 1 罩在目标上，用测温仪对准被测物体时，测温仪接收到的辐射功率为

$$P_{1物} = \frac{D_0^2}{4}\Omega\tau_0(\varepsilon M_{物} + \rho\varepsilon' M_{1环}) = \frac{D_0^2}{4}\Omega\tau_0\sigma(\varepsilon T^4 + \rho\varepsilon' T_{1环}^4)$$

令 $k=(D_0^2/4)\Omega\tau_0\sigma$ 并带入上式,得

$$P_{1物} = k(\varepsilon T^4 + \rho\varepsilon' T_{1环}^4) \tag{2-24}$$

式中,D_0 为测温仪光学系统入瞳直径;Ω 为瞬时视场立体角;τ_0 为光学系统的传输效率;σ 为斯蒂芬-玻耳兹曼常数;k 可视为仪器常数。

测温仪应作四次方修正,即使其具有线性化电路性质,使测温仪的响应与表头所指示的温度刻度呈线性关系。这样,此时测温仪的温度读数为 $T'_{1物}$。

然后,迅速移动测温仪的探头,把它对准腔壁,测温仪接收到的辐射功率为

$$P_{1环} = k(\varepsilon' T_{1环}^4 + \rho'\varepsilon T^4) \tag{2-25}$$

此时测温仪的读数为 $T'_{1环}$。

接着去掉腔 1,将腔 2 罩在被测物体上。当探头对准被测物体时,接收功率为

$$P_{2物} = k(\varepsilon T^4 + \rho\varepsilon' T_{2环}^4) \tag{2-26}$$

对应的读数为 $T'_{2物}$。

随后迅速转动探头,使其对准腔壁,接收功率为

$$P_{2环} = k(\varepsilon' T_{2环}^4 + \rho'\varepsilon T^4) \tag{2-27}$$

对应的温度读数为 $T'_{2环}$。

式(2-24)和式(2-26)相减,得

$$P_{1物} - P_{2物} = k\rho\varepsilon'(T_{1环}^4 - T_{2环}^4) \tag{2-28}$$

式(2-25)和式(2-27)相减,得

$$P_{1环} - P_{2环} = k\varepsilon'(T_{1环}^4 - T_{2环}^4) \tag{2-29}$$

再将式(2-28)和式(2-29)相除,即得

$$\rho = \frac{P_{1物} - P_{2物}}{P_{1环} - P_{2环}}$$

由于测温仪已对所接收的功率 P 和显示的温度 T 作了线性化处理,故可直接得出

$$\rho = \frac{T'_{1物} - T'_{2物}}{T'_{1环} - T'_{2环}} \tag{2-30}$$

测得 ρ 后,由于被测物体是不透明的,这样便得出被测物体的全发射率为

$$\varepsilon = 1 - \rho \tag{2-31}$$

由此可见,采用方法三,在不必确切知道腔体的真实温度和全发射率的情况下,只要测温仪本身的稳定性好、温度分辨率高,就可以精确地测出常温物体的全发射率。

三、实验内容

按照前面实验原理和装置中叙述的过程,测量铝板、不锈钢板、马口铁、铜板、黑铁皮、光木板、塑料板、红砖等材料在常温下的全发射率。每次测量均记录下测量仪读数,最后用式(2-30)和式(2-31)计算出全发射率,一并填入表 2-2 中。

表 2-2 各种材料的全发射率

材料 全发射率ε 温度	铝板	不锈钢板	马口铁	铜板	黑铁皮	光木板	塑料板	红砖
$T'_{1物}$								
$T'_{2物}$								
$T'_{1环}$								
$T'_{2环}$								

四、注意事项

① 实验前认真阅读测温仪性能与使用方法,熟练掌握测温仪的使用;
② 当空腔罩上物体后,应迅速读取数据,尽量避免空腔温度对被测物体的温度产生影响。

五、思考题

① 上述注意事项的依据是什么?如果不注意上述问题,会给测量带来什么影响?
② 将表 2-2 中的测量结果与一般手册介绍的数值进行比较,检查测量的准确性。若差别较大,请检查测量过程,找出原因。

实验 3　法向光谱发射率的测量

在大量的工程应用和科学研究中,不仅要了解某些物体的全发射率,有时了解物体的光谱发射率显得更为重要。

测量法向光谱发射率,除借助光谱反射率测量技术外,几乎全部采用辐射度量比较法。后者测量法向或方向光谱发射率,一般总要首先收集给定温度下样品在小立体角内发出的辐射,并把它经分光计分光后,测量中心在指定波长 λ 处的一个窄波带的辐射;然后把该测量值除以从同样条件下黑体源得到的测量值。在各种具体方案中,可有如下几方面的变化:

① 比较的方法,包括单光路和双光路;
② 加热样品的方法,其中包括辐射、附加电阻加热器的热传导、对流或旋转样品炉等样品加热;
③ 分光计的类型,包括棱镜或光栅式单色仪、滤光片等;
④ 测量的光谱范围,取决于分光计和探测器的工作波段范围;
⑤ 温度测量的控制方法,有热电偶、光学或辐射高温计,可手动或自动控制;

⑥ 数据处理方法,依次逐个进行波长的测量和比较,或在一个宽的波长范围内自动记录;
⑦ 所用黑体比较类型,有独立的实验室黑体源、加热样品的炉子或在样品中开的参比黑体腔孔。

不同方案的误差范围,从内部电阻加热金属样品情况下的 1%～2%,到高于 2 000 K 温度下非金属样品时的 5%左右。

本实验介绍单光路测量法和双光路测量法两种方法,其中单光路法测量装置比较简单,并能同时提供在同一温度下黑体的相对光谱能量分布曲线和被测物的相对光谱能量分布曲线,给人一个比较直观的印象。双光路法具有容易消除大气中二氧化碳及水蒸气吸收的影响,且可直接得到欲测结果等优点,因此,在实践中用得较为广泛。

单光路法

一、实验目的

① 掌握单光路测量光谱发射率的原理和方法,熟悉测量系统光路图;
② 使用单光路系统,独立地测出样品的光谱发射率;
③ 通过实测黑体曲线与黑体理论计算曲线的比较,加深对普朗克公式、维恩位移公式的理解。初步了解红外光波段在大气传输中的某些现象。

二、实验原理

黑体辐射的光谱分布由普朗克定律描述,其数学表达式为

$$M_{\lambda b}(T) = c_1 \lambda^{-5} (e^{c_2/\lambda T} - 1)^{-1} \qquad (3-1)$$

式中,$M_{\lambda b}$ 为黑体的光谱辐出度$[W/(cm^2 \cdot \mu m)]$;λ 为波长(μm);$h = 6.626 \times 10^{-34}$ W·s^2,为普朗克常数;$c_1 = 2\pi hc^2 = 3.7418 \times 10^{-12}$ W·cm^2,为第一辐射常数;$c_2 = ch/k = 1.4388$ cm·K,为第二辐射常数;T 为热力学温度(K);$k = 1.3806 \times 10^{-23}$ W·s/K,为玻耳兹曼常数。

式(3-1)给出的黑体在半球空间的光谱辐出度,其相应的光谱辐亮度为

$$L_{\lambda b}(T) = \frac{1}{\pi} M_{\lambda b}(T) \qquad (3-2)$$

黑体是朗伯辐射体,其表面辐亮度与方向无关。因此,其法向光谱辐亮度与其他方向的辐亮度是相等的,即

$$L_{\lambda bn}(T) = L_{\lambda b}(T) \qquad (3-3)$$

对于一般实际物体,式(3-2)和式(3-3)并不严格成立,其表面法向光谱辐亮度 $L_{\lambda n}(T)$ 只有通过测量才能得到。

单光路系统用来在物体表面法线方向测量其光谱辐亮度,但是由于系统各参数的影响,在

未经严格标定的情况下,它测得的只是物体的相对光谱辐亮度。当黑体和实际被测材料的温度相同时,若使用仪器调整状态完全一致的系统,分别测出黑体和样品的相对光谱 $L_{\lambda bn}(T)$ 和 $L_{\lambda n}(T)$,则根据定义可以得到样品的法向光谱发射率为

$$\varepsilon_n(\lambda, T) = \frac{L_{\lambda n}(T)}{L_{\lambda bn}(T)} \tag{3-4}$$

在实际实验中,是通过转动反射镜(见图 3-1 中的 M_2)来保证测量黑体和样品时仪器状态完全一致的。当反射镜分别对准黑体和样品时,便分别得出黑体和样品的相对光谱辐亮度的扫描曲线,根据式(3-4)在两条曲线上对一定波长分别取值计算 $\varepsilon_n(T)$。随着波长变化便形成 $\varepsilon_n(\lambda, T)$ 曲线。这样,在同一张图上便可得出 $L_{\lambda nb}$、$L_{\lambda n}$ 和 $\varepsilon_{\lambda n}$ 三条曲线。

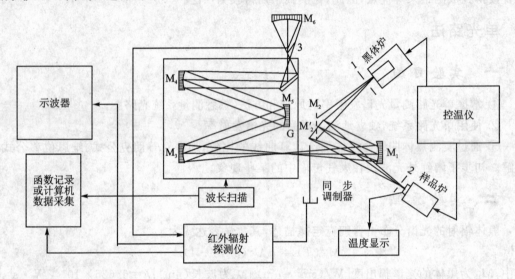

图 3-1 光谱发射率单光路测量系统图

三、实验装置

单光路测量系统的原理如图 3-1 所示。整个系统大致可分为入射光路部分、分光部分、电气控制波长和记录显示部分以及黑体炉、样品炉。下面分别介绍。

1. 入射光路部分

黑体炉和样品炉分别置于球面反射镜 M_1 的两侧,M_2 是一面可以转动的平面反射镜。当 M_2 处于虚线位置时,黑体炉的辐射进入光路。当 M_2 处于 M_2' 位置时,被测样品进入光路。球面镜 M_1 和单色仪中的球面镜 M_3 的 $f^\#$ 数相同,以便使入射红外辐射充满 M_3。红外辐射在单色仪中经过反射式光栅 G 分光后,通过出射狭缝射向椭球镜 M_6。M_6 有两个焦点,一个在出射狭缝,另一个在点 3。这样,由出射狭缝出射的单色光在 M_6 上反射后,聚焦在点 3。我们

在点 3 的位置安装上符合光谱仪光路要求的特殊形状的探测器,便可探测到经过分光后的红外辐射信号了。

2. 电气控制波长扫描和记录显示部分

黑体炉、样品炉及其控温与温度显示与实验 2 中的方法一是相同的。此外,这一部分还包括红外辐射探测仪、函数记录仪(或计算机数据采集与记录)、示波器、波长扫描装置(通常和单色仪连成一体)、同步调制器等。红外辐射探测仪的主要部分是一个相敏检波器,同时它又给红外探测器提供一个稳定的偏置电压源,还给同步调制器提供一个稳定的调制频率的补偿电路。这个调制频率又是相敏检波的参考信号频率。红外探测器接收到的分光信号是经过调制的。经转换和前放,送给红外探测仪的是频率为调制频率的交流信号。红外辐射探测仪接收来自前方的交流信号和来自同步调制器的参考信号,进行锁定放大和相敏检波,从而滤掉其他频率的噪声,提高探测系统的信噪比,输出与辐射信号成正比的直流电压信号。与此同时,开启波长扫描装置,以一定速度带动单色仪中的光栅转动。单色仪出射狭缝便顺序射出不同波长的单色红外辐射,经探测放大后,红外辐射探测仪便输出随波长变化的单色辐射的能量值。此信号作为函数记录仪(或计算机记录数据)的 Y 轴,其 X 轴对应于波长匀速移动。最后在记录纸(或计算机打印输出)上画出的就是相对光谱辐亮度随波长变化的曲线 $L_n(\lambda)$。

为了调整和监视红外辐射探测仪的工作状况,在红外辐射探测仪的输出端引一根信号线到示波器的 Y 轴,以便随时观察和监视。

四、实验内容

① 首先在精密温度控制仪上设定一个毫伏值(即确定控温值,例如 700 K),让黑体炉和样品炉逐渐升温。到接近控温点时注意精细调节控温值,使样品表面显示温度与黑体温度一致。按照红外探测仪的使用说明书开启红外探测仪,直到调整到正常工作状态,这时要注意选择适当的放大倍数。与此同时,开启函数记录仪(或启动计算机记录),注意选择适当的量程,同时调节单色仪的出、入射狭缝,并通过手动波长扫描装置,使相对光谱能量最大值接近记录满刻度,即曲线的最大值低于记录纸上的最大极限。反复调整以上机构,直到满意为止。上述调整结束后,再将单色仪的波长扫描装置调节到最大波长处,然后选择适当的扫描速度即与之相适应的记录仪走纸速度(或计算机记录时间)。上述全部准备工作结束后,若检查无误,再同时开启自动波长扫描装置开关和函数记录仪开关(或启动计算机数据记录)。整个系统投入工作,记录仪(或计算机)就可自动作出 700 K 黑体的相对光谱辐亮度曲线 $L_{\lambda nb}(\lambda, 700 K)$。

② 将记录纸(或重新设置计算机数据记录初始点)和单色仪波长扫描装置倒回到初始点,把 M_2 转到 M_2' 位置,让被测样品的辐射进入光路。然后同时打开记录仪(或启动计算机记录)和波长扫描装置开关,这样,系统再次工作,记录仪(或计算机)又自动记录下被测样品在 700 K 时的相对光谱辐亮度曲线 $L_{\lambda n}(\lambda, 700 K)$。

③ 按式(3-4)逐点(在仪器波长范围内至少取 30 个点)计算 $\varepsilon_{\lambda n}$，并以适当坐标比例描出 $\varepsilon_{\lambda n}$ 曲线。

五、注意事项

① 实验前要熟悉单色仪的内部结构和性能指标，并熟练掌握单色仪的使用；

② 当采用光栅单色仪，而仪器又无自动切换的滤光片时，应注意适时手动切换单色仪前的长波滤光片；

③ 实验前要熟练掌握控温仪的性能和使用方法；

④ 实验前要熟练掌握函数记录仪的使用方法，如果用计算机采集并记录数据，则要预先设置好数据采集和记录的时间(速度)；

⑤ 所有的信号线应用金属屏蔽线，以免受外部信号干扰。

六、思考题

① 从选择适当的探测仪参数(如放大倍数、积分时间等)，以及出、入射狭缝宽度和记录量程等几个方面，考虑如何兼顾提高辐射探测系统的信噪比和光谱分辨率。

② 根据普朗克公式计算 700 K 时黑体的光谱辐亮度曲线，并考虑如何以适当的比例画在实验曲线上。画好后，看看理论曲线与实验曲线的主要异同点在哪里。试分析产生差别的主要原因是什么。

③ 为了提高测量精度，应采取哪些措施？

双光路法

一、实验目的

① 掌握双光路测量光谱发射率的原理和方法，熟悉测量系统光路图；

② 使用双光路系统，独立地测出样品的光谱发射率；

③ 加深对双光路方法和单光路方法优缺点的认识。

二、实验原理

设被测样品和黑体维持在相同温度 T，它们的法向光谱辐亮度分别为 $L_{\lambda s}(T)$ 和 $L_{\lambda bb}(T)$。设环境温度为 T_a，单色仪和探测器的温度为 T_m，它们的光谱辐亮度分别为 $L_\lambda(T_a)$ 和 $L_\lambda(T_m)$，若仪器光谱响应为 $R(\lambda)$，则当仪器只对黑体或样品测量时，输出信号分别为

$$V_b(\lambda) = R(\lambda)[L_{\lambda bb}(T) - L_\lambda(T_m)] \tag{3-5}$$

$$V_s(\lambda) = R(\lambda)\{[L_{\lambda s}(T) - L_\lambda(T_m)] + [1 - \varepsilon_n(\lambda)]L_\lambda(T_a)\} \tag{3-6}$$

因为来自样品的总光谱辐亮度为

$$L_{\lambda s}(T) + [1-\varepsilon_n(\lambda)]L_\lambda(T_a) = \frac{L_{\lambda s}(T) - L_\lambda(T_m) + [1-\varepsilon_n(\lambda)]L_\lambda(T_a)}{L_{\lambda bb}(T) - L_\lambda(T_m)} \times$$
$$[L_{\lambda bb}(T) - L_\lambda(T_m)] + L_\lambda(T_m) \qquad (3-7)$$

所以,由式(3-5)至式(3-7)得到

$$L_{\lambda s}(T) = \frac{V_s(\lambda)}{V_b(\lambda)}[L_{\lambda bb}(T) - L_\lambda(T_m)] + L_\lambda(T_m) - [1-\varepsilon_n(\lambda)]L_\lambda(T_a) =$$
$$\frac{V_s(\lambda)}{V_b(\lambda)}[L_{\lambda bb}(T) - L_\lambda(T_m)] + [L_\lambda(T_m) - L_\lambda(T_a)] + \varepsilon_n(\lambda)L_\lambda(T_a) \qquad (3-8)$$

如果撤去样品辐射,则仪器的输出信号(即零输入时的输出信号)为

$$V_0(\lambda) = R(\lambda)[L_\lambda(T_a) - L_\lambda(T_m)] \qquad (3-9)$$

考虑到法向光谱发射率的定义为 $\varepsilon_n = L_{\lambda s}(T)/L_{\lambda bb}(T)$,并将式(3-8)及式(3-5)之差代入式(3-7),则最后得到样品的法向光谱发射率为

$$\varepsilon_n = \frac{V_s(\lambda) - V_0(\lambda)}{V_b(\lambda) - V_0(\lambda)} \qquad (3-10)$$

若仪器以比率记录模式工作,则记录到的是输出信号与黑体信号 $V_b(\lambda)$ 之比。设在记录仪上记录到的这些比值分别为

$$S(\lambda) = V_s(\lambda)/V_b(\lambda)$$
$$Z(\lambda) = V_0(\lambda)/V_b(\lambda)$$
$$H(\lambda) = V_b(\lambda)/V_b(\lambda)$$

则得到的法向光谱发射率为

$$\varepsilon_n = \frac{S(\lambda) - Z(\lambda)}{H(\lambda) - Z(\lambda)} \qquad (3-11)$$

综上所述,$S(\lambda)$ 就是样品信号在记录仪上的高度;$Z(\lambda)$ 是无样品辐射时输出信号的高度,俗称零线高度;而 $H(\lambda)$ 是以实验黑体代替同温度样品时的输出信号高度,称为 100% 线高度。在理想情况下,$Z(\lambda)$ 和 $H(\lambda)$ 应分别对应于 $\varepsilon_n(\lambda)=0$ 和 $\varepsilon_n(\lambda)=1$ 位置的两条直线。但由于各种假信号的影响,往往使 $Z(\lambda)$ 和 $H(\lambda)$ 在 $\varepsilon_n(\lambda)=0$ 和 $\varepsilon_n(\lambda)=1$ 位置出现一定的起伏。

三、实验装置

双光路法向光谱发射率测量系统,广泛采用双光束比率记录的红外分光光度计工作模式,它以实验用黑体源和待测样品作为两个光束的辐射源。其中来自黑体源的辐射束作为参比电路,样品辐射束是测量光路。经过图 3-2 所示的光学系统,使两束辐射交替地投射到单色仪的入射狭缝,分光后经出射狭缝被探测器转变为电信号,由电子学系统放大处理,最后以两路光束输出信号比的形式,在记录仪上直接给出发射率随波数变化的曲线。

为能直接记录样品的法向光谱发射率,上述双光路测试系统必须满足如下条件:

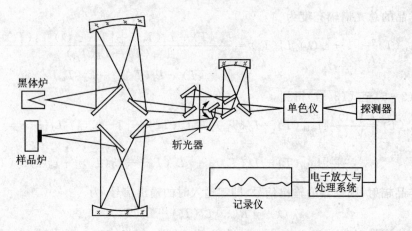

图 3-2　法向光谱发射率双光路测量示意图

① 被测样品和比较黑体必须控制在相同温度,样品表面的温度梯度应尽可能小;

② 为使两光束有相同的大气吸收,并使这种吸收降到最低,两光束的光路长度必须相等,或者使仪器保持在无吸收条件或真空中工作;

③ 除分光棱镜外,必须始终采用前表面反射系统,并在两光路中使用完全对等的光学元件,以便两光束在光学上有相等的吸收衰减;

④ 两光束的源面积的场孔径必须相等,以保障两光束中的辐射功率来自相同的源面积和发射立体角。

因为低于熔点温度的固体材料光谱发射率曲线不会有锐峰或锐谷值,所以,具有较低波长分辨率的宽狭缝棱镜单色仪即可适用于光谱发射率测量;而且,较宽的狭缝能够保障在一个宽的光谱范围内通过足够的辐射通量,这正是我们所希望的。此外,为了扩大测量范围,在单色仪中往往备有可供更换的不同棱镜,以及与不同测量范围相应的合适探测器。

四、实验内容

① 测量前首先应对仪器进行定标,即波长定标和仪器线性响应定标。在不同波长范围,可用不同方法对单色仪进行波长定标。例如,在 $0.24\sim2.2\ \mu m$ 范围,利用氦弧、汞弧等灯发射光谱,利用钕玻璃和聚苯乙烯薄膜吸收光谱,在各自的曲线上辨认已知波长的发射或吸收峰,作为峰值已知波长的函数;画出这些峰对应的鼓轮位置,再在这些点之间连一条光滑曲线,此即为定标曲线。另外,利用大气吸收曲线也可以在 $0.4\sim15\ \mu m$ 范围找出 52 个吸收峰,从而得到更长波长的定标曲线。

至于线性响应定标,是因为仪器的工作都基于这样的假设,即它的响应(记录的发射率曲线相对于零线的高度)与各自光束中通过单色仪的单色辐射功率呈线性关系。

然而,这些线性关系是否成立,必须经过定标确定。这包括狭缝线性的定标和使用扇形盘衰减器的定标。

② 仪器标定好后即可进行测量。为能根据式(3-11)得到被测样品的法向光谱发射率，必须测出仪器的 100 ％线高度 $H(\lambda)$、零线高度 $Z(\lambda)$ 和样品高度 $S(\lambda)$。原则上，若用两个温度相同的黑体作为光路长度一样的两个光束辐射源，则 100 ％线的高度 $H(\lambda)=V_b(\lambda)/V_b(\lambda)$ 应是一条直线。但因为两光束在时间上是分开的，并按斩波器的调制频率交替通过单色仪，所以，一束辐射能量脉冲相对于另一束，在波长尺上移动了一个很小的位移。这种位移效应使能量-波长曲线变得很陡，相继能量脉冲的轻微光谱位移都可以在仪器连续记录曲线上产生显著偏差。此外，从源到探测器的两个光路中，光谱吸收和其他损耗的变化，探测器对两光束辐射的光谱灵敏度变化，以及两光束的不同光程长度和个别反射镜上灰尘散射等，均可造成 100 ％线的高度起伏。为此，测量时首先应把两个温度相同的黑体炉用做两光束辐射源，调节分光计"满标尺"控制，在记录仪上记录 100 ％线高度 $H(\lambda)$。

③ 去掉样品光路中的实验黑体，并封住样品光束，此时，由于单色仪的杂散辐射将产生假信号，故应调节分光计的"零比率"控制，在记录仪上记录零线 $Z(\lambda)$。

④ 用样品炉代替参比实验黑体，并使样品温度和比较光路的黑体温度相同，即可测得样品线 $S(\lambda)$，并用式(3-11)求得法向光谱发射率。

五、思考题

1. 试比较单光路法和双光路法的异同点和优缺点。

实验4 绝对反射比的测量

从理论上讲，可以将辐射与介质的作用分为一次作用和多次作用；但在实际测量时，这种区分是很困难的。因此，用反射比、透射比和吸收比来描述半透明介质的反射、透射和吸收特征是适合的。当介质为不透明介质时，反射比与反射率、吸收比与吸收率是相同的。

从工程上讲，由于能够透过光辐射的材料较少，而且多数材料的光辐射透射比也较低，且存在着的色散效应使得透射光学系统结构复杂、成本较高，所以在光学系统中采用反射式结构的较多，例如卡塞格仑双反射镜系统、格里高利双反射镜系统等。这都是由于反射系统比透射系统有较多的优点。反射式系统离不开反射镜，为了充分利用微弱的光辐射，要求这些反射镜具有很高的反射比 ρ。为此，制造和选择所需要的反射镜，都需要测量 ρ 值。ρ 是反射镜最重要的参数之一，它决定制造反射镜所需要的材料及工艺。可见，反射比 ρ 的测量在光电工程中是很重要的。

此外，测量物体光辐射的反射比的重要性还体现在材料光学性质和光学参数研究、矿物岩石的识别与结构分析、光学遥感技术与应用（如海洋污染探测、地球资源勘测与农作物估产等）、军事侦察等众多的研究与应用领域。

测量反射比有光谱和全谱测量以及绝对与相对测量之分。不言而喻,光谱测量给出的是反射比随波长(或波数)的变化,全谱测量给出的是在指定波长范围内或整个波长区间的平均反射比。绝对测量是在不使用任何参考标准的情况下测量的反射比,而相对测量则是利用已知反射比的参考标准与样品作比较测量。

反射比的测量并不是一件很容易的事,一般取决于入射辐射的波长及偏振状态。即使假设单色非偏振辐射束在均匀各向同性和透明无损耗介质中传输,测量反射比也要与入射及收集反射辐射的角度状态有关。本实验介绍一种测量镜面高反射比的绝对测量方法及其装置。本实验在同一装置上使用单色仪和不使用单色仪,可分别测量光谱反射比和全波长反射比(实际光谱范围取决于光源的光谱特性和探测系统的光谱响应)。

一、实验目的

① 熟悉各种反射比的概念,了解其不同的测量方法和原理。
② 掌握测量镜面绝对反射比的原理和方法,并独立完成实验。观察几种不同材料的绝对反射比,建立量的概念。
③ 对实验进行误差分析,提出改进方法。

二、测量原理

反射比的定义是:某种特定部分的反射辐射功率与入射辐射功率之比,用公式表示为

$$\rho(\Omega_i, \Omega_r) = P_r(\Omega_r)/P_i(\Omega_i) \tag{4-1}$$

式(4-1)所表示的物理意义可由图4-1来说明:在(ϕ_i, θ_i)方向上,有限立体角Ω_i内入射到被测物体表面上的辐射功率为$P_i(\Omega_i)$,经反射到(ϕ_r, θ_r)方向上有限立体角Ω_r内收集到的辐射功率为$P_r(\Omega_r)$。这两个功率之比$\rho(\Omega_i, \Omega_r) = P_r(\Omega_r)/P_i(\Omega_i)$称为该物体的双锥反射比。

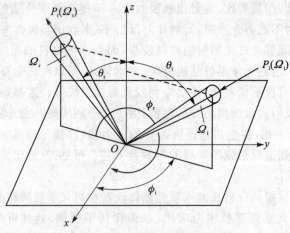

图4-1 入射与收集反射功率的角度状态

由于入射辐射与收集反射辐射的角度状态可分为半球(2π 球面度)入射和反射、有限锥形立体角 Ω 入射和反射、特定方向(θ,ϕ)入射和反射,因此,我们在定义中所说的某种特定部分的入射和反射就有 9 种不同组合情况。这样就形成了 9 种不同的反射比,列在表 4-1 中。

表 4-1 9 种反射比的名称和符号

反射比的名称和符号 \ 反射状态 \ 入射状态	半球反射 (2π 球面度)	锥形反射 (Ω_r)	方向反射 (θ_r, ϕ_r)
半球入射 (2π 球面度)	双半球反射比 $\rho(2\pi;2\pi)$	半球-锥反射比 $\rho(2\pi;\Omega_r)$	半球-方向反射比 $\rho(2\pi;\theta_r,\phi_r)$
锥形入射 (Ω_i)	锥-半球反射比 $\rho(\Omega_i;2\pi)$	双锥反射比 $\rho(\Omega_i;\Omega_r)$	锥-方向反射比 $\rho(\Omega_i;\theta_r,\phi)$
方向入射 (θ_i,ϕ_i)	方向-半球反射比 $\rho(\theta_i,\phi_i;2\pi)$	方向-锥反射比 $\rho(\theta_i,\phi_i;\Omega_r)$	双方向反射比 $\rho(\theta_i,\phi_i;\theta_r,\phi_r)$

与表 4-1 中的各种反射比相对应,也有各自的反射比测量方法。但是被广泛采用的只有 4 种,即半球入射-锥观测,锥入射-半球观测,半球入射-半球观测,锥入射-锥观测。

当采用半球法时要使用积分球。所有这类测量都基于积分球理论。这个理论假定在整个球壁上可以产生均匀的、无光谱选择的漫反射。为了满足这些条件,就要特别注意球壁涂料的选择和球壁涂覆的方法。由于上述测量涉及的装置复杂,调整不便,故这里不作进一步介绍。

另一种常用的测量反射比的方法,就是本实验介绍的镜面反射比测量方法,有时也叫规则反射比测量方法。

当样品的表面粗糙度与辐射波长相近时,它对这种辐射的反射是规则的,符合几何光学的反射定律。这时的反射便成为镜面反射,其反射比就叫做镜面反射比。它与表 4-1 中的双向反射比对应。

测量镜面的反射比,除可以用积分球法外,常用相对测量法和绝对测量法两种方法。现以图 4-2 为例加以说明。

图 4-2 所示方法是一种绝对测量法。在图(a)中未放入样品,辅助镜 3 放在位置 A 处。设辅助镜 3 的反射比为 ρ_f,从出射处测得光功率为 $P_1=P_0\rho_f$,P_0 为入射光功率。在图(b)中将样品放在样品架上,辅助镜移至位置 B 处。设样品的反射比为 ρ,则从出射处测得光功率为 $P_2=P_0\rho\rho_f$。两次测量结果相比即得 $\rho=(P_2/P_1)^{1/2}$。

如果在图 4-2(a)中,用一个已知反射比的标准样品代替辅助镜 3 放在 A 处,测得 $P_1=P_0\rho_{标}$;再以待测样品取代标准样品放在 A 处,测得 $P_2=P_0\rho$,那么,两次测量结果相比即得 $\rho=\rho_{标}(P_2/P_1)$。这就是相对测量法。

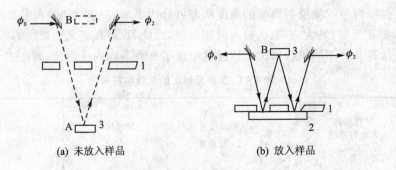

(a) 未放入样品 (b) 放入样品

图 4-2 测量镜面反射比的示意图

由此可见,在反射比的相对测量中,必须有一个已知反射比的标准反射镜(通常用镀铝或镀金镜面)。实测反射比,除系统误差外,其精度还取决于标准镜的精度。但因标准反射镜在长期使用中保存难免发生变化,会严重影响测量精度。

三、实验装置

本实验的系统框图如图 4-3 所示。

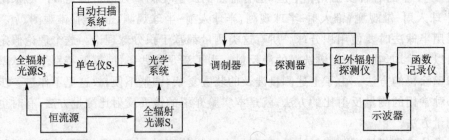

图 4-3 反射比测量原理框图

从图 4-3 可见,本系统所采用的信号探测与记录显示部分、单色仪及波长扫描装置均与实验 3 相同,这里不再重述。现就本系统的光源和光学系统的布置说明如下:

本系统的光源配置与光学系统原理如图 4-4 所示。系统有全辐射光源 S_1 和单色光源 S_2。S_2 是由图 4-3 中的全辐射光源 S_3 经单色仪分光后输出的,相当于单色仪的出射狭缝。在图 4-4 上,S_1 和 S_2 都表示为一个点,实际上它代表垂直于纸面的狭缝光阑。S_1 和 S_3 本身根据测量光谱范围的要求,可选择标准钨带灯或能斯特灯。

在测量全波长反射比时,先不放入样品。光源 S_1 经反射镜 M_1 射进球面反射镜 M_2,M_2 将光源 S_1 缩小倍率成像于平面反射镜 M_3 上。然后由与 M_2 参数完全相同的球面反射镜 M_4,把 S_1 的像以倍率为 1 再成像于平面反射镜 M_3 的下部。M_4 的光轴向纸面内倾斜一微小角度,因而使返回到 M_3 上的光线被它反射到低于纸面的 M_5 上的 H 点。M_5 是圆形球面反射镜,它又以缩小倍率把光源 S_1 成像在探测器的光敏面上。在探测器前加入某一频率的调制器,这时便有交变光信号进入探测器,经放大,在红外探测仪上得到一个与入射光功率 P_i 呈线性关系的直流电压 V_i。

然后将样品 M_p 放入光路,M_3 从位置(一)绕位于 M_p 内的对称轴转 180°到位置(二),由于 M_3、M_p 都是平面反射镜,因此除了光线在 M_p 上多了 4 次反射外,其余光程不变。形成 4 次反射的光程顺序(见图 4-4)是 $BC \to CF \to FO \to OE \to EO'$($O'$ 位于 O 之下)$\to O'F'$(F' 位于 F 之下)$\to F'C'$(C' 位于 C 之下)$\to C'H$。这时在红外探测仪上得到一个与样品反射比有关的光功率 P_r 的相应的直流值 V_r。由这两个值及样品反射次数便可推得计算反射比的公式。

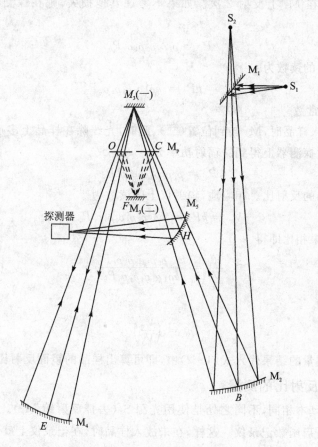

图 4-4 反射比测量光路图

当要测量光谱反射比时,只去掉反射镜 M_1,让光源 S_2(即单色仪出射狭缝)的出射光进入光路,其他步骤同前。随着波长自动扫描,分别测出 $V_i(\lambda)$ 和 $V_r(\lambda)$,最后便可计算反射比。

四、实验内容

1. 全波长绝对反射比的测量

按照图 4-3 接好测量线路,并按照图 4-4 调整好光路。开启光源,使恒流源稳定半小时。再将红外探测仪按说明书调整到正常工作状态。待整个系统稳定后即可开始测量。

设 S_1 出射的辐射功率为 P_0,M_1、M_2、M_3、M_4、M_5 的反射比分别为 ρ_1、ρ_2、ρ_3、ρ_4、ρ_5。当未放样品时,M_2 处在位置(一)。根据前面介绍的从光源到探测器的光程,光线在 M_1、M_2、M_4、M_5 上各反射 1 次,在 M_3 上反射 2 次。如果不考虑其他损失,则在探测器上得到的辐射功率为

$$P_i = \rho_1 \rho_2 \rho_3^2 \rho_4 \rho_5 P_0$$

相应地,在辐射仪上的读数为

$$V_i = kP_i = k\rho_1 \rho_2 \rho_3^2 \rho_4 \rho_5 P_0$$

式中,k 为仪器转换常数。

当在光路中放入样品时,M_3 转到位置(二),此时,光线除在样品上多反射 4 次外,其他反射镜的作用不变,故探测器上得到的辐射功率为

$$P_r = \rho_1 \rho_2 \rho_3^2 \rho_4 \rho_5 \rho_r^4 P_0$$

式中,ρ_r 为待测样品的反射比。相应地,辐射仪上的读数为

$$V_r = kP_r = k\rho_1 \rho_2 \rho_3^2 \rho_4 \rho_5 \rho_r^4 P_0$$

将上述两次测量结果相比即得

$$\frac{V_r}{V_i} = \frac{k\rho_1 \rho_2 \rho_3^2 \rho_4 \rho_5 \rho_r^4 P_0}{k\rho_1 \rho_2 \rho_3^2 \rho_4 \rho_5 P_0}$$

整理得

$$\rho_r = \left(\frac{V_r}{V_i}\right)^{\frac{1}{4}} \tag{4-2}$$

这样,只要将两次测量的结果代入式(4-2)中,即可算出样品的镜面反射比 ρ_r。

2. 光谱绝对反射比的测量

测量方法与 1 基本相同,不同之处是使用光源 S_2(去掉反射镜 M_1)。在开启单色仪自动扫描装置的同时,开启函数记录仪。这样,在未放入样品时,在记录仪上就记录下 V_i-λ 曲线,即横坐标显示波长 λ,纵坐标显示该波长下辐射功率当量值 $V_i(\lambda)$。在放入样品后,让单色仪波长扫描装置返回到波长扫描的起始点,让记录纸也恢复到起始值。然后重复扫描一次,就得到 V_r-λ 曲线。最后按式(4-2)逐点计算对应波长点的光谱反射比 $\rho_r(\lambda)$。将所得各点按适当坐标比例画在图上,便形成在所测波段样品的光谱绝对反射比曲线。

请按上述步骤分别测量抛光铜板及金属平面镀铬、蒸金以后的全反射比和光谱反射比。

五、注意事项

参看实验3。

六、思考题

1. 物体的反射比有哪几种？本实验介绍的反射比属于哪一类？它的测量方法有什么特点？适用范围有何限制？

2. 本实验介绍的光学系统中，光束要在样品上反射4次。试问这样会有什么好处？为什么？

实验5　辐射温度、亮度温度和有色温度的测量

光电技术中一个十分重要的实际应用是在不同情况下测量各种物体的温度。由于红外测温具有非接触、不破坏温度场、目标可大可小、距离可近可远、响应速度快、温度分辨率高、测温范围广等优点，因此在工业技术、医疗诊断、遥感探测、军事侦察以及日常生活中得到广泛应用。特别是在一些不宜接近，不允许接触，不允许破坏温度场的特殊情况下，红外测温技术更具有重要意义，目前，国内外都广泛采用这一技术。本实验介绍各类测温仪表的测温原理和方法，并将这几类测温仪表的特点和应用范围加以比较。

一、实验目的

① 掌握光学高温计、全辐射温度仪、亮度温度和有色温度测温仪的原理、特点和测量方法；

② 正确理解辐射温度、亮度温度和有色温度的概念，熟悉它们与实际温度的关系；

③ 学会根据不同情况和不同测量对象选择正确的测量方法和合适的测温仪器。

二、实验原理

各类物体，当其温度发生变化时，它们向外界辐射的能量也发生变化。由黑体辐射理论，可以知道黑体辐射与温度之间的关系。光辐射测温正是基于黑体辐射与温度之间的规律来测定温度的。

利用测量目标辐射能量的方法来进行温度测量，总称为辐射测温。而根据接收辐射能量的波段范围及信号处理方法的不同，又可将辐射测温分为全辐射测温、亮度法测温和比色法测温三种方法。与之相对应便有三种不同的温度，即辐射温度、亮度温度和有色温度。

1. 辐射温度

若标准黑体在某一温度 T_0 下的积分辐出度与实际被测物体在温度 T 时的积分辐出度相

等,这时黑体的温度 T_b 即称为该实际物体的辐射温度。用 M_T 表示实际物体在温度 T 时的积分辐出度,M_{T_b} 表示黑体在温度 T_b 时的积分辐出度;由上述定义得 $M_T = T_{T_b}$。因为 $M_T = \varepsilon \sigma T^4$,$M_{T_b} = \varepsilon \sigma T_b^4$,所以 $\varepsilon \sigma T^4 = \sigma T_b^4$,由此得

$$T_b = \varepsilon^{\frac{1}{4}} T \tag{5-1}$$

上式表示了辐射温度与实际温度之间的关系。式中的 ε 就是实际物体的发射率。若实际物体是灰体,则 ε 便是一个与波长无关且小于 1 的常数。只要知道了实际物体的发射率 ε,就可以由实测的辐射温度 T_b,通过式(5-1)计算出物体的真实温度 T。由于 ε 总是小于 1 的,故物体的辐射温度总是小于其真实温度,而且 ε 愈小,差值愈大。只有 $\varepsilon = 1$ 时,测得的辐射温度才与实际温度相同。

式(5-1)是在忽略了环境影响的情况下推导出来的。当考虑环境辐射对实际物体的影响时,设实际物体为朗伯体,真实温度为 T,发射率为 ε,反射比为 ρ,积分辐出度为 $\varepsilon \sigma T^4$。又设环境温度为 T_1,发射率为 ε',也认为环境是朗伯体,其辐射充满被测目标。若忽略大气衰减,则待测物体反射的环境辐射功率为 $\rho \varepsilon' \sigma T_1^4$。于是,我们在辐射温度计上接收到的辐射功率表示为

$$\sigma T_e^4 = \varepsilon \sigma T^4 + \rho \varepsilon' \sigma T_1^4$$

从而有

$$T_e = [\varepsilon T^4 + (1-\varepsilon) \varepsilon' T_1^4]^{\frac{1}{4}} \tag{5-2}$$

式中,T_e 即为考虑环境影响,由仪器测得的温度,称为表观辐射温度。从式(5-2)可推得计算实际温度的公式,即

$$T = \left(\frac{T_e^4 - \rho \varepsilon' T_1^4}{\varepsilon} \right)^{\frac{1}{4}} \tag{5-3}$$

在实际应用中,当被测温度接近环境温度,或者被测物体的发射率较小时,上述考虑是必须注意的。

由上述讨论可见,用全辐射法测温的仪器应当对 $\lambda = 0 \sim \infty$ 的全波段均有响应。但是,在实际红外测温仪中,由于红外大气传输衰减、镜头通过能力的限制以及探测器响应波段的限制,其总的作用波段范围总是有限的。因此,只要波段足够宽,使得辐射能量与目标温度 T 有近似四次方的关系,就可以作为全辐射法来考虑。

2. 亮度温度

将被测物体在一定波长间隔内的光谱辐亮度与黑体在同一波长间隔内的光谱辐亮度进行比较,把能获得同样亮度的黑体温度称为被测物体的亮度温度(简称亮温度)。

当测温仪表中装有中心波长为 λ_0、波长间隔为 $d\lambda$ 的滤光片时,仪表能接受的辐亮度为

$$L_{\lambda_1 \sim \lambda_2} = L_{\lambda_0} d\lambda = \varepsilon_{\lambda_0} L_{b\lambda_0} d\lambda$$

式中,L_{λ_0} 与 ε_{λ_0} 分别为中心波长 λ_0 时的光谱辐亮度和光谱发射率。

设仪表的转换常数为 k',则所得仪表输出为
$$V_s = k' \varepsilon_{\lambda_0} L_{b\lambda_0} d\lambda$$

当选择波长和被测温度适应,能使 $\lambda_0 T$ 较第二辐射常数 c_2 小很多,即取 $\lambda_0 < \lambda_m$,从而使 $\lambda_0 T < 2\,897.8$ 时,普朗克公式中的因子 1 便可忽略,以维恩近似公式代替,即
$$L_{b\lambda_0} = \frac{c_1}{\pi} \lambda_0^{-5} e^{-\frac{c_2}{\lambda_0 T}}$$

这样一来,在黑体标定时得到的信号值为
$$V'_s = k' \frac{c_1}{\pi} \lambda_0^{-5} e^{-\frac{c_2}{\lambda_0 T}} d\lambda$$

对实际物体测得的信号值则为
$$V_s = k' \varepsilon_{\lambda_0} \frac{c_1}{\pi} \lambda_0^{-5} e^{-\frac{c_2}{\lambda_0 T}} d\lambda$$

根据实际物体亮温度的定义应有
$$V_s = V'_s$$

由此得
$$e^{-\frac{c_2}{\lambda_0 T_b}} = \varepsilon_{\lambda_0} e^{-\frac{c_2}{\lambda_0 T}}$$

两边取对数并整理后可得
$$T_b = \frac{c_2 T}{c_2 + \lambda_0 T \ln \frac{1}{\varepsilon_{\lambda_0}}} \tag{5-4}$$

式(5-4)即为实际物体的亮温度与实际温度之间的关系。

当温度不超过 3 000 K 时,黑体的辐射分布曲线的极大值 λ_m 位于红外部分。因此,在光学高温计中常选用中心波长 $\lambda_0 = 660$ nm 的滤光片来观察。如果已知波长为 660 nm 时的光谱发射率 $\varepsilon_{660}(T)$,则可通过式(5-4)由已测得的亮温度计算出物体的实际温度。

式(5-4)中的 ε_{λ_0} 是物体在测量波段的光谱发射率,它随温度略有变化。很多物质的 $\varepsilon_{660}(T)$ 均已测定。为了便于实验查询,这里将部分常见材料的 $\varepsilon_{660}(T)$ 列于表 5-1。

应当说明,由于实际物体的辐亮度与方向有关,表 5-1 中所列的 $\varepsilon_{660}(T)$ 值都是在辐射表面法线方向的值,所以在使用亮温度仪测温时,应使仪器光轴尽量对准辐射面法线方向。

由式(5-4)可见,用亮温法测得的亮温度仍然不是物体的实际温度,它也受物体光发射率 ε_{λ_0} 的影响。只有 $\varepsilon_{\lambda_0} = 1$ 才能使亮温度与实际温度一致。

为了与全辐射法进行比较,可将亮温度法测温的输出信号与温度的关系表示为
$$V_s = k_1 T^n$$

式中,k_1 为与仪表结构有关的常数,n 则为
$$n = c_2 / \lambda_0 T$$

表 5-1 一些物质的光谱发射率

物 质	温度/K	ε_{660}	物 质	温度/K	ε_{660}
钼	1 300	0.40	氧化铁	1 500	0.92
	2 300	0.36			
钽	1 300	0.44	镍	融化温度	0.37
	3 200	0.38			
碳	1 500	0.89	氧化镍	1 500	0.85
	2 500	0.84			
银	融化温度	0.05	铂	固态的	0.31
	液态的	0.07		液态的	0.35
铁	融化温度	0.36	融化铜	1 500	0.15
			氧化铜	1 300	0.80
				1 500	0.60

当 $\lambda_0=1\ \mu\mathrm{m}$,$T=1\ 000$ K 时,算得 $n=14$,则 $V_s=k_1T^{14}$。因此,这种亮度温度计在测 1 000 K 温度时,受发射率的影响就比全辐射法要小得多。

实际仪表的作用波段 $\mathrm{d}\lambda$ 都有一定的宽度。当 $\mathrm{d}\lambda$ 很窄时,可以视作光谱辐亮度温度计(简称亮温计);当 $\mathrm{d}\lambda$ 较宽时,则应视作全辐射温度计。实质上它们都是部分波段辐射温度计,只是部分的程度不同,引起处理问题的方法不同而已。

3. 有色温度

设某一个物体的真实温度为 T,在波长 λ_1 和 λ_2 处的光谱发射率为 $\varepsilon_{\lambda_1}(T)$ 和 $\varepsilon_{\lambda_2}(T)$,光谱辐亮度为 $L_{\lambda_1}(T)$ 和 $L_{\lambda_2}(T)$。当该物体在这两个波长处的光谱辐亮度之比与某一温度 T_b 的黑体在该两波长处的光谱辐亮度 $L_{b\lambda_1}(T_b)$ 和 $L_{b\lambda_2}(T_b)$ 之比相等时,这个黑体的温度 T_b 就叫做该物体的有色温度(简称色温度)。当被测物体的光谱辐亮度随波长分布的曲线与黑体相差不大时(例如为灰体),在有色温度 T_b 下,物体的辐射在颜色上接近于黑体辐射,色温度的名称即由此而来。

比色法测温仪可以测出两个中心波长 λ_1 和 λ_2 的光谱辐亮度,并取它们的比值作为输出信号。例如对于实际温度为 T 的物体,在 λ_1 和 λ_2 处的光谱辐亮度分别为

$$L_{\lambda_1 T} = \varepsilon_{\lambda_1}\frac{c_1}{\pi}\lambda_1^{-5}e^{-\frac{c_2}{\lambda_1 T}}\mathrm{d}\lambda_1$$

$$L_{\lambda_2 T} = \varepsilon_{\lambda_2}\frac{c_1}{\pi}\lambda_2^{-5}e^{-\frac{c_2}{\lambda_2 T}}\mathrm{d}\lambda_2$$

因为一般选择波长 λ_1、λ_2 小于 λ_m,故式中采用了维恩近似。那么,对于实际物体,仪器输出信

号为

$$V_s = \frac{L_{\lambda_1 T}}{L_{\lambda_2 T}} = \frac{\varepsilon_{\lambda_1}}{\varepsilon_{\lambda_2}}\left(\frac{\lambda_2}{\lambda_1}\right)^5 \exp\left[\frac{c_2}{T}\left(\frac{1}{\lambda_2}-\frac{1}{\lambda_1}\right)\right]\frac{d\lambda_1}{d\lambda_2}$$

对黑体标定时的信号为

$$V_s' = \frac{L_{\lambda_1 T_b}}{L_{\lambda_2 T_b}} = \frac{\varepsilon_{\lambda_1}}{\varepsilon_{\lambda_2}}\left(\frac{\lambda_2}{\lambda_1}\right)^5 \exp\left[\frac{c_2}{T_b}\left(\frac{1}{\lambda_2}-\frac{1}{\lambda_1}\right)\right]\frac{d\lambda_1}{d\lambda_2}$$

根据色温度的定义有 $V_s = V_s'$，从而得

$$T_b = \frac{c_2\left(\dfrac{1}{\lambda_2}-\dfrac{1}{\lambda_1}\right)}{c_2\left(\dfrac{1}{\lambda_2}-\dfrac{1}{\lambda_1}\right)+T\ln\dfrac{\varepsilon_{\lambda_1}}{\varepsilon_{\lambda_2}}} \tag{5-5}$$

式(5-5)即为色温度与实际温度之间的关系式。从式中可见，当 $\varepsilon_{\lambda_1}/\varepsilon_{\lambda_2}=1$ 时，$T_b=T$，即色温度与实际温度相等。实际上只要选择合适，使 $\varepsilon_{\lambda_1}\approx\varepsilon_{\lambda_2}$，就可以基本消除被测目标发射率对测量的影响。正是由于这种方法可以大大减小发射率的影响，提高了测量真实温度的精度，所以它是一种颇有前途的方法。但是应当指出，如果被测物体是选择性很强的物体，则它的辐射分布不可能接近黑体，那就会带来很大误差，色温的概念也就失去了意义。

三、实验装置

1. 红外低温测温仪

红外低温测温仪的原理框图如图 5-1 所示。

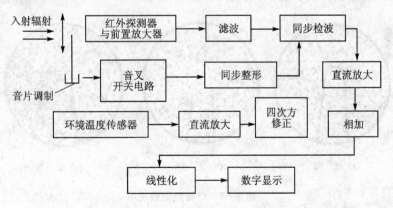

图 5-1 红外低温测温仪原理框图

2. 隐丝光学高温计

隐丝光学高温计的工作原理示于图 5-2，其基本结构包括由物镜 O 和目镜 O′ 构成的一个望远镜光学系统。在物镜 O 的焦平面内放一个小灯泡 A，用做比较光源；在目镜 O′ 和 A 之

后放置一块有色玻璃 F,作为滤光片,以透过所需要的波长间隔。采用的中心波长通常是 $\lambda =$ 660 nm,用人眼作为亮度接收元件。

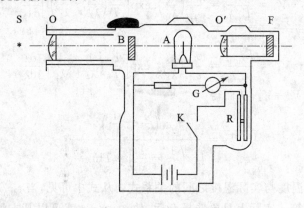

图 5-2　隐丝光学高温计测温原理图

由图 5-2 可见,灯丝的亮度可通过变阻器 R 调节灯丝的电流来改变。使用光学高温计时,先检查仪表指针是否指在"0"位,如不在"0"位,应旋转零位调节器进行调整。然后调整光学系统,用肉眼对准目镜套上的观察孔,调节目镜使灯泡灯丝轮廓分明。再把物镜对准被测物体,调节物镜筒,使热源 S 清晰地成像在灯丝平面上,然后插入红色滤光片。光学系统调整好后,接通按钮开关 K,缓慢旋转滑线电阻盘 R,减小回路电阻使灯丝变亮。若灯丝的亮度比待测物体 S 的亮度要高,则灯丝在 S 的像上呈现出亮线;反之则呈现为暗线。只有当二者的亮度相等时,灯丝才在 S 的像上消失。观察情况如图 5-3 所示。

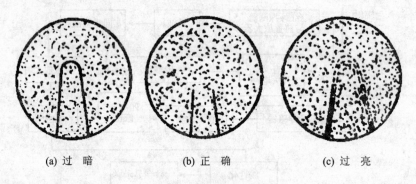

(a) 过暗　　　　　　(b) 正确　　　　　　(c) 过亮

图 5-3　灯丝隐灭情况

光学高温计在出厂前已用黑体作为标准源,在不同的黑体温度(亮度)下,根据灯丝消失时的不同电流 I 对电表 G 进行过定标。这样,当使用该仪器观察被测物体时,当看到灯丝的像在被测物体上的像消失时,电流表的读数就代表了物体的亮温度。知道了物体的亮温度 T_b,再查它的发射率 $\varepsilon_{660}(T)$,便可根据式(5-4)计算出物体的真实温度。如果被测物体是黑体,则测量值就是真实温度。

在仪器的物镜与灯泡之间,可以放入吸收玻璃 B,其作用是减弱热源的亮温度以扩展仪器的量程上限。因此,当用仪器的高温挡时,应放入吸收玻璃。

3. 红外亮温度测温仪

图 5-4 是典型的测温仪的工作原理图。由图可见,来自被测目标的红外辐射透过物镜系统 1 会聚。会聚光束经过分光片 2,一部分反射,一部分透过。反射部分的光束经过调制盘 5 调制后,再经过视场光阑 8,聚焦到 PbS 探测元件 9 上。而透射部分的光束聚焦在分划板 3 上。测量者可以透过目镜系统 4 对分划板上出现的被测物像进行观察,瞄准其测量点。另外。仪器内设有比较灯源 7,它发出的辐射由透镜 6 聚焦,经过调制盘 5 调制并反射到元件 9 上。探测元件将交替地接收外来辐射和比较灯辐射,输出两者之差,通过电子平衡系统 10 来调节比较灯的亮度,使测量波段内比较灯照到元件上的红外辐射与外来辐射平衡。最后,从比较灯的电流读出被测物体的亮温度。

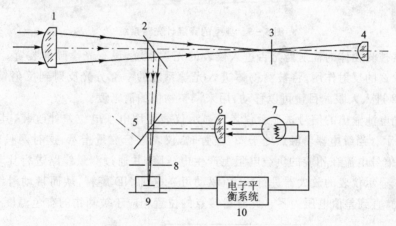

图 5-4 典型的亮温度测温仪工作原理

4. 比色温度计

比色温度计是利用被测对象两个不同波长(或波段)的辐射能量之比与温度之间的关系来实现辐射测温的仪表,因此它必须具有分别测量两个不同波长辐射的能力。为此,比色温度计有两种基本的结构形式:单通道式和双通道式。单通道式又可分为单光路和双光路两种;双通道式又可分为不带光调制和带光调制两种。本实验介绍一种典型的双通道式光电比色高温计。

图 5-5 是一种典型的双通道式的比色高温计光路系统,它用两个光电元件分别接收两种不同波长的单色辐射。被测对象的辐射能通过物镜 1 聚焦后,经平行平面玻璃片 2 和中间有通孔的回零硅光电池 3,再经过场镜 4 变成平行光到分光镜 5。分光镜只反射 $\lambda_1 \approx 0.8\ \mu m$ 的

光,而让波长为 $\lambda_2 \approx 1\ \mu m$ 的光通过。λ_1 的光经滤光片 9,将残留长波滤去,然后被硅电池 8 所接收。而穿过分光镜的红外光(λ_2),经红外滤光片 6 将残留可见光滤去,然后被接收红外光的硅光电池 7 所接收。

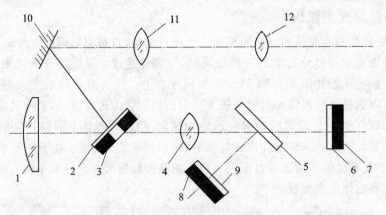

图 5-5 典型的高温计光路系统

为了观察被测物体的辐射能是否进入仪表的光学系统,设有光学瞄准装置。它是利用平行平面玻璃片 2 的反射作用,将被测物体进入光学系统的一部分光反射到反射镜 10,经倒像镜 11、目镜 12 进入人眼。目镜可以移动,用来调整物像的清晰度。

两个硅光电池输出的信号送显示仪表。显示仪表可用电子电位差计改装,其测量电路如图 5-6(a)所示。当继电器 J 触点处于"2"位置时,仪表进行测量指示,这时两只硅光电池 E_1 和 E_2 输出的信号电流在相应的负载电阻上产生电压降,并通过测量线路进行比较,比较后的差值电压进入显示仪表的放大器进行放大,驱动可逆电机 ND 旋转,从而带动滑线电阻 R_6 上的滑接点移动,直到差值电压为零。此时滑接点的位置相应于被测物的有色温度。

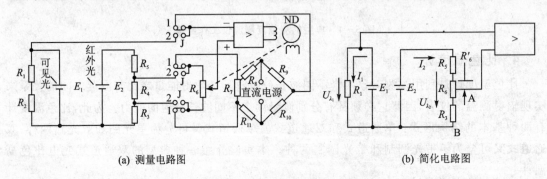

(a) 测量电路图　　　　　　　　　　(b) 简化电路图

图 5-6 典型的高温计测量线路图

为了便于理解,将测量电路简化,如图 5-6(b)所示。设接收波长为 λ_1 光的硅光电池 E_1 在 R_1 上的压降为 U_{λ_1},接收波长为 λ_2 光的硅光电池 E_2 在电阻 R_5、R_6 和 R_3 上的压降为 U_{λ_2},

当测量电路处于平衡时,有

$$U_{\lambda_1} - U_{AB} = U_{\lambda_1} - [U_{\lambda_2} - (I_2 R_5 + I_2 R'_6)] = 0$$

移项得

$$U_{\lambda_1} = U_{\lambda_2} - I_2(R_5 + R'_6) = 0$$

两边除以 U_{λ_1},并以 $U_{\lambda_1} = U_{AB} = I_2(R_3 + R_6 - R'_6)$ 代入,得

$$\frac{U_{\lambda_2}}{U_{\lambda_1}} = \frac{R_3 + R_5 + R_6}{R_6 + R_3 - R'_6}$$

可见,当测量电路平衡时,两种波长辐射能所产生的信号电压的比值,是通过改变滑接点的位置,从而改变 R'_6 在负载电阻中的比值来反映的。由黑体辐射规律可知,物体温度愈高,$\ln(L_{\lambda_2}/L_{\lambda_1})$ 愈小,则 $U_{\lambda_2}/U_{\lambda_1}$ 愈小,因此 R'_6 就应愈小,即滑接点愈向上。

仪表设有回零机构,它是用变送器中的回零硅光电池做信号源来控制继电器动作的(电路中未画出)。当被测物体移入检测镜头时,回零机构使继电器触点 J 处于"2"位置;当被测物体移开检测镜头时,J 处于"1"位置,指针回零。若不设回零机构,则当被测物体移开后,两个波长的光谱能量为零,无信号送入显示仪表,仪表指针将停止不动或由于外界干扰而有指示,造成错觉。

四、实验内容

① 按实验要求准备好光学高温计、亮温度测温仪、比色温度计和全辐射温度计。按实验指导书和仪器本身的使用说明书,熟悉其结构原理和使用方法。

② 用全辐射温度计、光学高温计、亮温度测温仪和比色温度计分别测量同一温度下的几种材料的温度,并计算出实际温度,比较测量效果。

如图 5-7 所示,将不同样品(45# 钢、黄铜、陶瓷片)分为两半,一半涂黑(可用石蜡烟熏制),另一半不涂黑,放在功率为 1 500 W 的电炉上加热。在样品表面上钻一个小坑,压入热电偶,将热电偶接到控温仪上,给定一个控温毫伏数。待温度稳定后,分别用光学高温计、全辐射温度计、亮温度计和比色温度计,按各自使用要求对准目标测量(对准涂黑处和未涂黑处各测

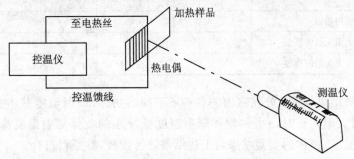

图 5-7 加热样品测温示意图

一次)。然后调换样品,按同样方法进行测量。将每次测量数据分别填入表5-2中,并根据材料的发射率和各种测量温度与实际温度的关系计算出实际温度,也填入表5-2中。

表5-2 辐射测温记录表

测温值/℃ \ 类别 \ 材料	光学高温计		全辐射温度计		亮温度计		比色温度计		控温
	亮温度	计算真温	辐射温度	计算真温	亮温度	计算真温	色温度	计算真温	
45#钢									
45#钢涂黑									
黄铜									
黄铜涂黑									
陶瓷片									
陶瓷片涂黑									

根据测量和计算结果,与控温热电偶的温度值进行比较,分析其差别产生的原因。

若实验时间允许,可改变控制温度重复上述实验并分析结果。

③ 用低温测温仪在无源的室内测量一些处于室温下的物体(铝板、铜板、灰塑料板、光木板、红砖、黑铁皮),记录下其辐射温度值。然后将这些物体拿到室外,在天空有太阳无云时,记录各种材料(它们的ε不同)的辐射温度值;在天空有云无太阳时,再记录一次各种材料的辐射温度值,填入表5-3中。

表5-3 常温材料的辐射温度测量

测温值/℃ \ 材料 \ 测试条件	铝板	铜板	灰塑料板	灰塑料板	红砖	黑铁皮
ε						
室内测温						
室外有太阳无云时测温						
室外有云无太阳时测温						

本实验的大致结果如下:处在室内的各种ε不同的物体,辐射温度基本相同。处在室外的物体,当天空有太阳无云时,ε大的物体辐射温度低,ε小的物体辐射温度高;而当天空有云无太阳时,则反之。请将你的实验结果与上述结果进行比较,看是否符合。

五、注意事项

① 在使用各种辐射测温仪时，一定要先看懂使用说明书，按要求正确使用和操作。
② 各种测温仪对测量距离要求不同，应注意调节距离，保证被测物体充满测温仪的视场。
③ 各校可根据自己的条件选择被测热源以及加热和控温方式。

六、思考题

① 全辐射法测温、亮温度法测温和比色法测温，在接收辐射光谱分布上有何不同？为什么物体的发射率对它们的测量结果影响不同？在何种工作条件下选择何种辐射度计较好？
② 试比较全辐射温度、亮温度和色温度的定义，说出它们与实际温度的差别。理论上的定义和实际测温情况又如何？
③ 分析实验内容③中记录的结果，并从理论上解释实验现象。
④ 根据对各种辐射测温原理和方法的分析，以及物体的发射率对其测量结果的影响，你有办法进一步甚至完全消除发射率对测量结果的影响吗？你能提出一种设想吗？

第二部分　光电探测器

光电探测器是光电探测系统的核心组成部分，它可将被探测目标的光辐射信号转换为电信号，然后经过信号处理，以达到对目标外形、组成材料与温度、运动方向与速度等属性的准确认识的目的。光电探测器的性能直接影响着光电系统的性能，因此，无论是设计还是使用光电系统，深入了解光电探测器的性能参数和测试方法都是很重要的。

本部分实验内容主要是光电探测器性能参数测量和光电探测器的一般使用与测试方法，并列举了几种常用光电探测器的应用电路。

实验6　光电探测器光谱响应度的测量

光电探测器主要分为光子探测器(如光敏电阻、光电二极管、光电三极管、硅光电池等)和热探测器(如热电偶、热释电探测器等)。光谱响应是光电探测器的基本性能参数之一，它表征了光电探测器对不同波长入射辐射的响应。通常热探测器的光谱响应较平坦，而光子探测器的光谱响应却具有明显的选择性。一般情况下，以波长为横坐标，以探测器接收到的等能量单色辐射所产生的电信号的相对大小为纵坐标，绘出光电探测器的相对光谱响应曲线。典型的光电探测器和热探测器的光谱响应曲线如图6-1所示。

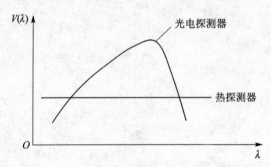

图6-1　典型光电探测器和热探测器的光谱响应曲线

一、实验目的

① 加深光电探测器对光谱响应概念的理解；
② 掌握光谱响应的测试方法；
③ 熟悉热释电探测器和硅光电二极管的光谱响应曲线。

二、实验内容

① 用热释电探测器测量钨丝灯的光谱辐射特性曲线；
② 用比较法测量硅光电二极管的光谱响应曲线。

三、基本原理

光谱响应是光电探测器对单色入射辐射的响应能力。电压光谱响应度 $R_v(\lambda)$ 定义为

$$R_v(\lambda) = \frac{V(\lambda)}{P(\lambda)} \tag{6-1}$$

式中，$P(\lambda)$ 为入射到探测器光敏面上波长为 λ 的辐射功率；$V(\lambda)$ 为光电探测器的输出信号电压。若光电探测器在 $P(\lambda)$ 的作用下输出信号为电流 $I(\lambda)$，则光谱响应灵敏度 $R_i(\lambda)$ 为

$$R_i(\lambda) = \frac{I(\lambda)}{P(\lambda)} \tag{6-2}$$

通常，测量光电探测器的光谱响应多用单色仪对辐射源的辐射功率进行分光来得到不同波长的单色辐射，然后测量在各种波长的辐射照射下光电探测器输出的电信号 $V(\lambda)$ 或 $I(\lambda)$。然而由于实际光源的辐射功率是波长的函数，因此，要在相对测量中确定单色辐射功率 $P(\lambda)$ 需要利用参考探测器（基准探测器），即以一个光谱响应为 $R_f(\lambda)$ 的探测器为基准，用同一波长的单色辐射分别照射待测探测器和基准探测器。由参考探测器的电信号输出（例如为电压信号）$V_f(\lambda)$，可得单色辐射功率 $P(\lambda)=V_f(\lambda)/R_f(\lambda)$，再通过式(6-1)计算即可求得待测探测器的光谱响应。其测量原理框图如图 6-2 所示。

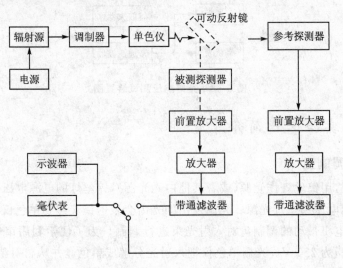

图 6-2 光谱响应测试原理框图

与图6-2原理图相对应的实验装置如图6-3所示,用单色仪(光谱仪)对钨丝灯进行分光,得到单色光功率 $P(\lambda)$。实验中用响应度与波长无关的热释电探测器作参考探测器,测得 $P(\lambda)$ 入射时的输出电压为 $V_f(\lambda)$。若用 R_f 表示热释电探测器的响应度,则显然有

$$P(\lambda) = \frac{V_f(\lambda)}{R_f K_f} \tag{6-3}$$

式中,K_f 为热释电探测器前置放大器和主放大器放大倍数的乘积,即总的放大倍数;R_f 为热释电探测器的响应度。K_f 和 R_f 的值由具体的探测器和具体的光强调制频率给出。

然后用硅光电二极管测量相应的单色光,得到输出电压 $V_b(\lambda)$,从而得到光电二极管的光谱响应度为

$$R(\lambda) = \frac{V(\lambda)}{P(\lambda)} = \frac{V_b(\lambda)/K_b}{V_f(\lambda)/R_f K_f} \tag{6-4}$$

式中,K_b 为硅光电二极管测量时总的放大倍数,由具体的硅光电二极管给出。

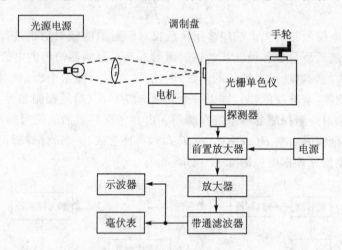

图6-3 光谱响应测试装置图

四、主要实验仪器简介

1. 光源与调制盘

在图6-3中,用钨丝灯作光源(或者其他白光光源),钨丝灯的电源电压以低压为好,可选择0~6 V的可调电压钨丝灯光源。光源发出的光由会聚透镜聚焦到单色仪的入射狭缝上,并在狭缝前用同步电机带动的调制盘对入射光束进行调制。为了便于利用市电电压,驱动调制盘的电机使用电压为220 V。光栅单色仪把入射光分解成单色光并从出射狭缝射出。连续改变单色仪的出射光波长,在单色仪的出射狭缝后分别用热释电探测器和硅光电二极管进行测量,所得光经信号放大后由毫伏表和示波器指示。

2. 单色仪

实验所用的单色仪为输出波长在可见光至近红外波段的任一类型的单色仪,但为了具有好的实验教学效果,调节单色仪输出波长最好采用手动操作机构,如可选用 WD30 型光栅单色仪。

3. 热释电探测器

实验中采用的热释电探测器是钽酸锂热释电器件,前置放大器与探测器装在同一屏蔽壳里。前置放大器工作时需要 +12 V 电压。为降低噪声,用干电池供电。图 6-4 示出了热释电探测器的典型调制特性。

4. 选频放大器

由于分光后的光谱辐射功率很小,虽然热释电探测器和光电二极管都带有前置放大器,但仍需接选频放大器进行放大。选频放大器的频率特性如图 6-5 所示,其中心频率 f_0 与调制频率一致。

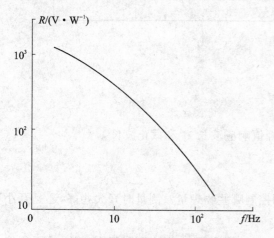

图 6-4　热释电探测器的典型调制特性

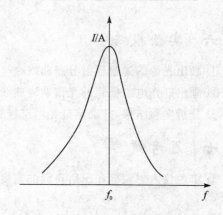

图 6-5　选频放大器的频率特性

五、实验步骤

① 打开光源开关,调整光源位置,使灯丝通过聚光镜成像在单色仪入射狭缝上,入射狭缝的缝宽调整在 0.2 mm 左右。把出射狭缝缝宽调整到 1 mm 左右,人眼通过出射狭缝能看到与波长读数相应的光,然后逐渐关小出射狭缝,最后调整出射狭缝到 0.2 mm 左右。注意:狭缝开大时不能超过 3 mm,关小时不能超过零位,否则会损坏仪器。

② 在光路中靠近入射狭缝的位置放入调制器,并接通驱动调制器的电机电源。

③ 把热释电器件光敏面对准单色仪的出射狭缝,并连接好放大器和毫伏表,然后为探测

器加上电池电压。

④ 转动单色仪手轮(波长调节轮),记下探测器的入射波长及毫伏表上相应波长的输出电压,并填入表 6-1。

⑤ 用光电二极管换下热释电器件,给光电二极管加上电压,重复步骤④,将数据记录在表 6-1 中。

表 6-1 光谱响应测试实验数据

入射光波长 $\lambda/\mu m$	用热释电探测时的毫伏表输出 V_f	硅光电二极管经放大器后输出 V_b	光谱功率 $P(\lambda)$	响应度 $R(\lambda)$
0.5				
...				
...				
...				
1.2				

六、实验报告

① 画出光源的光谱辐射分布曲线;
② 画出硅光电二极管的光谱响应曲线;
③ 分析实验结果,并确定硅光电二极管的峰值响应波长 λ_p 和截止波长 λ_c。

七、思考题

① 单色仪入射狭缝和出射狭缝的宽度分别控制哪些物理量?测量时开大些好,还是开小些好?

② 如果在测量过程中,用热释电器件和光电二极管测量,二者光源强度不一致,是否仍能保证结果的正确性?如果二者的调制频率不同呢?

③ 在测量光谱响应度 $R(\lambda)$ 时,如果实验室没有参考(基准)探测器,能否想办法测得$R(\lambda)$?

④ 如何改进实验装置?如何提高测量精度和速度?

实验 7 光电探测器响应时间的测量

通常,光电探测器输出的电信号都要在时间上落后于作用在探测器上的光信号,即光电探测器的输出相对于输入的光信号要发生沿时间轴的滞后和扩展。扩展的程度可由响应时间来描述。光电探测器的这种响应落后于作用信号的特性称为惰性。由于惰性的存在,会使先后作用的信号在输出端相互交叠,从而降低信号的调制度。如果光电探测器观测的是随时间快速变化的物理量,则由于惯性的影响会造成输出严重畸变。因此,深入了解光电探测器的时间响应特性是十分必要的。

一、实验目的

① 了解光电探测器的响应度不仅与信号的光波长有关,而且与信号光的调制频率有关;
② 掌握发光二极管的电流调制方法;
③ 掌握测量光电探测器响应时间的方法。

二、实验内容

① 用光电探测器的脉冲响应特性测量响应时间;
② 利用光电探测器的幅频特性确定其响应时间。

三、基本原理

表示时间响应特性的方法主要有两种:一种是脉冲响应特性法,另一种是幅频特性法。

1. 脉冲响应特性

响应滞后于作用信号的现象称为弛豫。对于信号开始作用时的弛豫称为上升弛豫或起始弛豫;信号停止作用时的弛豫称为衰减弛豫。弛豫时间的具体定义如下:

如果阶跃信号作用于器件,则起始弛豫定义为探测器的输出响应从零上升为稳定值($1-1/e$,即 63%)时所需的时间;衰减弛豫定义为信号撤去后,探测器的响应下降到稳定值的 $1/e$(即 37%)所需的时间。这类探测器有光电池、光敏电阻及热电探测器等。另一种定义弛豫时间的方法是:起始弛豫为响应值从稳态值的 10% 上升到 90% 所用的时间;衰减弛豫为响应从稳态值的 90% 下降到 10% 所用的时间。这种定义多用于响应速度很快的器件,如光电二极管、雪崩光电二极管和光电倍增管等。

若光电探测器在单位阶跃信号作用下的起始阶跃响应函数为 $1-\exp(-t/\tau_1)$,衰减响应函数为 $\exp(-t/\tau_2)$,则根据第一种定义,起始弛豫时间为 τ_1,衰减弛豫时间为 τ_2。

此外,如果测出了光电探测器的单位冲击响应函数,则可直接用半值宽度来表示时间特性。为了得到具有单位冲击函数形式的信号光源,即 δ 函数光源,可以采用脉冲式发光二极管、锁模激光器以及火花源等光源来近似。在通常的测试中,更方便的是采用具有单位阶跃函数形式的亮度分布的光源,从而得到单位阶跃响应函数,进而确定响应时间。

2. 幅频特性

由于光电探测器惯性的存在,使得其响应度不仅与入射辐射的波长有关,而且还是入射辐射调制频率的函数,这种函数关系还与入射光强信号的波形有关。通常定义光电探测器对正弦光信号的响应幅值与调制频率间的关系为它的幅频特性。许多光电探测器的幅频特性具有如下形式：

$$A(\omega) = \frac{1}{(1+\omega^2\tau^2)^{1/2}} \qquad (7-1)$$

式中，$A(\omega)$ 表示归一化后的幅频特性；$\omega=2\pi f$ 为调制角频率；f 为调制频率；τ 为响应时间。

在实验中可以测得探测器的输出电压 $V(\omega)$ 为

$$V(\omega) = \frac{V_o}{(1+\omega^2\tau^2)^{1/2}} \qquad (7-2)$$

式中，V_o 为探测器在入射光调制频率为零时的输出电压。这样，如果测得调制频率为 f_1 时的输出信号电压 V_1 和调制频率为 f_2 时的输出信号电压 V_2，就可以由下式确定响应时间，即

$$\tau = \frac{1}{2\pi}\sqrt{\frac{V_1^2 - V_2^2}{(V_2 f_2)^2 - (V_1 f_1)^2}} \qquad (7-3)$$

为了减小误差，V_1 与 V_2 的取值应相差 10% 以上。

由于许多光电探测器的幅频特性都可以由式（7-1）描述，人们为了方便地表示这种特性，引出截止频率 f_c。它的定义是当信号输出功率降至超低频的一半时，即信号电压降至超低频电压的 70.7% 时的调制频率。故 f_c 频率点又称为三分贝点或拐点。由式（7-1）可知

$$f_c = \frac{1}{2\pi\tau} \qquad (7-4)$$

实际上，用截止频率描述时间特性是由式（7-1）定义的 τ 参数的另一种形式。

在实际测量中，对入射辐射的调制方式可以是内调制，也可以是外调制。外调制是用机械调制盘在光源外进行调制，因为这种方法在使用时需要采用稳频措施，而且很难达到很高的调制频率，不适用于响应速度很快的光子探测器，所以具有很大的局限性。内调制通常采用快速响应的电致发光元器件作辐射源。采用电调制的方法可以克服机械调制的不足，得到稳定度高的快速调制。

四、实验仪器

① 信号发生器 1 台；

② 示波器 1 台；

③ 电源 1 个；

④ 毫伏表 1 个；

⑤ 发光二极管（GaAs，可见光发光二极管）及电阻等元器件若干。

图 7-1 为本实验装置图。图中把发光二极管负载上的调制电压输入到示波器的 x 轴作为外触发同步脉冲，把光电探测器负载两端的输出信号电压输入到示波器的 y 轴输入端。

下面介绍示波器的外触发工作方式和 10% 到 90% 的上升响应时间的测试方法。

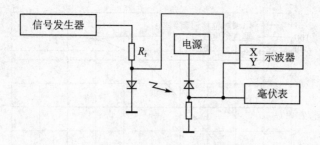

图 7－1　响应时间测试装置框图

1. 外触发同步工作方式

一般地,当示波器的触发源选择为 ext 挡时,示波器的外触发输入插座上的输入信号就成为触发信号。在很多应用方面,外触发同步更适用于波形观测,这样可以获得精确的触发而与馈送到输入插座 CH1 和 CH2 的信号无关。因此,即使当输入信号变化时,也不需要再进一步触发。

2. 10 % 到 90 % 的上升响应时间的测试

① 将信号加到 CH1 输入插座,置垂直方式于 CH1。用 V/div 和微调旋钮(键)将波形峰峰值调到 6 div。

② 用上下位移旋钮(键)和其他旋钮(键)调节波形,使其显示在屏幕中心。将 t/div 开关调到尽可能快速的挡位,同时能观察到 10 % 和 90 % 两个点。将微调置于校准挡。

③ 用左右位移旋钮(键)调节 10 % 点,使与垂直刻度线重合,测量波形上 10 % 和 90 % 点之间的距离(div)。将该值乘以 t/div,如果用"×10 扩展"方式,则再乘以 1/10。

请正确使用(或准确判读)10 % 线和 90 % 线。

使用公式：

上升响应时间 t_r = 水平距离(div)×t/div 挡×"×10 扩展"的倒数 1/10

例如,水平距离为 4 div,t/div 是 2 μs(见图 7－2)。代入给定值,则

上升时间 = 4.0 div × 2 μs/div = 8 μs

五、实验步骤

1. 硅光电二极管响应时间的测量

① 将信号发生器调到方波输出挡。调节信号发生器的输出,使发光二极管的工作电流不超过其额定工作电流。可以通过负载电阻两端的电压来测量。

② 调节示波器的扫描时间与触发同步,使光电二极管对光脉冲的响应在示波器上得到清晰显示。

③ 当光电二极管的负载为 1 kΩ 时,改变其偏置电压。观察并记录在零偏及不同反偏下

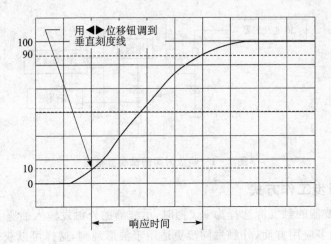

图 7-2 上升响应时间测量距离

光电二极管的响应时间,并填入表 7-1。

表 7-1 硅光电二极管的响应时间与偏置电压的关系

偏置电压 E/V	0	5	12	15	…
响应时间 t_r/s					

④ 当反向偏压为 15 V 时,改变探测器的偏置电阻,观察探测器在不同偏置电阻时的脉冲响应时间,记录填入表 7-2。

表 7-2 硅光电二极管的响应时间与负载电阻的关系

负载电阻 R_L	51 Ω	100 Ω	1 kΩ	10 kΩ	100 kΩ
响应时间 t_r/s					

2. 测量 CdSe 光敏电阻的响应时间

将 GaAs 发光二极管换为可见光发光二极管,在偏置电压为 15 V、负载电阻为 10 kΩ 的条件下,测量 CdSe 光敏电阻的响应时间。测量方法同上。

3. 用幅频特性测量 CdSe 的响应时间

将信号发生器调到正弦波输出。测量 CdSe 在不同调制频率时的输出电压。测量时应保证光源在不同的调制频率下具有相同的峰值辐射功率。由幅频特性确定的响应时间,在理论上等于由 0 上升到稳态值的 63% 所确定的脉冲上升响应时间。(选做)改变偏置电压和负载电阻,观察光敏电阻的响应时间是否变化。

4. 用截止频率测量 CdSe 光敏电阻的响应时间

改变正弦波的频率,可以发现,随着调制频率的提高,CdSe 负载电阻两端的信号电压将减小。测出其衰减到超低频的 70.7 %时的调制频率 f_c,并由式(7-4)确定响应时间 τ。

六、实验报告

① 列出表 7-1 和表 7-2,并解释光电二极管的响应时间与负载电阻和偏置电压的关系。

② 列出脉冲响应法测得的 CdSe 光敏电阻的响应时间,并与用幅频特性法测出的响应时间进行比较。

③ 写出用截止频率测得的 CdSe 的响应时间,并比较这三种方式的特点。

七、思考题

① CdSe 光敏电阻在弱光和强光照射下的响应时间是否相同?为什么?

② 如欲测量响应速度更快的光电探测器的响应,则必须提高光源的调制频率。试想,还有哪些方法?

实验 8 光电探测器探测度的测量

探测度是衡量光电探测器对于微弱信号的极限探测能力的一个重要指标。这一性能指标对光电探测器在弱光探测和军事方面的应用具有重要意义。

探测度这一参数最初是从噪声等效功率 NEP 引出的。NEP 的定义为:当探测器输出的基频信号电压的有效值 V_s 等于噪声均方根电压 V_n 时,投射到探测器上的已调制辐射功率 P_s(基频分量的均方根值),称做光电探测器的噪声等效功率。用公式表示,则为

$$\text{NEP} = \frac{P_s}{V_s/V_n} \tag{8-1}$$

这里,NEP 的单位为 W。

噪声等效功率又称为最小可探测率,因此光电探测器的 NEP 值越小,其探测本领越强,这显然不符合人们的心理习惯。人们习惯上认为探测器的性能越好,表征它性能的参数应越大。因此通常由 NEP 的倒数定义探测度 D,用公式表示,则为

$$D = \frac{1}{\text{NEP}} = \frac{V_s/V_n}{P_s} \tag{8-2}$$

探测度 D 可以理解为每单位(瓦)辐射功率照射在探测器上得到的信噪比。D 越大,表明探测器的探测能力越强。D 的单位为 W^{-1}。

理论与实验均表明,噪声等效功率与探测器的光敏面积 A_d 和测量系统的带宽 Δf 乘积的平方根成正比,即

$$\text{NEP} \propto (A_d \Delta f)^{\frac{1}{2}} \tag{8-3}$$

亦即

$$D(A_d \Delta f)^{\frac{1}{2}} = 常数 \tag{8-4}$$

式中,A_d 为探测器的光敏面积,单位为 cm^2;Δf 为测量系统的带宽,单位为 Hz。为了消除光敏面积和测量带宽的影响,便于对不同类别的探测器进行比较,人们引入归一化探测度 D^*(又称为比探测度)。D^* 被定义为 D 与 $(A_d \Delta f)^{1/2}$ 的乘积,即

$$D^* = D(A_d \Delta f)^{\frac{1}{2}} = \frac{(A_d \Delta f)^{\frac{1}{2}}}{\text{NEP}} = \frac{V_s/V_n}{P_s}(A_d \Delta f)^{\frac{1}{2}} \tag{8-5}$$

D^* 的单位是 $cm \cdot Hz^{\frac{1}{2}} \cdot W^{-1}$。它表示探测器接收面积为 $1\ cm^2$、工作带宽为 $1\ Hz$ 时,在单位入射辐射功率照射下所输出的信噪比。为简化起见,通常也把 D^* 叫做探测度。

通常在 D^* 后将测量条件一并标出,如所用的黑体光源的温度、调制频率、测量系统的带宽等,测量值以 $D^*(T,f,\Delta f)$ 标出。例如 $D^*(800,500,1)$。

为了描述光电探测器对不同单色光探测能力的强弱,还引入光谱探测度 D_λ^*,它表示器件对波长为 λ 的辐射探测度。D_λ^* 的测量结果以 $D_\lambda^*(\lambda,f,\Delta f)$ 标出。

一、实验目的

① 掌握光电探测器探测度的测试方法;
② 深入了解光导探测器的探测度与调制频率的关系。

二、实验内容

① 利用黑体辐射测量 PbS 光导探测器的积分响应度、最小可探测功率及探测度;
② 测量响应度和探测度与调制频率的关系。

三、实验原理

根据定义,探测度可表示为

$$D^* = \frac{V_s/V_n}{P_s}(A_d \cdot \Delta f)^{\frac{1}{2}} \tag{8-6}$$

式中,探测器的接收面积 A_d 和放大器的工作带宽 Δf 在一定的测量系统中为定值,因此,只要测得探测器输出信噪比 V_s/V_n,便可根据计算得到的 P_s 求出 D^*。

本实验用 500 K 黑体作辐射源。

根据普朗克公式,黑体在单位面积上、单位波长间隔内发射的辐射功率为

$$L_{b\lambda} = \frac{2\pi h c^2}{\lambda^5} \cdot \frac{1}{e^{hc/\lambda kT} - 1} \tag{8-7}$$

式中,普朗克常数 $h = 6.625 \times 10^{-34}\ J \cdot s$;玻耳兹曼常数 $k = 1.38 \times 10^{-23}\ J \cdot K^{-1}$;光速为

3×10^8 m·s^{-1}；λ 为辐射波长；T 为热力学温度。

黑体在 $\lambda_1 \sim \lambda_2$ 波段范围内的辐射功率为

$$L = \int_{\lambda_1}^{\lambda_2} L_{b\lambda} d\lambda$$

PbS 光敏元件的响应波段为 $1\sim 3~\mu m$，在此波段内的辐射功率为

$$L_{PbS} = \int_1^3 \frac{2\pi hc^2}{\lambda^5} \cdot \frac{1}{e^{hc/\lambda kT}-1} d\lambda$$

经数值积分计算得 $L_{PbS} = 6.439\times 10^{-3}$ W/(cm²·sr)。

探测器接收到的功率 P_s 为

$$P_s = L_{PbS} \frac{A_d}{\pi r^2} A_b \varepsilon m$$

式中，A_d 为探测器光敏面积；A_d/r^2 为接收视场立体角；A_b 为黑体光阑孔径面积；r 为黑体光阑孔径至探测器光敏面的距离；ε 为辐射系数，取 0.98；m 为调制转换系数，这里取 0.28（三角波调制）。

当黑体辐射炉和探测器确定后，上述参量就是一些常数。因此探测器的接收功率就是确定的。而相应的探测器的输出电压和噪声电压可以测出，因此可计算出探测器响应度和探测度。

由实验 6 可知，光电探测器的响应度为

$$R_v = \frac{V_s}{P_s}$$

在本实验中 P_s 为 $1\sim 3~\mu m$ 波长范围内的积分功率，因而 R_v 为积分响应度。

四、实验步骤

实验装置如图 8-1 所示。

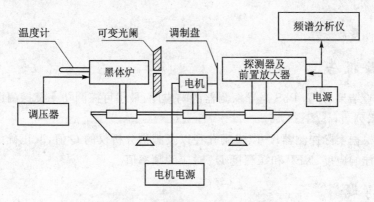

图 8-1 探测度测试实验装置图

① 接通循环水，开通水泵，接通黑体辐射炉电源（可用自耦变压器供电），并使黑体温度维持在 227 ℃，即热力学温度 500 K。

② 接通探测器的偏置电源及放大器的供电电源。

③ 把频谱分析仪的旋钮放在适当位置（视具体的频谱仪而定）。

④ 把放大器的输出端与频谱分析仪的输入端相连接，并接通频谱分析仪电源开关。

⑤ 接通调制盘电机的电源。

⑥ 用频谱分析仪测量输出信号电压。

改变频谱分析仪的 Meter Range（表头量程）和 Range Multiplier（量程倍率）（不同的频谱仪有所差别），使之在调节频谱分析仪的频率手轮（旋钮）时，指针（或指示值）有明显变化。然后缓慢调节频率手轮（旋钮）使频率指示值有最大的读数值，记下此时的频率值及输出电压值。

⑦ 测量噪声电压 V_n。用黑纸遮挡住黑体辐射源窗口，测量与调制频率 f 相应的噪声电压。

⑧ 改变调制频率（可通过改变电机电压来实现），测量不同调制频率下的输出信号电压和噪声电压，并将测量结果填入表 8-1。

表 8-1 测量结果

f/Hz									
V/mV									
V_n/mV									

五、使用仪器及元件

① 频谱分析仪；

② 晶体管稳压电源；

③ 自耦变压器；

④ 黑体炉；

⑤ PbS 元件及放大器。

六、实验报告

① 根据实验结果，计算 PbS 光导探测器的响应度、最小可探测功率及探测度，并将它们与调制频率的关系列表，作图。

② 计算时根据实际探测器尺寸、光阑孔径以及频谱分析仪的 Q 值，取正确的计算参数。

③ 找出最佳响应度、NEP 和探测度 D^* 对应的频率值。

七、思考题

① 如果希望在实验中实现等效正弦波调制，应满足哪些条件？

② 光电探测器的探测度与哪些因素有关？为什么称 D^* 为归一化探测度？
③ 如欲减小背景辐射对 D^* 测量的影响，可以采取哪些措施？

实验 9　雪崩光电二极管

　　雪崩光电二极管是一种具有内部雪崩增益的光电二极管，有很高的量子效率。它与光敏电阻和普通光电二极管相比有较高的内部增益，因此，在系统应用中前置放大器的噪声就不会成为影响接收系统性能的主要噪声源。尤其在激光器作光源的光电系统中，由于激光具有很窄的光谱范围，故接收时可采用窄带光谱滤光片抑制信号光以外光谱范围的背景辐射。这时，雪崩光电二极管所组成的接收系统有可能达到背景限。目前它已广泛用于光纤通信脉冲激光测距等系统中。

一、实验目的

① 验证和掌握雪崩光电二极管的工作特性；
② 学会使用雪崩光电二极管的一般方法，确定最佳偏置电压。

二、实验内容

① 测量在某温度下雪崩光电二极管的击穿电压；
② 确定在某温度下雪崩光电二极管的最佳工作电压；
③ 测量输出背景噪声与外加偏压的关系。

三、基本原理

　　雪崩光电二极管在外加反向偏压比较低时与普通光电二极管一样；当外加反向偏压达到一定值而使结区电场足够高时，光生载流子在漂移过结的过程中与束缚电子(价电子)发生碰撞电离，从而产生附加载流子。而附加载流子进一步在高电场中获取能量，动能增加足以再次发生碰撞电离。如此循环，致使载流子数得到雪崩式增加，从而输出光电流得到 M 倍增益。

　　目前可选用的雪崩光电二极管，在 400～1 100 nm 波段内主要是 Si 雪崩光电二极管。在光纤通信专用波段 1 300 nm 有 Ge 和 InGaAs 雪崩光电二极管。Si 雪崩光电二极管有三种结构。第一种为"斜边角型"，为 P^+N 结，雪崩击穿电压非常高，为 1 800～2 600 V。它具有较低的雪崩暗电流。在短波长区($\lambda < 0.9$ μm)响应速度慢，增益高。在长波长区($\lambda > 0.9$ μm)响应速度快，增益低。第二种结构为"保护环"结构。这种器件在 0.9 μm 处量子效率较高，达 30 %；在 1.06 μm 处较低，只有 1 %～2 %。第三种结构为"达通型"。这种结构的耗尽区有两部分：一部分是漂移区，在那里光子被吸收；另一部分是窄的倍增区，在那里载流子得到倍增。这种器件响应速度快，增益高，噪声相对来说较低。在室温下，在波长 0.9 μm 处量子效率可达 90 %。在波长 1.06 μm 处约为 20 %，工作电压小于 500 V。

本实验采用达通型雪崩光电二极管。它的倍增因子 M（或称倍增系数）与外加电压的关系如图 9-1 所示。由图可以看出，当电压达到一定值时，电流得到倍增。电压到达击穿电压 V_B 时，电流开始急剧上升。此外也可以看出，倍增因子 M 是随温度而变化的。不同温度下有不同的 $M\text{-}V$ 曲线。

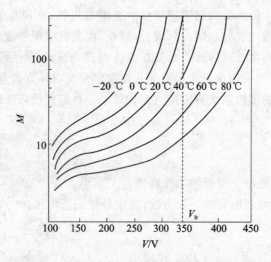

图 9-1 雪崩增益 M 与电压 V 和温度 T 的关系曲线（耗尽层厚 100 μm）

使用雪崩光电二极管的要点就是要根据实际使用情况，选取最佳偏置电压，使管子工作在最佳倍增因子状态。所谓最佳倍增因子，就是系统得到最大信噪比时所对应的倍增因子。为此，需首先简述一下最佳倍增因子与哪些因素有关。

雪崩光电二极管通常的应用电路如图 9-2 所示。雪崩光电二极管 APD 与负载电阻 R_L 串联后外加反偏压，输出信号由前置放大器放大后输出。这一电路的信号噪声等效电路如图 9-3 所示。图中：i_s 为无增益时的光电流，且

$$Mi_s = R_i M P_s \tag{9-1}$$

式中，R_i 为器件无增益时的响应度；M 为器件的倍增因子，P_s 为器件得到的信号光功率。

设 $\overline{i_{nd}^2}$ 为散粒噪声功率谱密度（单位赫兹带宽中的均方噪声电流），它通常由信号光、背景光引入的散粒噪声和器件暗电流引入的散粒噪声组成。若忽略信号光引入的散粒噪声，则 $\overline{i_{nd}^2}$ 可表示为

$$\overline{i_{nd}^2} = 2e(i_d + R_i P_b) \tag{9-2}$$

式中，e 为电子电荷；P_b 为器件接收到的背景功率；i_d 为器件暗电流。

设 $\overline{i_{nR}^2}$ 为热噪声功率谱密度，它是放大器产生的热噪声折合到输入端的等效热噪声和负载电阻 R_L 产生的热噪声均方电流值的和。

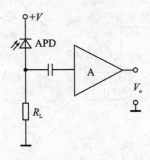

图 9-2 APD 应用电路

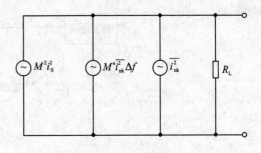

图 9-3 信号噪声等效电路

雪崩光电二极管经放大器后输出的信号噪声功率比为

$$\text{SNR} = \frac{i_s^2 M^2}{\overline{i_n^2} \Delta f} = \frac{R_i^2 M^2 P_s^2}{[2e(i_d + R_i P_b)M^n + \overline{i_{nR}^2}]\Delta f} \quad (9-3)$$

在碰撞电离过程中,信号光电流平均增加 M 倍,而载流子倍增有起伏量,也就是噪声功率不是增加 M^2 倍,而是有附加噪声,所以用 M^n 表示。一般 $n > 2$。n 值的大小与器件材料、结构有密切关系。有时 M^n 也表示为 $M^n = M^2 F$。F 称过剩噪声系数。实测达通型雪崩光电二极管的过剩噪声系数 F 与倍增因子 M 的关系如图 9-4 所示。

雪崩光电二极管的工作点应该是选择外加负偏压,使器件获得的倍增因子达到输出信噪比最大。显然,我们可以取式(9-3)对 M 求一阶导数,令其为零而求得最佳倍增因子 M_{opt} 为

$$M_{opt} = \left[\frac{\overline{i_{nR}^2}}{(n-2)e(i_d + R_i P_b)} \right]^{\frac{1}{n}} \quad (9-4)$$

由式(9-4)可以看出,最佳倍增因子与器件暗电流、背景功率、负载电阻 R_L 和放大器热噪声谱密度有关。这些条件中只要有某一项不同,M_{opt} 也就不同。但是,在放大器和负载电阻已定、背景功率确定条件下,可以通过实验分别测出信号和噪声均方根电压与

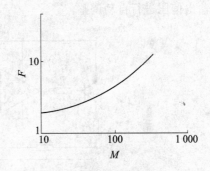

图 9-4 过剩噪声系数 F 与倍增因子 M 的关系曲线

器件外加反偏压的关系,从中找到对应于最大信噪比时的偏压值。实验得出的结果是:最佳偏压通常略小于雪崩光电二极管的击穿电压 V_B。然而在实际中仅此还不能使器件处于最佳状态,原因是倍增因子是温度的灵敏函数,如图 9-1 所示。

为了补偿温度变化引起 M 偏离 M_{opt} 或引起信号增益变化的影响,目前有两种补偿方法。在脉冲调制系统中(多用于光纤通信),一种方法是用自动增益控制电路输出电压去调整信号放大电路的增益或者调整器件供电电源输出电压,以保持输出信号的稳定。其原理如图 9-5 所示。

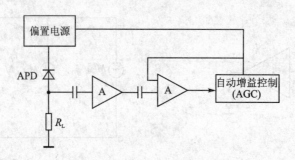

图 9-5 温度补偿原理

另一种温度补偿方法是选择温度系数合适的二极管作为温度敏感元件去感知环境温度的变化,再对雪崩光电二极管的偏压电源电路进行控制,调整其输出偏压。例如:RCA 公司生产的 C30817 型管,其击穿电压的温度系数是 1.8 V/℃,采用温度补偿二极管 1N914 的温度系数约为 1.8 mV/℃。所以,把补偿管用硅橡胶粘在备用的器件上,把补偿管的变化量放大1 000 倍,就可控制偏压的自动温度补偿。图 9-6 为温度补偿的例子。图中,补偿管 D 的电压降和可调基准电压一起输入到运算放大器 A 组成的比较放大器中,A 输出电压控制电源第一级调整管 Q。室温下定好电路参数使输出电压达到所需值。当温度改变后,补偿管电压变化对输出偏压进行自动调整。

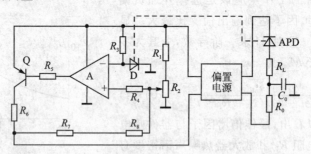

图 9-6 温度补偿原理

温度补偿在背景辐射较低或者背景辐射恒定的情况下是很合适的。当系统是在野外工作,例如,激光脉冲测距或卫星跟踪等系统工作时,背景亮度很高,变化很大。探测器因背景辐射对 M_{opt} 的影响要比温度影响更为显著。而系统为了作用距离远,还必须要求器件使用在最佳状态。在这种情况下,只有采用与背景辐射产生的散粒噪声有关的量去自动调整偏压,才能达到 M_{opt} 的要求。

在脉冲系统中。噪声影响系统品质的衡量标准通常不采用信号功率与噪声功率之比(或信号电压与均方根噪声电压之比),而是用误码率来衡量更为实用。例如,激光脉冲测距系统就成功地使用了按虚警率要求自动调整雪崩光电二极管偏压的方法。下面简述这一方法的原理。

激光测距原理简单地说就是:激光器对目标发射一个光脉冲,然后接收目标对此光脉冲反射后的回波脉冲,测出发、收两脉冲所经时间 Δt。因光速 c 是常数,于是可算出目标距离 $L=\frac{1}{2}\Delta t \cdot c$。本机所测最大距离对应于最长测距时间 Δt_m。由 Δt_m 可知每秒可测次数 $n(n=1/\Delta t_m)$。如果在测量时间 Δt 以内有噪声脉冲超过接收电路阈值电压,则系统将误认为是信号脉冲到来,系统就误测一次。如果在 n 次测量中,误测率为 α,则虚警率 P 为

$$P = \alpha n$$

α 为百分数。例如 $\alpha=1\%$,$P=0.01n$。虚警率就是每秒误测次数(频率)。如果要求虚警率低,则探测器偏压应该低些,也就是 M 取低些,这时测距的极限距离会小些;反之就把偏压提高些。所以虚警率是根据系统实际要求而定的。

实验证明:雪崩光电二极管在发生碰撞电离时,输出散粒噪声脉冲的分布不服从泊松分布律,前面图 9-4 曲线也说明了这一问题。所以,不能采用通常方法,例如用泊松分布或正态分布规律去估算噪声脉冲超过某一阈值的概率,然后确定偏压调整所需参数。目前是根据器件实验参数所得经验公式和系统对背景辐射实测结果来确定偏压调整参数的。

由虚警率要求自动调整雪崩光电二极管偏压的原理可由图 9-7 来说明。

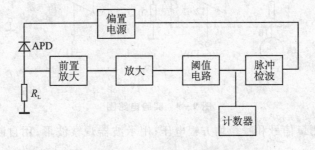

图 9-7 雪崩光电二极管偏压调整原理方框图

由雪崩光电二极管 APD 输出的背景噪声经放大器放大后,其中某些幅度高的噪声脉冲将会超过阈值电路的阈值电压进入系统。在系统测距之前,这些超过阈值的脉冲不断进入脉冲检波电路中,脉冲检波电路将输入脉冲电压变换为直流电压输出。直流电压的幅度是随着输入脉冲数(频率)的多少而变化的。频率高,输出电压也高;反之,则低。这个直流电压送到偏压电源中去作为调整电压,以调整电源输出电压,使超过阈值电压的噪声脉冲限制在所要求的频率以下。

四、实验装置与设备

实验装置与设备布置如图 9-8 所示。本实验采用带有前置放大器(跟随器)的雪崩二极管,如图 9-9 中的虚线所示。实验电路中外接负载电阻 $R_L=50\ \Omega$,后接自制放大器(放大倍数为 40 倍,带宽为 10 MHz)。雪崩光电二极管的击穿电压在 350~500 V 之间,电流不超过 50 nA。实验时用 0~500 V 直流稳压电源供电,串接表(100 μA)测量 APD 的电流。

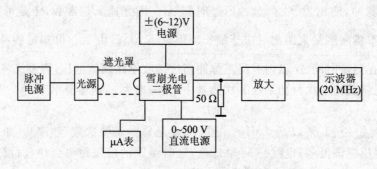

图 9-8 实验装置与设备布置图

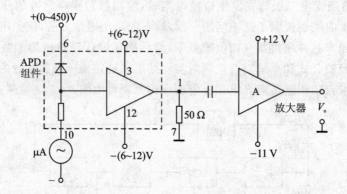

图 9-9 实验电路图

用高频毫伏表测量信号和噪声均方根电压;用示波器观察波形;用自制脉冲光源(3 kHz)作信号光源。

五、实验步骤

① 按照图 9-8 和图 9-9 接好实验所需连线(注意图中标号),可调电压的旋钮放到最低位置。

② 盖好遮光罩。不接通光源电源,接通其他部分电源。测量雪崩光电二极管暗电流和暗噪声与偏压间的关系,记录于表 9-1 中(注意:当电流接近最大值时不能再加偏压)。最后偏压回零。

表 9-1 数据记录一

E/V								
$i/\mu A$								
V_n/mV								

③ 开启光源。用示波器和毫伏表分别测量信号与噪声,记录于表 9-2 中。在击穿点附近要细调偏压。最后偏压回零。

表 9-2 数据记录二

E/V									
V_s/mV									
V_n/mV									

④ 打开遮光罩,关闭光源电源。用毫伏表和示波器测量和观察背景噪声的均方根电压与偏置电压之间的关系,数值填入表 9-3 中。(注意 μA 表电流不超载,测噪声时为避免干扰可暂时短接 μA 表。)

表 9-3 数据记录三

E/V									
V_n/mV									

⑤ 打开光源电源,用示波器观察输出信号、噪声与偏压的关系。

六、实验报告要求

① 记下室温。从实验结果中确定此温度下 APD 的击穿电压。
② 从实验结果中找出最佳偏压。
③ 对背景光下的输出现象作分析说明。

七、思考题

试与其他几种光电探测器作比较,说明雪崩光电二极管在使用上有何特点。

实验 10 光电倍增管的静态和时间特性的测量

光电倍增管是一种基于外光电效应(光电子发射效应)的器件,由于其内部具有电子倍增系统,所以具有很高的电流增益,从而能够检测极微弱的光辐射,是最灵敏的光电探测器,其暗电流、信噪比、灵敏度和时间响应等都有独特的性质。此外,光电倍增管的光电线性好,动态范围大,因而被广泛用于各种精密测量仪器和装备中。由于光电子发射需要一定的光子能量,所以大多数光电倍增管工作于紫外和可见光波段,目前在近红外波段也有应用。由于使用面广,现已有多种结构、多种特性的管子可供选择。

一、实验目的

① 熟悉光电倍增管的静态特性和时间特性,以便今后能正确选用光电倍增管;
② 学习光电倍增管的基本特性测量方法。

二、实验内容

① 测量光电倍增管静态特性参数;
② 测量光电倍增管时间特性参数。

三、实验原理

1. 工作原理

光电倍增管是一种真空光电器件,它主要由光入射窗、光电阴极、电子光学系统、倍增极和阳极组成。其工作原理为:当光照射光电倍增管的阴极 K 时,阴极向真空中激发出光电子(一次激发),这些光电子按聚焦极电场进入倍增系统,由倍增电极激发的电子(二次激发)被下一倍增极的电场加速,飞向该极并撞击在该极上再次激发出更多的电子,这样通过逐级的二次电子发射得到倍增放大,放大后的电子被阳极收集作为信号输出。

2. 光电倍增管的供电电路

光电倍增管的供电电路常采用如图 10-1 所示的电阻链分压结构。它由 $N+1$ 个电阻串联而成,其中 N 为光电倍增管的倍增极数。设流过串联电阻的电流为 I_R,则每个电阻上的压降为电流 I_R 与电阻 R_i 的乘积,因此,加在光电倍增管倍增极上的电压为 $U_{di}=I_R R_{i+1}$。

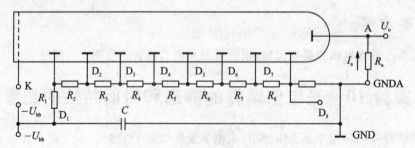

图 10-1 光电倍增管电阻链分压结构

为确保流过电阻链中每个电阻的电流 I_R 都近似相等,应满足关系

$$I_R \geqslant 10 I_{am}$$

式中,I_{am} 是光电倍增管的倍增极之间的漏电流。光电倍增管的输出电流 I_a 在负载电阻 R_a 上产生的压降为输出电压信号 U_o,即

$$U_o = I_a R_a$$

光电倍增管的供电方式有两种,即负高压接法(阴极接电源负高压,电源正端接地)和正高压接法(阳极接电源正高压,而电源负端接地)。采用正高压接法的特点是,可使屏蔽光、磁、电的屏蔽罩直接与光电倍增管的玻璃壳相连,使之成为一体,因而屏蔽效果好,暗电流小,噪声低。但是,这时的阳极处于正高压,使后面的处理电路难以连接。交流输出信号虽然可以采用高压隔离电容进行隔离,但是会导致寄生电容增大;如果是直流输出,则不仅要求传输电缆能承受高压,而且后面的直流放大器也处于高电位状态工作,会产生一系列不便,危险性也大。

负高压接法的优点是阳极电位低,便于与后面的放大器连接。如图 10-2 所示,直接与直流放大器连接,还可以通过电容只输出交流信号,实验操作安全又方便。

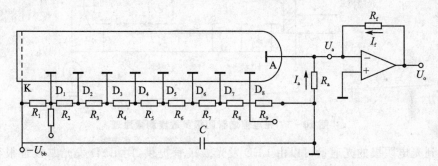

图 10-2 光电倍增管供电电路

负高压接法的缺点是玻璃壳的电位与阴极电位接近,为负高压,玻璃壳与屏蔽罩之间的电场很高,为降低它们之间的电场,防止玻壳放电发生,必须使它们隔开 1~2 cm。

3. 光电倍增管的基本特性参数

光电倍增管的特性参数包括灵敏度、电流增益、光电特性、阳极特性、暗电流等。

(1) 光电灵敏度

光电灵敏度是衡量光电倍增管探测光信号能力的一个重要标志,通常分为阴极灵敏度 S_k 与阳极灵敏度 S_a。它们又分为光谱灵敏度与积分灵敏度。其单位为 μA/lm 或者 A/lm。

(2) 阴极光谱灵敏度 $S_{k,\lambda}$

阴极光谱灵敏度 $S_{k,\lambda}$ 定义为阴极电流与入射光谱光通量之比,即

$$S_{k,\lambda} = I_k/\Phi_\lambda \quad (\mu A/lm) \tag{10-1}$$

(3) 阴极积分灵敏度 S_k

S_k 为阴极电流与入射光通量(积分)之比,即

$$S_k = I_k/\Phi \quad (\mu A/lm) \tag{10-2}$$

(4) 阴极灵敏度的测量

光电倍增管阴极灵敏度的测量原理如图 10-3 所示。入射到阴极 K 的光照度为 E,光电

阴极的面积为 A，则光电倍增管所接收到的光通量为

$$\Phi = EA \tag{10-3}$$

将式(10-3)代入式(10-2)便可测量入射到光电倍增管(PMT)光敏面上的照度，得到入射光通量，经计算而得出阴极的光电灵敏度。如果入射为单色光，则所测出来的阴极灵敏度为光谱灵敏度；若入射光为白光，则所测出来的阴极灵敏度为积分灵敏度。

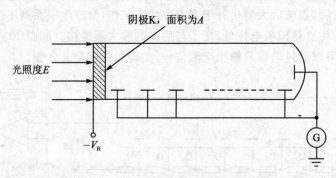

图 10-3 光电倍增管阴极灵敏度测量原理

入射到光电阴极的光通量可以由 LED 发光二极管提供，用 LED 发光二极管很容易提供各种颜色的"单色光"，可以近似地将其看做光谱辐射量。在实验前先将 LED 光源用照度计进行标定；测量时，用数字电流表测出流过 LED 的电流 I_{LED} (I_{LED} 已被标定)，它与照度相对应，当测出 LED 光源出口的面积时，便很容易计算出它发光的光通量。入射到光电阴极的光通量不能太大，否则由于光电阴极层的电阻损耗会引起测量误差。光通量也不能太小，否则由于欧姆漏电流影响光电流的测量精度，实验中常用的光通量范围为 $10^{-5} \sim 10^{-2}$ lm。

(5) 阳极光照灵敏度 S_a

阳极光照灵敏度 S_a 定义为光电倍增管在一定工作电压下阳极输出电流 I_a 与照射到光电阴极上的光通量 Φ 的比值，即

$$S_a = I_a/\Phi \quad (A/lm) \tag{10-4}$$

S_a 是一个经过倍增以后的整管参数，在测量时为保证光电倍增管处于正常的线性工作状态，光通量要取得比测阴极灵敏度时小，一般在 $10^{-10} \sim 10^{-5}$ lm 的数量级。

(6) 电流放大倍数(增益)G

G 定义为在一定的入射光通量和阳极电压下，阳极电流 I_a 与阴极 I_k 之比，即

$$G = I_a/I_k \tag{10-5}$$

由于阳极灵敏度为光电倍增管增益与阴极电流之积，因此，电流增益又可表示为

$$G = S_a/S_k \tag{10-6}$$

它描述了光电倍增管系统的倍增能力，是工作电压的函数。

(7) 阳极伏安特性

当光通量 Φ 一定时,光电倍增管阳极电流 I_a 和阳极与阴极间的总电压 U_{bb} 之间的关系为阳极伏安特性,如图 10-4 所示。因为光电倍增管的增益 G 与二次倍增极电压 E 之间的关系为

$$G = (bE)^n$$

式中,n 为倍增极数;b 为与倍增极材料有关的常数,所以阳极电流 I_a 随总电压增加而急剧上升。使用管子时应注意阳极电压的选择。另外,由阳极伏安特性可求得增益 G 的数值。

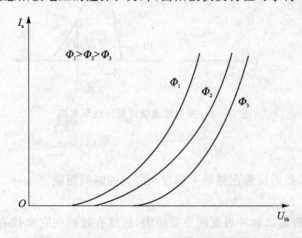

图 10-4 典型阳极特性曲线

(8) 暗电流 I_d

当光电倍增管处于隔绝光辐射的暗室中时,在阳极电路中仍然会出现输出电流,我们称之为暗电流。暗电流与光电倍增管的供电电压 U_{bb} 有关,因此必须首先确定 U_{bb},才能测定它的暗电流 I_d。引起暗电流的因素有:热电子发射、场致发射、放射性同位素的核辐射、光反馈、离子反馈、极间漏电、欧姆漏电、玻璃荧光等。

(9) 时间特性

由于电子在倍增过程中的统计性质以及电子的初速效应、轨道效应以及空间电荷效应,从阴极同时发出的电子到达阳极的时间是不同的,即存在渡越时间分散。因此,输出信号相对于输入信号会出现展宽和延迟现象,这就是光电倍增管的时间特性,如图 10-5 所示。

光电倍增管的渡越时间,定义为光电子从光电阴极发射经过倍增极到达阳极的时间。当输入信号为 δ 函数形式的光脉冲时,阳极输出的电脉冲是展宽的。在闪烁计数应用中,如果入射射线之间的时间间隔极短,则因这种展宽将使输出脉冲发生重叠而不能被分辨。因此对输出脉冲波形的时间特性要用以下几个参数表示。

1) 脉冲上升时间 t_r

定义为用 δ 函数光脉冲照射整个光电阴极时,从阳极输出脉冲峰值幅度的 10% 上升至脉冲峰值幅度的 90% 所需要的时间(ns)。

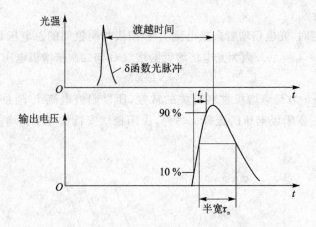

图10-5 光电倍增管时间特性示意图

2) 脉冲响应宽度 τ_n

τ_n 即脉冲半宽度,指阳极输出脉冲半幅度点之间的时间间隔。

3) 渡越时间分散 Δt

因为它是造成阳极输出脉冲展宽的主要原因,所以有时就用它来代表时间分辨率。Δt 定义为当用重复的 δ 函数光脉冲照射到倍增管的阴极时,在阳极回路中所产生的诸输出脉冲上某一指定点(如半幅点)出现时间的变动,测量时通过时间幅度转换器把时间变动量转换成具有一定幅度的时间谱,取其半宽度来表示时间分辨率,单位为 ns。

进行光电倍增管的时间特性参数测试时,需要利用 δ 函数脉冲光源。

δ 函数脉冲光源指的是能够提供具有有限积分光通量和无限小宽度的光脉冲光源。在进行光电倍增管的时间特性参数测试时,只要光源的上升时间、下降时间和半宽度 FWHM 均不超过管子输出脉冲的相应时间参数的三分之一,则该光源即可作为 δ 函数脉冲光源。目前可作为 δ 函数脉冲光源的器件有发光二极管、激光二极管和锁模激光器等。

四、实验装置

本实验采用如图10-6所示的光电倍增管实验装置,各校可根据实际情况自制或购置。

该装置巧妙使用了50%分光器,使得光电倍增管照明和照度测量可以同时进行。光电倍增管放于密封的暗箱中,外置可以切换接入极性的切换开关,在测量阴极、阳极特性时进行切换。窄脉冲发生单元提供宽度约 50 ns 的窄脉冲,用于时间特性测试的信号源。

实验仪集电压表、nA 电流表和照度表于一体,可方便地提供测量。

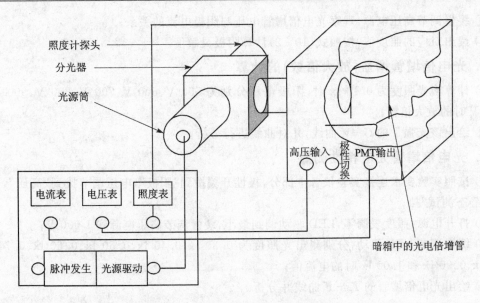

图 10-6 光电倍增管实验装置示意图

五、实验内容与步骤

1. 测量暗电流

① 按照实验要求将实验仪的各个部分正确连接,极性开关拨到"阳极",电压调节拨到"高压",同时选择"静态测试"挡;
② 插入黑色遮光片,关闭光源驱动;
③ 调整高压输入,观察光电倍增管暗电流和光电倍增管电压的关系;
④ 电压、照度旋到最小,关闭实验仪电源。

2. 测量阳极伏安特性

① 按照实验要求连接实验仪各个部分,极性开关拨到"阳极",电压调节拨到"高压",同时选择"静态测试"挡;
② 照度表调零后,调节 LED 驱动,调节照度到 0.1 lx;
③ 缓慢调节高压电源,观察光电倍增管电压与阳极电流的关系;
④ 电压、照度旋到最小,关闭实验仪电源。

3. 测量阴极伏安特性及阴极灵敏度

① 按照实验要求连接实验仪各个部分,极性开关拨到"阴极",电压调节拨到"低压",同时选择"静态测试"档;
② 打开电源,照度表调零后,调节 LED 驱动,调节照度到 10.0 lx;

③ 缓慢调节高压电源,观察光电倍增管电压与阴极电流的关系;
④ 读出对应的照度值,按照式(10-2)计算阴极灵敏度。

4. 光电倍增管增益(放大倍数)的计算
① 计算当光照度为 0.10 lx 时,阳极电压分别为 500 V、600 V、700 V、800 V、900 V 和 1 000 V 时的放大倍数;
② 绘出该光强下的 $G-V$ 曲线,并对曲线进行分析。

5. 光电倍增管光电特性测量
① 按照实验要求连接实验仪各个部分,极性开关拨到"阳极",电压调节拨到"高压",同时选择"静态测试"挡;
② 打开电源,照度表调零,LED 驱动调到最小,缓慢调节高压电源到 1 000 V;
③ 缓慢调节 LED 驱动,分别测出光照度为 0.30 lx、0.40 lx、0.50 lx、0.60 lx、0.70 lx、0.80 lx、0.90 lx 和 1.00 lx 时的电流值;
④ 绘出光电倍增管的 $I_A - E$ 曲线并分析。

6. 光电倍增管时间特性测试
① 按照实验要求连接实验仪各个部分,极性开关拨到"阳极",电压调节拨到"高压",同时选择"时间特性测试"挡;
② 连接"窄脉冲发生单元"到光源,用示波器探头分别连接到时间特性测试区中的"PMT 输出"和"光脉冲"测试钩上,缓慢增加电压,观察两路信号在示波器中的波形对比;
③ 使电压稳定在 1 000 V 左右,观察实验现象;
④ 将高压调节旋钮逆时针调节到零;
⑤ 记录实验现象,并对实验现象进行解释。

六、实验报告
① 作出暗电流与阳极电压之间的关系曲线;
② 作出某一光强下阳极电流与阳极电压之间的关系曲线;
③ 作出与测"阳极伏安特性"内容时同样的光照下,阴极电流和外接电压之间的关系;
④ 算出光电倍增管放大系数与阳极电压之间的关系;
⑤ 写出所测管子的渡越时间、上升时间和半宽度大小。

七、注意事项
① 光电倍增管对光的响应极为灵敏,因此在没有完全隔绝外界干扰光的情况下切勿对管子施加工作电压,否则会导致管子内倍增极损坏。
② 即使管子处在非工作状态,也要尽可能减少光电阴极的不必要曝光,以免对管子造成

不良影响。

③ 使用时,必须预先在暗处避光一段时间,管基要保持清洁干燥,同时要满足规定的环境条件,切勿超过所规定的电压最大值。

④ 在有磁场影响的场合,应该用高导磁金属进行磁屏蔽。

八、思考题

若要测量阴极光谱灵敏度和阳极光谱伏安特性,该实验装置如何改进?请画出实验原理简图,并列出实验步骤。

实验 11 光电池的偏置与基本特性的测量

光电池是一种直接将光能转换为电能的光电器件。光电池在有光线作用时实质就是电源,电路中有了这种器件就不需要外加电源。光电池的工作原理是基于"光生伏特效应"的,它实质上是一个大面积的 PN 结,当光照射到 PN 结的一个面,例如 P 型面时,若光子能量大于半导体材料的禁带宽度,那么 P 型区每吸收一个光子,就产生一对自由电子和空穴,电子-空穴对从表面向内迅速扩散,在结电场的作用下,最后建立一个与光照强度有关的电动势。图 11-1 为硅光电池原理图。其中图(a)为结构示意图;图(b)为等效电路。

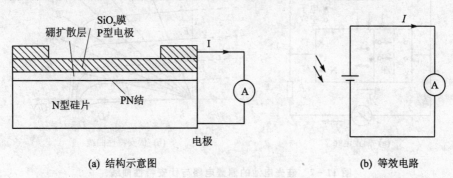

图 11-1 硅光电池原理图

一、实验目的

① 学习和掌握硅光电池的三种偏置特性;
② 正确应用硅光电池进行光电测量与控制;
③ 通过典型光电池的各种偏置电路实验,掌握电路特性。

二、实验内容

① 硅光电池在不同偏置状态下的基本特性；
② 测试硅光电池在不同偏置状态下的典型特性参数；
③ 测量硅光电池在反向偏置下的时间响应。

三、实验原理

硅光电池是典型的 PN 结型光生伏特器件，它与光电二极管的不同之处在于它的光敏面积大，PN 结型材料的掺杂浓度较高，内阻较小，便于向负载供电。

硅光电池有三种偏置方式，即自偏置、零伏偏置与反向偏置。在不同的偏置状态下，硅光电池将表现出适用于不同应用的不同特性。

1. 自偏置电路

硅光电池自偏置电路的实验电路如图 11-2(a)所示，用数字电压表测量硅光电池两端的电压，用微安表测量流过硅光电池的电流。显然，加在硅光电池两端的偏置电压由光生电流在负载电阻上产生的压降提供，因此，称其为自偏置电路。

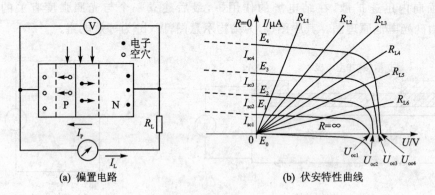

(a) 偏置电路　　　　　　　　(b) 伏安特性曲线

图 11-2　硅光电池的偏置电路与伏安特性曲线

在自偏置情况下，硅光电池的电流方程为

$$I_p = \frac{\eta q}{h\nu}\Phi_{e,\lambda} - I_D(e^{\frac{qU}{kT}} - 1) \tag{11-1}$$

式中，I_D 为暗电流，电压 $U = I_p R_L$，为自偏电压。流过光电池的电流由两部分组成：一部分与入射辐射有关；另一部分与偏置电压（或负载电阻 R_L）呈指数关系。

由此可得到 I_p 与 R_L 间的关系和如图 11-2(b)所示的关系曲线，它应该位于第 4 象限。

当 $R_L = 0$，$U = 0$ 时，相当于硅光电池处于短路工作状态；短路状态下，流过硅光电池的电流 I_{sc} 与入射辐射通量 $\Phi_{e,\lambda}$ 的关系为

$$I_p = I_{sc} = \frac{\eta q}{h\nu}\Phi_{e,\lambda} \qquad (11-2)$$

短路状态下,硅光电池的输出功率为零,为自偏电路的特殊状态($R_L=0$),工作点位于直角坐标系的纵轴上。

另一个特殊状态为 $R_L \to \infty$,即开路状态。此时,流过硅光电池的电流为零($I_p=0$),可以推导出开路电压为

$$U_{oc} = \frac{kT}{q}\ln\frac{I_D + I_{sc}}{I_D} \qquad (11-3)$$

显然,它应该位于横轴上,是对数函数,与光电流及暗电流呈对数关系。同样,开路状态下的输出功率也为零。

但是,当 $0<R_L<\infty$ 时,输出功率 $P_L>0$。R_L 取何值使硅光电池的输出功率最大,是利用硅光电池作电源向负载供电的关键技术。通过实验找到获得最大输出功率的最佳负载电阻 R_{opt},是硅光电池自偏电路的关键问题。

2. 反偏置电路

硅光电池的反向偏置电路与光电二极管的反向偏置电路类似,PN结所加的外电场方向与内建电场方向相同,使 PN 结区加宽,更有利于漂移运动的光生电子与空穴运动。只要外加电场足够大,光电流 I_p 只与光度量有关,而与外加电压的幅度无关,如图 11-2(a)所示。

显然,反向偏置下的硅光电池不会对负载输出功率,只能消耗供电电源的功率。

3. 零伏偏置电路

硅光电池在零伏偏置状态下具有良好的光电响应特性,它的暗电流为零。这是硅光电池零伏偏置的最大特点。绝对零伏偏置的电路是不存在的,但可以制作近似的零伏偏置电路。如图 11-3 所示为典型的硅光电池零伏偏置电路。图中,用高增益的高阻抗运算放大器构成闭环放大电路,对硅光电池的等效输入电阻 R_i 接近于 0,使电路近似为零伏偏置。

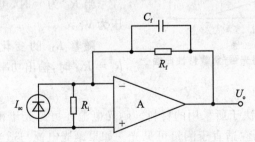

图 11-3 硅光电池零伏偏置电路

4. 不同偏置下光电池的光照特性

光电池在不同偏置下的光照特性,可用入射光强-电流电压特性和入射光强-负载特性来

描述。

入射光强-电流电压特性描述的是开路电压 V_{OC} 和短开路电流 I_{SC} 随入射光强变化的规律,如图 11-4 所示。

V_{OC} 随入射光强按对数规律变化,I_{SC} 与入射光强呈线性关系。

光电池用做探测器时,通常是以电流源形式使用,总要接负载电阻 R_L,这时电流记作 I_{LC}。它与入射光强不再呈线性关系,R_L 相对光电池内阻 R_d 越大,线性范围越小,如图 11-5 所示。

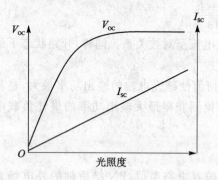

图 11-4 光电池的入射光强-电流电压特性曲线

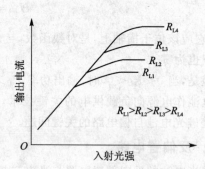

图 11-5 不同负载时光电池的入射光强-电流特性曲线

入射光强-负载特性描述的是在相同照度下,输出电压、输出电流、输出功率随负载变化的规律,如图 11-6 所示。

当 $R_L \ll R_d$ 时,可近似看作短路,输出电流为 I_{SC},与入射光强成正比,R_L 越小,线性度越好,线性范围越大。

当 R_L 为 ∞ 时,可近似看作开路,输出电压为 V_{OC}。

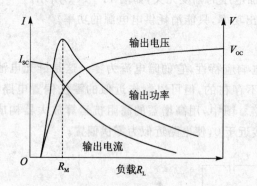

图 11-6 光电池的入射光强-负载特性曲线

随着 R_L 的变化,输出功率也变化,当 $R_L = R_M$ 时,输出功率最大,R_M 称最佳负载。

5. 光谱特性

光电池的光谱特性取决于所采用的材料。硒光电池在可见光谱范围内有较高的灵敏度,峰值波长在 540 nm 附近,它适宜于测量可见光。如果硒光电池与适当的滤光片配合,则它的光谱灵敏度与人眼很接近,可用它客观地决定照度。硅光电池可以应用的范围是 400~1 100 nm。峰值波长在 850 nm 附近。光电池的光谱峰值位置不仅与制造光电池的材料有关,也和制造工艺有关,并且随使用温度的不同而有所移动。

6. 伏安特性

无光照时,光电池伏安特性曲线与普通半导体二极管相同。有光照时,沿电流轴方向平移,平移幅度与光照度成正比。曲线与电压轴交点称为开路电压 V_{OC},与电流轴交点称为短路电流 I_{SC}。图 11-2(b)给出了硅光电池的伏安特性曲线。它表示负载为电阻时,受光照射的硅光电池输出电压与电流的关系。负载的斜率由负载电阻决定,负载线与伏安特性曲线的交点称为工作点。负载电阻 R_L 从硅光电池获得的最大功率为 $P_m = I_m \cdot U_m$。

测量不同光照度下硅光电池的短路电流值和开路电压值,作出光照度-短路电流特性曲线和光照度-开路电压特性曲线。根据图 11-2 连接电路,照度调节旋钮逆时针调到最小。测量几组固定照度、不同负载时的电流值和电压值,作出光电池的电流-负载特性曲线和 $V-I$ 曲线,分别比较其不同之处。

四、实验器材与仪器

① 太阳光模拟器光谱实验平台(或者光电综合实验平台);
② 标准硅光电池 1 个,电流表和电压表各 1 个;
③ 光电池实验装置及其夹持装置各 1 个;
④ LED 光源及其夹持装置以及数字照度计各 1 个;
⑤ 磁性表座 2 个;
⑥ 连接线 20 条;
⑦ 双踪示波器 1 台。

五、实验步骤

1. 自偏电路的输出特性与最佳负载

(1) 自偏电路的输出特性

① 将硅光电池装置和 LED 光源装置牢靠地安装到太阳光模拟器实验测试平台(或光电综合实验平台)上,将 LED 光源的供电电源线串接一只数字毫安表及可调电阻,使其发出的光能够调整,并能够入射到硅光电池敏感面上,再按照图 11-2 所示连成自偏置电路。

② 在做硅光电池实验之前先对 LED 进行定标,先用可调电位器调整流过发光二极管的电流 I_{LED},用数字照度计测量等效落入硅光电池光敏面的照度(表 11-1 要求的照度值),电流表的示值即为 I_{LED}。

③ 将太阳光模拟器光谱实验平台(或者光电综合实验平台)的开关开启,调整可调电位器,使电流表的示值为期望值,读出电流值 I_{LED} 并锁定。用不同阻值的负载电阻接入自偏置电路。记录流过硅光电池的电流 I_p,计算输出功率 P,将 I_p 与 P 填入表 11-1 中。

④ 改变 I_{LED} 的值(相当于改变照度),再测一组流过硅光电池的 I_p 和对应的输出功率 P,

填入表 11-1 中。

根据表 11-1 中的值在图 11-7 中所示的直角坐标系上找到相应的点,并将各点连接起来形成如图 11-2(b)所示的特性曲线。

表 11-1 硅光电池自偏置电路的测量数据

	次 数	1	2	3	4	5	6	7	8
E_v=50 lx	R_L/kΩ	0	0.1	0.2	0.5	1.5	1.7	2.6	5.1
	I_p/μA								
输出功率 P/W									
100 lx	R_L/kΩ								
	I_p/mA								
输出功率 P/W									
200 lx	R_L/kΩ								
	I_p/mA								
输出功率 P/W									
500 lx	R_L/Ω								
	I_p/mA								
输出功率 P/W									

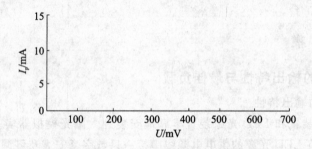

图 11-7 硅光电池的伏安特性

(2) 测量最佳负载电阻

从表 11-1 中可以看出,硅光电池在某一光照度下的输出功率 P 将随负载电阻 R_L 而变化;而且,总存在这样的负载 R_L,它所对应的输出功率为最大,该负载电阻常被称为最佳负载电阻,记为 R_{opt}。在不同辐照度下的最佳负载电阻 R_{opt} 的阻值不同,通过实验可以找到最佳负载电阻 R_{opt} 与入射辐照度的关系。

利用太阳光模拟器光谱实验平台(或者光电综合实验平台)提供的条件,并将负载电阻 R_L 用电位器代替,重复自偏置电路实验,测出不同负载电阻下的输出功率,找出输出功率最大时的电阻值,即为最佳负载电阻。当然也可以先测出硅光电池的伏安特性曲线,再测量出最佳负载电阻 R_{opt}。

2. 硅光电池的零伏偏置电路

(1) 零伏偏置电路的组成

在太阳光模拟器光谱实验平台(或者光电综合实验平台)中找到任意一个放大器和反馈电阻 R_f,将其连接成如图 11-3 所示的零偏置电路,将相应的测量仪表也连接好。自行检查无误后,打开电源,将已知照度的 LED 光投射到硅光电池的光敏面上。用数字电压表测量零伏偏置电路的输出电压 U_o,用数字电流表测量 LED 光源的发光电流 I_{LED},通过改变 I_{LED},改变硅光电池光敏面上的照度,记录输出电压与 I_{LED} 的值。在直角坐标系上画出 U_o-I_{LED} 关系曲线。

(2) 零伏偏置电路参数对光电转换特性的影响

硅光电池零偏置电路的主要参数是反馈电阻 R_f,实验时用不同阻值的反馈电阻 R_f,测量其光电灵敏度,观测硅光电池的光电灵敏度与电阻 R_f 的关系。

3. 硅光电池的反向偏置电路

将装有硅光电池的探头连接成如图 11-8 所示的电路,由于加在硅光电池两端的电场与硅光电池 PN 结的内建电场方向相同,阻挡扩散电荷的运动而有利于漂移运动,因此称其为反向偏置电路。将 LED 光源与硅光电池探头按如图 11-9 所示的结构稳固地安装在光学平台上,并用数字电压表量出输出电压 U_o。

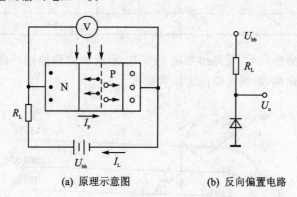

(a) 原理示意图　　　　(b) 反向偏置电路

图 11-8　硅光电池反向偏置电路

如果反向偏置电路如图 11-8(b) 所示,输出电压 U_o 应为电源电压 U_{bb} 与光生电流 I_p 在负载电阻 R_L 两端产生的压降 $I_p R_L$ 之差,即

$$U_o = U_{bb} - I_p R_L = U_{bb} - R_L S_I \Phi_{v,\lambda} \tag{11-4}$$

由式(11-4)可见,输出电压与入射光通量 $\Phi_{v,\lambda}$ 的变化方向相反。

实验时,先打开电源,然后调整光源的电流 I_{LED},使入射光通量 $\Phi_{v,\lambda}$ 或照度 E_v 为适当值,测出此时的光电流 I_p 与输出电压 U_o 的值,填入表 11-2 中;再改变 LED 光源的电流值,测出

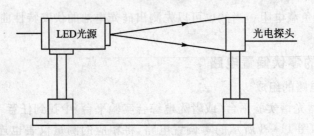

图 11-9　硅光电池与光源安装

另一组数据,填入表 11-2 中。

最终测得 5 组数据,据此在直角坐标系上画出不同的光照特性曲线。

表 11-2　在一定电压下确定光通量的伏安特性曲线

电流 \ 电压 测试值	U_1	U_2	U_3	U_4	U_5	U_6
I_1						
I_2						
I_3						
I_4						
I_5						

将表中的数据用坐标表示,便画出如图 11-10 所示的特性曲线。曲线中,负载电阻值直接影响输出电压的变化量,影响电路的电压灵敏度。

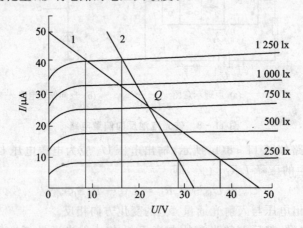

图 11-10　硅光电池的反向偏置特性

利用太阳光模拟器光谱实验平台(或者光电综合实验平台)提供对硅光电池反向偏置电路进行实验的相关软硬件,可使学生很方便地完成硅光电池反偏特性曲线的测试。

测试时电源信号用锯齿波提供,入射到光电池上的光由 LED 光源提供阶梯光信号,在软件菜单上选定阶梯的步长,执行特性曲线测量软件,便可直接在计算机屏幕上观测到硅光电池反向偏置下的特性曲线。

由特性曲线便可方便地测出硅光电池的电流灵敏度 S_I、电压灵敏度 S_V 等参数。

4. 测量硅光电池反向偏置状态下的时间响应

硅光电池在反向偏置状态下的时间响应测量电路如图 11-11 所示。用示波器的两只输入探头 CH_1 和 CH_2 分别观测输入方波信号 U_i 和反向偏置的光电池输出信号 U_o,并将输入与输出信号分别送至数据采集系统中,在计算机上显示出两个波形之间的相位差及时间延迟特性曲线,由延迟特性曲线可以测量出光电池在反向偏置状态下的时间响应特性曲线。

测量时间响应特性时,一般选取输入频率为 100 kHz,即光源为 100 kHz 的方波脉冲,在其作用下,硅光电池将输出相应的方波脉冲。由于硅光电池具有较大的时间响应特性,使它的上升时间 t_{on} 与下降时间 t_{off} 均较大,用示波器或者利用软件可以在计算机上观测到它的上升时间 t_{on} 与下降时间 t_{off},也即观测硅光电池的时间响应特性。

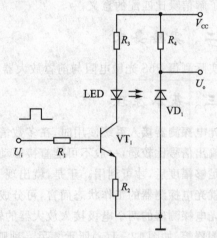

图 11-11　硅光电池时间响应测量电路

六、实验报告要求

根据实验测试记录,在坐标纸上画出所有要求的特性曲线图,并分析实验现象。

七、思考题

① 光照度不变,在量程转换时照度值读数有什么不同?试分析原因。
② 比较并分析零偏压和 6 V 反向偏压下光电池的光照度-电流曲线的区别,分析其产生的原因。
③ 比较硅光电池光照度-开路电压和光照度-短路电流曲线的异同,并对两条曲线进行分析。
④ 实验中,输入脉冲频率的选择对硅光电池的时间响应特性是否会产生影响?
⑤ 图 11-11 中电阻 R_4 的阻值不同对硅光电池反向偏置电路的时间响应特性是否有影响?为什么?

实验 12　光电探测器输出信号的信噪比匹配

光电探测器在弱光照射下输出信号一般是很弱的,必须用放大器进行放大以后才能驱动其他环节。因为信号弱,光电探测器内部固有噪声和放大器中固有噪声对信号的影响就不可忽略。这时,光电探测器和放大器之间的连接按照信噪比匹配原则去考虑是最佳的。

一、实验目的

了解信噪比匹配的意义。

二、实验要求

实际测得 PbS 光敏电阻与前置放大器实现信噪比匹配后的最佳负载电阻 R_L 值。

三、基本原理

光电探测器接入系统使用时,在多数情况下,能接收到的辐射功率是很低的。于是,光电探测输出信号比较弱,一般不可能直接驱动显示或传动等环节,必须先经电子放大器把信号放大到足够幅度后,才可利用。于是,就出现了光电探测器和放大器最佳连接的问题。

就光电探测器的工作状态而言,可分成两种类型。一种是不需外加偏置电压的,工作时直接把光电探测器的两个电极接入放大器的输入端,如硅光电池、碲化铟光电二极管和某些热释电探测器等,如图 12-1(a)所示。另一种则必须外加偏压才能工作,如光电倍增管、光敏电阻和某些半导体光电二极管等,它们通常和外加负载电阻 R_L 串联在一起外加偏置电压;然后,由负载电阻 R_L 的两端引出信号与放大器连接,如图 12-1(b)所示。但是还有少数器件如热电偶等有其他接法。

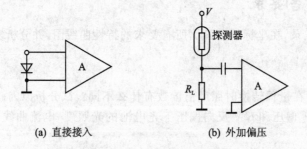

(a) 直接接入　　　　　(b) 外加偏压

图 12-1　光电探测器与前置放大器

不论是哪一种工作状态,对于放大器来说,光电探测器是它的信号源。信号源和放大器匹配得好,信号就得到较好的传输。如果信号强,光电探测器和放大器内部固有噪声可以忽略,那么采用功率匹配的原则使放大器得到最大信号功率,有利于信号放大。但是,在信号很弱时,光电探测器输出噪声与输出信号相比不可忽略,在放大过程中同时又加入了放大器自身的固有噪声,致使放大器输出信号和输出噪声之比必然低于输入信号和输入噪声之比。也就是说,信号放大后信噪比下降了。然而,对系统来说,信噪比是影响测量精度的。信噪比愈低,信号就愈测不准。所以,需要信号在放大过程中信噪比下降愈小愈好。信噪比匹配就是使信号放大过程中信噪比下降最小。

在多级放大器中,第一级放大器自身噪声对信号影响最大,因为输入信号最弱。所以信噪比匹配主要是对前置放大器而言的。

对于一个实际的前置放大器,可认为是由一个理想的无噪声放大器和在其输入端有一个噪声均方根电压源 E_n($E_n = \sqrt{\overline{E_n^2}}$)和一个噪声均方根电流源 I_n($I_n = \sqrt{\overline{I_n^2}}$)组合而成的。噪声电流源自身阻抗无穷大,与放大器输入阻抗相并联。噪声电压源内阻为零,如图 12-2 所示。这样,实际放大器输出的固有噪声就等效于放大器自身无噪声,而在输入端由噪声电压源 E_n 和噪声电流源 I_n 产生噪声经放大后输出的。探测器偏置电路对放大器而言可归结成一个信号电压源 V_s、一个

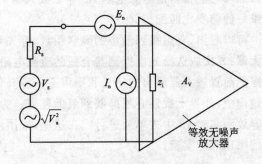

图 12-2 放大器噪声模型

噪声电压源 V_n($V_n = \sqrt{\overline{V_n^2}}$)和信号源内阻 R_s。这样,形成了如图 12-2 所示的放大器噪声模型。

放大器的品质由噪声系数 F 来衡量。噪声系数定义为:输入信号、噪声功率比 p_{si}/p_{ni} 和输出信号、噪声功率比 p_{so}/p_{no} 之比,即

$$F = \frac{P_{si}/P_{ni}}{P_{so}/P_{no}} \tag{12-1}$$

由于放大器自身固有噪声的加入,所以放大器的输出信号、噪声功率比总是小于输入信号、噪声功率比。

由图 12-2,噪声系数 F 可表示为

$$F = \frac{V_s^2/\overline{V_n^2}}{V_s^2/(\overline{E_n^2} + \overline{V_n^2} + \overline{I_n^2}R_s^2)} = 1 + \frac{\overline{E_n^2} + \overline{I_n^2}R_s^2}{\overline{V_n^2}} \tag{12-2}$$

为了统一评价放大器,通常认为噪声源 $\overline{V_n^2}$ 就是信号源内阻 R_s 所产生的热噪声,即

$$\overline{V_n^2} = 4kT\Delta f R_s \tag{12-3}$$

式中,k 是玻耳兹曼常数;T 是热力学温度(K);Δf 是所取的通带宽度(频率范围)。

将式(12-3)代入式(12-2),得

$$F = 1 + \frac{\overline{E_n^2} + \overline{I_n^2}R_s^2}{4kT\Delta f R_s} \tag{12-4}$$

此外,F还严格定义在290 K温度下,以在单位带宽内测得的$\overline{E_n^2}$、$\overline{I_n^2}$和$\overline{V_n^2}$来表达。

当取式(12-4)对R_s求一阶导数,并令$\dfrac{dF}{dR_s}=0$时,可得最小噪声系数$F_{\min}$所对应的最佳源电阻R_{sop},即

$$R_{sop} = \frac{E_n}{I_n} \tag{12-5}$$

式(12-5)说明,当信号源电阻R_s等于放大器的最佳源电阻R_{sop}时,噪声系数为最小值,得到了最好的信噪比匹配。

可以看出,要想得到最小的噪声系数,首先要合理设计(或选择)和调试I_n和E_n小的前置放大器;其次应选择光电探测器合适的负载电阻,使信号源电阻达到所需的最佳源电阻;第三,还需把前置放大器输出的信号和噪声进一步高倍率放大后,才能用仪表测出信噪比。在此放大过程中,外界干扰还必须抑制到最低程度。为了简化实验过程,我们把有关前置放大器调试内容放到实验13中去单独进行。在这里,采用已装好了前置放大器和主放大器的实验装置进行信噪比匹配实验。

四、实验装置

本实验装置的原理图如图12-3所示。装置中由GaAs发光管作光源,它被供以某一频率的电流,所以能发出某一频率(几百赫兹)的调制光照射光电探测器。光电探测器采用PbS光敏电阻。用晶体三极管组成跟随器作前置放大器,后面接通带较宽、放大倍数较高的主放大器。

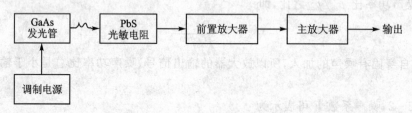

图12-3 实验装置原理图

PbS光敏电阻和前置放大器连接如图12-4所示。图中,R_d为光敏电阻;R_L为偏置电路负载电阻。R_L的阻值可更换。前置放大器为复合管组成的跟随器,R_1是复合三极管的偏流电阻,其阻值也可更换。图中"*"处表示电阻值可变。

在此装置中,信号源电阻就是光敏电阻R_d和负载电阻R_L的并联电阻值。噪声源是光敏电阻的热噪声(或再加产生、复合噪声)和负载电阻R_L的热噪声。当改变R_L阻值时,改变了

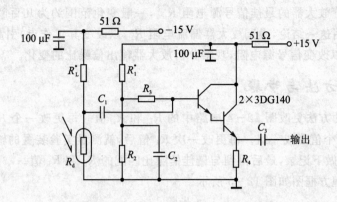

图 12-4　光敏电阻与前置放大器

信号源电阻大小,也改变了噪声源的大小。在这里,光信号是固定的,所以光敏电阻受光照后阻值变化量 ΔR_d 是固定的。输出光信号电压 $|V_s|$ 为

$$|V_s| = \frac{V_0 R_L \Delta R_d}{(R_L + R_d)^2} \tag{12-6}$$

式中,V_0 是偏置电路外加偏压,此处为 -15 V。

前置放大器中半导体三极管的噪声源主要有:基极电阻 $r_{bb'}$ 产生的热噪声、发射极电流 I_e 引起的散粒噪声、集电极电流 I_c 引起的散粒噪声、极间电流分配比例变化而产生的分配噪声和与材料有关的 $\frac{1}{f}$ 噪声等。可以由三极管噪声等效电路推导出三极管放大器的等效噪声电压源 E_n 和等效噪声电流源 I_n,再去求得 F 和 R_{sop}。在这里不作推导而直接利用所得结果。

分析结果表明:晶体三极管其共射极、共集电极、共基极三种接法的噪声系数 F 互相差别不大,所以可近似地不考虑接法。而各噪声源中,以基极电阻 $r_{bb'}$ 的热噪声影响最大,这与晶体管类型有关。其次是集电极电流 I_c 引入的散粒噪声,它与管子的工作点有关。

在中频范围内 ($f_L < f < 0.1$ MHz) 晶体三极管放大器的最佳源电阻 R_{sop} 可近似表示为

$$R_{sop} = (2\beta_0 r_{bb'} r_e + \beta_0 r_e^2)^{\frac{1}{2}} \tag{12-7}$$

式中,β_0 为电流放大系数,$r_e = \frac{26}{I_c(\text{mA})} (\Omega)$。

在低频范围内

$$R_{sop} \approx \frac{1}{2} r_{bb'} \tag{12-8}$$

在高频范围内

$$R_{sop} \approx r_{bb'} \tag{12-9}$$

可见,在三极管型号已定的情况下,E_n、I_n 与工作频率和工作点有关。所以,微调集电极电流

I_c 就能改变晶体管放大器的最佳信号源电阻 R_{sop}，一般变化范围约为几百欧姆至几万欧姆之间。本实验就利用这一结论，微调放大器偏流电阻 R_1，以改变其工作点，引起对应的 R_{sop}。另一方面，改变 R_L 以改变信号源电阻，观察分析放大器输出信噪比的变化。

五、实验方法与步骤

用插座插入的方法更改图 12-4 电路中的 R_L 和 R_1 值。每更改一个 R_1 电阻值后，就选取 R_L 由小到大几个值形成一组。每更改一次 R_L 值后，就测量实验装置的输出电压和输出噪声的均方根电压，做下记录，最后得到与最佳信噪比匹配的 R_L 和 R_1 值。

实验测试原理方框图如图 12-5 所示。

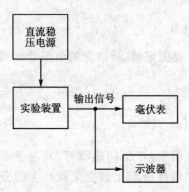

图 12-5 测试原理方框图

步骤：
① 实验装置电源通电。
② 选定三个 R_1 值电阻，插入一个到实验装置中，再插入一个 R_L 值电阻。
③ 关闭发光管电源，在实验装置输出端用毫伏表测量输出噪声均方根电压值。用示波器监视波形。
④ 接通发光管电源，在实验装置输出端用毫伏表测量输出信号电压（总值减去噪声值），并用示波器观察波形。
⑤ 更换 R_L 值后，重复步骤③和④，直至换完一组 R_L 值。记下一组实验结果。

⑥ 更换 R_1 值，然后重复步骤③至⑤。又获得一组数据。重复变更 R_1 得到三组数据。R_1^*、R_L^* 的电阻值按表 12-1 选择。

表 12-1 阻值列表

R_1^*	5 kΩ	10 kΩ	15 kΩ	24 kΩ	33 kΩ	…	…
R_L^*	51 kΩ	150 kΩ	470 kΩ	620 kΩ	820 kΩ	1 MΩ	2 MΩ

说明：毫伏表能准确测量正弦信号的有效值电压（即均方根电压）。用它测量噪声的均方根电压只差一个波形系数（由于准确的噪声均方根电压表不易获得）。这里对同一对象进行测量，相对关系不变。

六、实验报告要求

① 记下测试数据，填入表 12-2 中。

表 12-2　测试数据

偏流电阻 $R_1=$									
负载电阻 R_L									
输出信号电压 V_o									
输出噪声电压 V_{no}									
V_o/V_{no}									

② 由实验结果得出信噪比匹配最佳状态下的 R_L 和 R_{sop}（PbS 光敏电阻阻值可实测）。

③ 对实验结果作简单分析。

七、思考题

考虑或不考虑光敏电阻产生、复合噪声，所得的 R_{sop} 值是否一样？

第三部分 光电弱信号探测

在许多应用系统中,光电探测器输出信号是比较弱的,有时甚至是十分微弱的。因此,若要精确探测到弱光信号,必须掌握抑制噪声、放大信号的技术。本部分叙述的几个实验与目前常用的几种基本技术有关,实验内容的次序是按照接收信号强弱程度安排的。前置放大器在接收光强度调制信号时一般都需考虑;滤波技术是经常采用的一种抑制噪声的技术;光电子计数器所接收到的信号是最弱的。利用在20世纪末、21世纪初兴起的"随机共振"的非线性概念进行微弱信号的探测是具有反常规思维的一种方法,在"随机共振"实验系统中,噪声不再是对信号探测有害的,相反还有利于微弱信号的探测。此外,"光外差探测"从理论上说,具有最低的探测极限,但是它同时也是一种独特的解调方法,所以把它放在第四部分中。

实验 13 低噪声放大器

与光电探测器连接的第一级放大器称为前置放大器,它一般采用低噪声放大器。低噪声放大器比一般放大器有低得多的噪声系数。在系统中,这一级放大器噪声性能的优劣通常会影响到整个系统的品质。所以,虽然不同系统对放大器的质量指标要求会各不相同,但是对前置放大器进行周密的低噪声设计都必须是优先考虑的。

一、实验目的

① 了解放大器的内部噪声和放大器外界干扰对信号放大的影响;
② 了解组装简单低噪声放大器的原则。

二、实验内容

① 用低噪声集成运算放大器 LF353 装调一个光电探测器的前置放大器;
② 测试放大器的性能指标,计算其噪声系数,并与器件给定参数值作比较。

三、基本原理

与光电探测器连接的前置放大器应该是低噪声放大器。低噪声放大器有比一般放大器低得多的噪声系数。设计组装一个前置放大器需要考虑噪声要求,此外,还需考虑放大器的增益、频率的特性、动态范围、信号源阻抗等要求。所以,具体电路因系统不同而异。从低噪声要求出发应考虑如下几点。

1. 选择内部噪声低、信号源电阻合适的管子

前置放大器可由晶体管、结型场效应管、绝缘栅场效应管和集成电路组成。晶体管适合于信号源电阻在几十欧姆至一兆欧姆范围内；结型场效应管适合于较高的源电阻；绝缘栅场效应管可工作于更高的信号源电阻的情况，但因其 $1/f$ 噪声较大，所以用得较少，只有在高阻状态才用。它们的工作范围如图 13-1 所示。

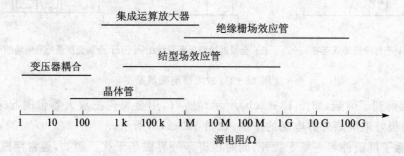

图 13-1 前置放大器适用的器件

2. 应选择优质电阻、电容

组装低噪声放大器除了放大管自身噪声低以外，还需要电阻、电容的噪声也很低，因电阻自身都存在固有的热噪声，热噪声电压的均方值为

$$\overline{V_n^2} = 4kTR\Delta f \tag{13-1}$$

式中，k 为玻耳兹曼常数（1.38×10^{-23} J/K）；R 为电阻阻值；T 为电阻的热力学温度；Δf 为测量系统的通频带宽度。除此以外，还产生与电阻品质有关的电流噪声（也称过剩噪声）。电流噪声的均方电压为

$$\overline{V_{nf}^2(f)} = \frac{Ki_{dc}^2 R^2}{f}\Delta f \tag{13-2}$$

式中，K 是与材料工艺有关的常数；i_{dc} 是流过电阻的直流电流；f 是频率；R 是电阻阻值。这种噪声有与频率成反比、与所加直流电流 i_{dc} 的平方成正比的特性。这种噪声的大小与生产过程有密切关系。通常合成碳质电阻噪声最大，金属膜电阻噪声比较小，精密金属膜电阻噪声更小，线绕电阻噪声最小（但体积较大）。所以，最常用的是金属膜电阻。

3. 有良好的电磁屏蔽措施

因为前置放大器输入信号很弱，外界干扰相对来说就显得很强，它们可通过分布电容或磁场耦合把干扰引入放大器，如图 13-2 所示。

平行导线就可构成电容，此外，电路的导线 A 中有交变电流流过时，就可通过线间形成的分布电容 C_{AB} 耦合到放大器的导线 B 上去，产生干扰电压，如图 13-2(a)所示。如果导线 A 和 B 之间由金属板隔开，则感应电荷主要在金属板上，金属板可靠接地，电荷由地与导线 A 中

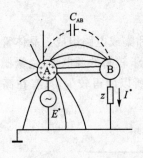 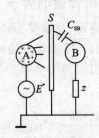 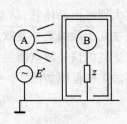

(a) 平行导线形成电容　　(b) 金属板接地屏蔽导线B　　(c) 金属壳屏蔽外界电场的干扰

图 13-2　放大器电磁屏蔽

和,导线 B 就得到了屏蔽,如图 13-2(b)所示。所以,用金属壳把放大器包围起来,并使金属壳接地,就能很好地屏蔽外界电场的干扰,如图 13-2(c)所示。

屏蔽壳除了屏蔽外界电场干扰外,同时也屏蔽外界磁场干扰。例如,通常用磁导率高的材料(铁、铍、镍合金)做屏蔽壳,屏蔽外界低频磁场(如市电 50 Hz)干扰。屏蔽壳磁阻小,空间磁力线引向屏蔽壳中,壳内感应减小。对于高频磁场干扰通常用铜、铝等电导率高的材料做屏蔽壳。高频磁场在壳上感应为涡流,把它接地以减小对电路的影响。所以,通常屏蔽壳采用铁壳再镀银或镀锌的办法,以达到电磁屏蔽。此外,放大器的信号输入线应尽可能短且采用屏蔽线。

采用晶体管或结型场效应管组成的低噪声集成运算放大器,其体积小,使用方便,在噪声要求很高的情况下,用它组装的前置放大器是方便可行的。本实验就采用低噪声集成运算放大器组装前置放大器进行实验。

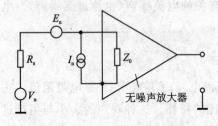

图 13-3　放大器等效噪声模型

放大器的噪声模型是由无噪声的理想放大器输入端等效噪声电压源 E_n 和等效噪声电流源 I_n 组成的。而信号源是由信号源电阻 R_s、信号电压 V_s 和噪声均方根电压 $\sqrt{V_n^2}$ 组成的,如图 13-3 所示。

一般低噪声集成运算放大器都给出 E_n 和 I_n 值。由此可得最佳源电阻

$$R_{\text{sop}} = \frac{E_n}{I_n} \tag{13-3}$$

也可得到等效输入噪声电压

$$E_{ni}^2 = \overline{V_n^2} + \overline{E_n^2} + \overline{I_n^2} R_s^2 \tag{13-4}$$

和最小噪声系数

$$F_{\min} = 1 + \frac{\overline{E_n^2} + \overline{I_n^2} R_s^2}{4kTR_{\text{sop}} \Delta f} \tag{13-5}$$

但是，一般 E_n 和 I_n 都给出 1 Hz 带宽中的值，所以最小噪声系数也定义在 1 Hz 带宽中，即

$$F_{\min} = 1 + \frac{\overline{e_n^2} + \overline{i_n^2}R_s^2}{4kTR_{sop}} \quad (13-6)$$

取对数值(dB)得

$$\mathrm{NF} = 10 \log F \quad (13-7)$$

有的集成运算放大器给出 I_n、E_n 值，也有的给出 NF 值。

例如 LF353 为结型场效应管组成的低噪声运算放大器，其 $e_n = 16 \text{ nV}/\sqrt{\text{Hz}}$，$i_n = 0.01 \text{ pA}/\sqrt{\text{Hz}}$。

又如 5006 晶体管组成的运算放大器，其噪声系数等值图如图 13-4 所示。

如果工作频率在 100～30 kHz 范围，信号源电阻 R_s 在 100 kΩ～1 MΩ 之间，则噪声系数可低至 0.05 dB。如果源电阻在一定范围内偏离最佳值，则噪声系数的增大也不多。

一般最佳源电阻愈低的低噪声运算放大器，当源电阻偏离最佳值时，噪声系数增大也缓慢。但是，这种器件相对来说价格也较高。

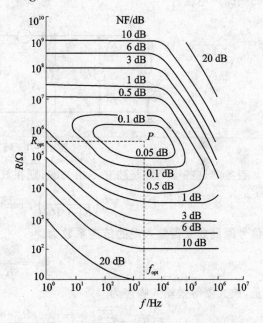

图 13-4　5006 运算放大器噪声系数等值图

本实验就采用 LF353 建立一个简单的反相放大器，如图 13-5 所示。它等效于光电二极管放大电路，如图 13-6 所示。

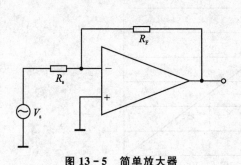

图 13-5　简单放大器

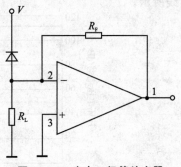

图 13-6　光电二极管放大器

图 13-5 中 R_s 就是图 13-6 中的 R_L,也就是放大器的源电阻 R_s。

在图 13-5 电路中,放大器输出噪声除了集成电路噪声外,还有 R_F 电阻噪声,它的影响可以由图 13-7 得出。可考虑为反馈本身不引入噪声,而反馈电阻 R_F 自身有热噪声引入。它的影响可近似这样考虑,即把放大器输出端接地(不考虑放大器负载的影响)。这时 R_F 的噪声电流将直接引入放大器输入端,得到如图 13-7 所示的噪声等效电路。图中 I_{nF} 为 R_F 电阻产生的热噪声电流。

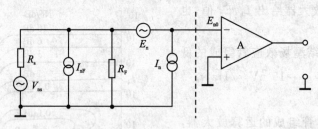

图 13-7 噪声等效电路

若考虑这些噪声源是独立不相关的,则在放大器输出端的等效输出噪声为

$$\overline{E_{n0}^2} = V_{ns}^2 \left(\frac{R_F}{R_s+R_F}\right)^2 + \overline{E_n^2} + (\overline{I_n^2} + \overline{I_{nF}^2})\left(\frac{R_s R_F}{R_s+R_F}\right)^2 \qquad (13-8)$$

从信号源到放大器输入端的传递系数为

$$r_t = \frac{R_F}{R_s+R_F} \qquad (13-9)$$

于是,放大器等效输入噪声为

$$\overline{E_n^2} = \frac{\overline{E_{n0}^2}}{r_t^2} = \overline{V_{ns}^2} + \left(\frac{R_s+R_F}{R_F}\right)^2 \overline{E_n^2} + (\overline{I_n^2} + \overline{I_{nF}^2})R_s^2 \qquad (13-10)$$

可以看出,R_F 电阻愈大,式(13-10)愈接近式(13-4)。

LF353 的开环频率特性如图 13-8 所示。当闭环增益取图示虚线时,则其放大器带宽的 f_b 如虚线所示。

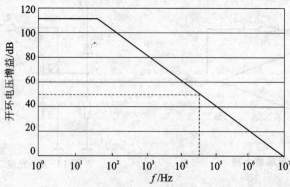

图 13-8 LF353 开环频率特性

四、实验步骤

1. 接好实验电路

实验电路如图 13-9 所示,图中放大器输出端接高通滤波器,其中 $R_L=1\ \text{k}\Omega, C=0.1\ \mu\text{F}$,是为了在测量中除去电路中的 $1/f$ 噪声。

为测试方便,选取的 R_s、R_F 值应保证放大倍数 $K\geqslant 100$,且 R_s 值必须在 $1\ \text{k}\Omega$ 以上(最好 R_s 接近最佳源电阻)。

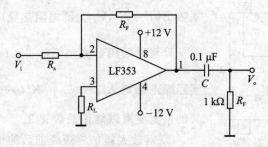

图 13-9 实验电路

2. 测量放大器的频率特性

用信号发生器测量所装放大器的频率特性,记下放大倍数 K_0 和带宽 Δf。

把信号发生器的输出与图 13-10 中 R_s 的一端连接起来。改变输入信号频率,在放大器输出端用毫伏表测量其电压,做下记录,输入信号电压范围在 $1\sim10\ \text{mV}$ 之间选取。Δf 范围如图 13-11 所示。

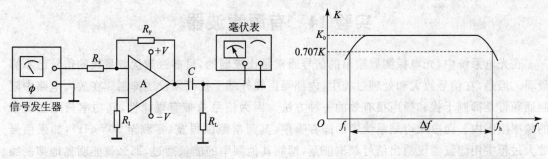

图 13-10 测量原理图　　　　图 13-11 放大器通频带宽度 Δf

3. 测量放大器输出噪声 E_{ni}

① 断开信号发生器与 R_s 电阻的连接,把 R_s 一端接地,用示波器观察放大器输出波形。

② 把装调好的放大器装入屏蔽壳内,观察放大器在屏蔽壳不接地和可靠接地时的输出波

形。屏蔽壳可靠接地后,用毫伏表测出放大器输出噪声电压有效值 E_{n0},并做下记录(记录时要判断所看到的波形是否为噪声)。

五、实验报告要求

① 用给定参数 $e_n = 16 \text{ nV}/\sqrt{\text{Hz}}$, $i_n = 0.01 \text{ pA}/\sqrt{\text{Hz}}$,算出等效输入噪声电压 E_{ni}、噪声系数 F 和最佳源电阻 R_{opt}。

② 用所测输出噪声电压 E_{n0}、放大倍数 K_0,求出噪声系数 $F\left(F = \dfrac{E_{ni}}{V_n}, V_n\right.$ 为源电阻热噪声计算值$\left.\right)$。

计算时采用带宽 $\Delta f_n = \dfrac{\pi}{2} \Delta f$,$\Delta f$ 为所测带宽。因为实际噪声带宽 $\Delta f_n = \dfrac{1}{K_0^2} \int_0^\infty K^2(f) \mathrm{d}f$,所以用 $0.707 K_0$ 定义的带宽要乘以修正系数 $\pi/2$。

③ 对放大器加屏蔽壳前后的现象作出解释。

④ 讨论所得结果。

LF353 引脚如图 13-12 所示。

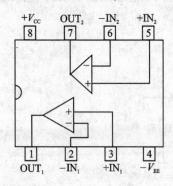

图 13-12　LF353 引脚图

六、思考题

① 放大器的噪声系数通常是大于 1,还是小于 1?数值大说明什么?

② 当屏蔽壳可靠接地或不接地时,用手摸屏蔽壳,放大器输出有何差别?如何解释?

实验 14　有源滤波器

在光电系统中,光电探测器输出的信号通常是比较弱的,目前百微伏数量级的信号已不算最弱。但是,在信号放大和处理过程中,内部噪声和外部干扰仍须设法抑制。在放大电路中限制通频带是抑制干扰和噪声很有效的一种方法。因为信号总带有规律性,其功率只限在很窄的频率范围内。而白噪声是系统中的固有噪声,其频谱范围很宽(零频至 10^{12} Hz),如果信号放大过程中用滤波器仅滤出信号频谱能量,抑制其他频率的能量通过,那么就能明显地抑制噪声,提高系统输出信噪比。假如滤波前噪声带宽为 Δf_i,滤波器通频带宽度为 Δf_0,那么通过滤波后,信噪功率比就能提高 $\Delta f_i/\Delta f_0$ 倍。所以滤波是提高信噪比方便而有效的一种方法。

一、实验目的

① 了解有源滤波器的原理及应用;

② 学会有源带通滤波器的参数计算；
③ 了解带通滤波器从噪声中检出弱信号的方法。

二、实验内容

① 设计、装调一个二阶有源带通滤波器；
② 用所装调的滤波器对信噪比很低的信号进行放大与滤波，对结果进行分析。

三、基本原理

电子滤波器是一种频率选择电路，它可使输入信号中某些频率成分通过，而使另外一些频率成分衰减。滤波器一般有低通（通过低频抑制高频）、高通（通过高频抑制低频）、带通（通过某一频率范围内的信号而抑制这一范围以外的高频和低频信号）和带阻（抑制某一频率范围内的信号而通过这一范围以外的高频和低频信号）四种，前三种使用更为广泛。

实际滤波器可分为无源滤波器和有源滤波器。无源滤波器可由电阻、电容和电感组成，但是在 0.5 MHz 以下频率范围，电感体积太大，不能集成化。所以，使用电阻、电容和运算放大器结合形成的有源滤波器性能好，使用广泛。图 14-1 所示为最简单的一种二阶有源滤波器，其他种类的有源滤波器可参考有关书籍。

滤波器的输入、输出电压特性由传递函数 $H(s)$ 表示：

$$H(s) = \frac{V_o(s)}{V_i(s)} \tag{14-1}$$

式中，$V_o(s)$ 为输出电压，$V_i(s)$ 为输入电压。$s = j\omega, \omega = 2\pi f, j = \sqrt{-1}$。

$$H(j\omega) = |H(j\omega)| e^{j\varphi(\omega)} \tag{14-2}$$

式中，$H(j\omega)$ 为幅频特性，$|H(j\omega)|$ 为幅值；$\varphi(\omega)$ 为相位角。

滤波器通过的频率范围称为通频带，抑制频率范围称为阻带。在通频带内输出比较大。理想滤波器的通频带如图 14-1(g)、(h)、(i) 中虚线所示，而实际滤波器的通频带如实线所示。通频带和阻带的范围是不明显的，所以，人们定义：输出和输入相对幅度衰减 3 dB 处作为通频带的截止频率 ω_c。输出/输入相对幅值比为

$$a = -20\log_{10}|H(j\omega)| \tag{14-3}$$

通频带的最大值 $A=1$，对应 $a=0$ dB。3 dB 处为最大值的 $\frac{1}{\sqrt{2}}$（即 0.707）倍。所以，相对幅值大于 0.707 的频率范围称为通频带。

不少光电系统工作于单一信号频率下，这时，带通滤波器是很实用的。带通滤波器有多种类型，本实验为装调一个如图 14-2 所示的二阶带通有源滤波器，观察它对信号和噪声的作用。图 14-2 所示的带通滤波器可以用误差为 5 ％的电阻和电容组装（更高阶的滤波器则要求电阻精度更高）。但是，这种电路一般在中心频率处的增益 $H \leqslant 10$，带通滤波器的

(a) 一阶低通滤波器

(b) 一阶高通滤波器

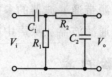
(c) 一阶带通滤波器

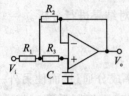
(d) 二阶低通有源滤波器

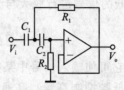
(e) 二阶高通有源滤波器

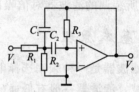
(f) 二阶带通有源滤波器

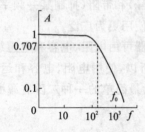
(g) 一阶低通滤波器频响曲线

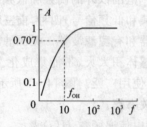
(h) 二阶高通滤波器频响曲线

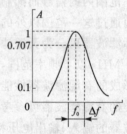
(i) 二阶通带滤波器频响曲线

图 14-1　各种滤波器及其频率响应曲线

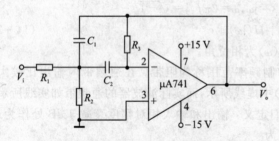

图 14-2　二阶带通有源滤波器

品质因数 Q 值也不很高。一般 $Q \leqslant 10$，它被定义为

$$Q = \frac{f_0}{\Delta f} \quad (14-4)$$

式中，f_0 是带通滤波器通频带的中心频率；Δf 是通频带的宽度。Q 值高，表示相对带宽窄，选频特性强。

二阶带通有源滤波器的设计公式如下：

① 电路的电压增益 $H(s)$：

$$H(s) = \frac{V_o(s)}{V_i(s)} = \frac{-As}{s^2 + Bs + C} \quad (14-5)$$

式中，$A = \dfrac{1}{R_1 C_1}$；$B = \dfrac{1/C_1 + 1/C_2}{R_3}$；$C = \dfrac{1/R_1 + 1/R_2}{R_3 C_1 C_2}$；$s = \mathrm{j}2\pi f (s = \mathrm{j}\omega)$。

② 电路在 f_0 处增益 G：

$$G = \frac{R_3 C_2}{R_1(C_1+C_2)} \tag{14-6}$$

③ 带通滤波器的中心频率 f_0：

$$f_0 = \frac{1}{2\pi}\left(\frac{1/R_1+1/R_2}{R_3 C_1 C_2}\right)^{\frac{1}{2}} \tag{14-7}$$

④ 电路的 Q 值：

$$Q = \frac{[R_3(1/R_1+1/R_2)]^{\frac{1}{2}}}{(C_2/C_1)^{\frac{1}{2}}+(C_1/C_{21})^{\frac{1}{2}}} \tag{14-8}$$

⑤ 通带宽度 Δf：

$$\Delta f = \frac{f_0}{Q} = \frac{1/C_1+1/C_2}{2\pi R_3} \tag{14-9}$$

四、实验装置与设备

本实验中，采用信号发生器毫伏表和示波器调试实验者所设计的电路。采用有源滤波器实验装置观察所装电路对噪声的抑制情况。

下面简述有源滤波器实验装置的组成与原理。实验装置的原理图如图 14-3 所示。

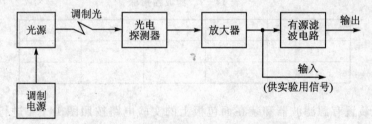

图 14-3 有源滤波器实验装置原理图

由电源提供光源调制电压，其电压幅值的频率可由电位器进行微调。但是光源发出的调制光总的来说是比较弱的。光电探测器受调制光照后输出的弱信号和噪声一起经后面连接的高倍率放大器进行放大。放大器输出信噪比很低的信号，由装置面板上"输入"旋钮引出，并提供给实验者作为实验电路的输入信号。同时它也是实验装置内所装有源滤波电路的输入信号，此电路的输出可由装置面板上"输出"旋钮引出。实验者可以把自己所做实验结果与装置中有源滤波电路输出结果进行比较。

五、实验步骤

① 计算二阶带通有源滤波器的电路参数。设 $f_0=5$ kHz，$Q=5$，$G=10$。
利用滤波器归一化公式确定电路参数 K：

$$K = \frac{100 \text{ Hz} \cdot \mu\text{F}}{f_0 C} \tag{14-10}$$

式中，f_0 的单位是赫兹(Hz)；C 的单位是微法(μF)。

令 $K=1$，求出 C，并使 $C_1=C_2=C$，再用式(14-6)至式(14-9)计算出电路参数 R_1、R_2、R_3。

② 按图14-2将元件插入面包板连好线。

③ 检查无误后，加上电源电压。

④ 将信号发生器的信号输入到所装滤波器中，调节信号频率并保持输入信号电压不变。同时，在滤波器输出端用示波器或电压表测量输出信号幅度。测量时，要在 f_0 附近多测几个点，将测量结果填入表14-1，并画出滤波器频率响应曲线。将测量结果与计算结果进行比较并填入表14-2。

表 14-1 滤波器频率特性曲线数据

f/Hz								
V_i/V								
V_o/V								

表 14-2 滤波器指标

类 别	G	f_0	Q	Δf
计算值				
实验值				

⑤ 把实验装置有源滤波器和装在面包板上的实验电路按照图14-4进行连接。把有源滤波器实验装置面板上"输入"旋钮的引线引至面包板上所装电路的输入端。用示波器观察实验电路的输出波形。调节"有源滤波器"面板上"幅度"电位器旋钮，使示波器上能显示信号波形。调节"频率"电位器旋钮直至示波器所显示的输出信号幅度达到最大。

⑥ 再调节"幅度"电位器旋钮，使光源发出的光很弱以致信号淹没在噪声之中。此时用示波器在"输入"旋钮上观测，然后再用示波器观测实验电路的输出。用毫伏表测出实验电路的输出值，做下记录。此数值是信号和噪声的叠加结果。

⑦ 将"幅度"电位器调至最小，即使光源不发光。用毫伏表测出所装实验电路的输入和输出噪声均方根电压值，做下记录。

⑧ 根据步骤⑥和⑦所测得的结果和步骤④所得电路对中心频率的放大倍数，估算出所装电路的输出信噪比相对于输入信噪比改善的程度。

集成运算放大器 μA741 引脚图如图14-5所示。

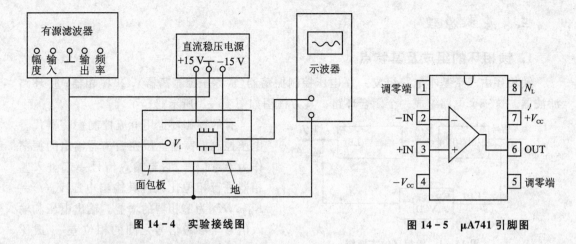

图 14-4　实验接线图　　　　　　　图 14-5　μA741 引脚图

六、实验报告要求

① 列出表 14-1、表 14-2 数据,画出滤波器频率响应曲线。
② 记录有弱光照和无弱光照时,用有源滤波器实验装置输出信号作实验电路信号输入时的测试结果,并对结果进行分析和解释。

七、思考题

① 把实验所得曲线与理论曲线作比较,分析造成误差的原因。
② 为什么方波信号输入带通滤波器后,输出为近似的正弦波?

实验 15　锁相环及其应用

锁相环是一种特殊的跟踪电路,它在电子技术中有很广泛的用途。在信号检测方面其独特的性能是相当于一个窄带跟踪滤波器,可用于信噪比很低情况下信号的检测。

一、实验目的

① 学习锁相环的工作原理、性能及使用方法;
② 学习锁相环在调频信号解调中的应用原理。

二、实验要求

① 装调 LM565 锁相环电路,掌握锁定范围和有关参数之间的关系;
② 观察和分析用锁相环解调调频信号的工作过程。

三、基本原理

1. 锁相环的组成及其特点

锁相环由三个基本电路组成：① 电压控制振荡器（常称压控振荡器）；② 鉴相器；③ 环路滤波器。这三个电路组成一个闭合环路。其方框图如图 15-1 所示。

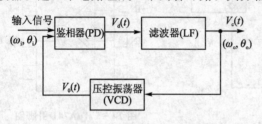

图 15-1　锁相环的方框图

有的锁相环也用电流控制振荡器代替电压控制振荡器。压控振荡器输出的振荡作为参考信号，它与输入信号一起进入鉴相器进行相位比较。其输出电压 $V_d(t) = K_d \varphi_d$，K_d 为鉴相器的增益。输出电压和输入信号与参考信号之间的相位差 φ_d 成比例。其输入、输出关系如图 15-2 所示。

鉴相器输出电压是由直流分量和叠加在其上的交流分量组成的。环路滤波器的作用是滤去其中不需要的交流成分，保留直流成分。其输出直流电压作为压控振荡器的控制电压。环路滤波器一般是低通滤波器。

压控振荡器有自己的中心振荡频率 ω_0。在外加控制电压作用下，其输出振荡频率 $\omega(t)$ 为

$$\omega(t) = \omega_0 + K_e V_c(t)$$

式中，K_e 为压控振荡器的增益；$V_c(t)$ 为环路滤波器的输出电压。压控振荡器的输出振荡频率变化在一定范围内近似地与输入电压成正比，如图 15-3 所示。

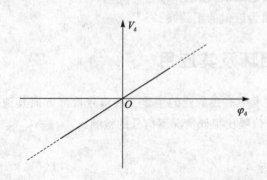

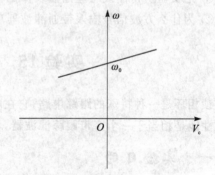

图 15-2　鉴相器输出电压 V_d 与相位差 φ_d 的关系　　　图 15-3　压控振荡器输入与输出的关系

锁相环通过相位反馈控制，使系统输出信号的相位锁定在输入信号的相位上。主要特点如下。

(1) 锁定状态无频差

如果锁相环输入固定频率的信号，则环路对它锁定后，输出与输入信号之间只存在一固定

的相位差;而输出信号的频率与输入信号的频率相等,即无频差,这是任何频率反馈控制系统都不可能做到的。

(2) 良好的窄带跟踪特性

锁相环对于输入信号载频的慢变化(如频率斜升、多普勒移频和窄带调频信号等)具有跟踪能力。这种情况下,锁相环路就相当于一个窄带滤波器。

(3) 调制跟踪特性

在锁定状态下,如果输入频率在一定范围内瞬时变化(如宽带调频信号),那么环路的输出频率可以自动跟随输入频率瞬时变化。

(4) 低门限特性

一般锁相环路的通频带比环路前置级通频带窄得多,故环路的信噪比明显高于输入信噪比,环路能在低输入信噪比条件下工作,这就是低门限特性。

2. 锁相环基本部件的传输特性

(1) 鉴相器

鉴相器(PD)是相位比较装置,它把输入信号 $V_i(t)$ 和压控振荡器的输出信号 $V_o(t)$ 的相位进行比较,产生对应于两信号相位差的误差电压 $V_d(t)$,起到相位-电压变换的作用。

鉴相器的电路很多,有模拟的、取样的和数字的。鉴相特性也多种多样,有正弦特性、三角特性和锯齿特性等。在模拟集成锁相电路环路中,普遍采用具有正弦鉴相特性的双平衡模拟乘法电路。无论鉴相器具体形式如何,都完成一种乘法运算。在乘法器的两个输入端分别加入输入信号 $V_i(t)$(作基准信号)和压控振荡器的输出信号 $V_o(t)$(作比较信号)。设输入信号为

$$V_i(t) = V_{im}\sin[\omega_i t + \theta_i(t)] \tag{15-1}$$

压控振荡器输出信号为

$$V_o(t) \approx V_{om}\cos[\omega_0 t + \theta_0(t)] \tag{15-2}$$

为便于进行两信号的相位比较,设定以压控振荡器固有振荡相位 $\omega_0(t)$ 为参考,则输入信号 $\omega_i(t)$ 的瞬时相位可改写为

$$\omega_i t + \theta_i t = \omega_0 t + [(\omega_i t - \omega_0 t) + \theta_i(t)] = \omega_0(t) + \theta_1(t) \tag{15-3}$$

式中

$$\theta_1(t) = (\omega_i t - \omega_0 t) + \theta_i(t) = \Delta\omega_0(t) + \theta_i(t) \tag{15-4}$$

因此,$V_i(t)$ 和 $V_o(t)$ 可分别写为

$$V_i(t) = V_{im}\sin[\omega_0 t + \theta_1(t)] \tag{15-5}$$

$$V_o(t) = V_{om}\cos[\omega_0 t + \theta_2(t)] \tag{15-6}$$

式中,$\theta_1(t)$、$\theta_2(t)[\theta_2(t) = \theta_0(t)]$ 均为以固有振荡相位 $\omega_0 t$ 为参考的输入、输出信号的瞬时相位。经乘法器之后的输出信号电压为

$$V_d(t) = K_m V_i(t) V_o(t) = K_m V_{im} V_{om} \sin[\omega_0 t + \theta_1(t)] \cos[\omega_0 t + \theta_2(t)] =$$
$$\frac{1}{2} K_m V_{im} V_{om} \{\sin[\theta_1(t) - \theta_2(t)] + \sin[2\omega_0 t + \theta_1(t) + \theta_2(t)]\} \quad (15-7)$$

式中,K_m 为乘法器相乘增益。上式中的第一项为相乘产生的高频($2\omega_0$)分量,将被环路滤波器所抑制。鉴相器实际输出电压为

$$V_d(t) = \frac{1}{2} K_m V_{im} V_{om} \sin[\theta_1(t) - \theta_2(t)] = K_d \sin \theta_e(t) \quad (15-8)$$

一般 $\theta_e(t)$ 较小,有 $V_d(t) \approx K_d \theta_e(t)$。式中,$K_d = \frac{1}{2} K_m V_{im} V_{om}$ (V/rad),为鉴相灵敏度;$\theta_e(t)$ 为两信号的瞬时相差,即

$$\theta_e(t) = \theta_1(t) - \theta_2(t) = \Delta\omega_0 t + \theta_i(t) - \theta_o(t) \quad (15-9)$$

式(15-8)是鉴相器的数学模型,这个模型也可用如图 15-4 所示的相位模型表示。

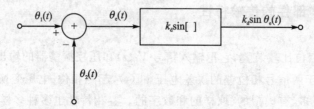

图 15-4 鉴相器相位模型

(2) LF 滤波器及其滤波特性

环路滤波器的作用是滤除误差电压 $V_d(t)$ 中的高频成分和噪声,以保证环路所要求的性能,增加系统的稳定性并改善环路跟踪性能及噪声性能。环路滤波器通常由线性元件组成,常有三种电路。

① 无源 RC 积分滤波器。这是最简单的低通滤波器,电路图如图 15-5(a)所示。其频率特性如图 15-5(b)所示。很容易证明其传递函数为

$$F(s) = \frac{V_c(t)}{V_d(t)} = \frac{1}{1+\tau s} \quad (15-10)$$

式中,$\tau = RC$ 为积分常数。由于无源 RC 积分滤波器电路简单,故应用较多,且 R 往往集成在电路内部。

② 无源比例 RC 积分滤波器。无源比例 RC 积分滤波器电路如图 15-6(a)所示,其频率特性如图 15-6(b)所示。由于这里多了一个与电容串联的电阻 R_2,故电路中就多了一个可以调整的参数,通常 R_1 集成在集成电路内部,而 R_2、C 外接,便于调节。由其相频特性可知,随着频率的升高,产生的相移减小,这对于改善环路的捕捉性能及工作稳定性有利。

③ 有源滤波器。由运算放大器和 RC 网络组成,且有电压型和电流型两种。其电路图一般如图 15-7 所示。

(a) 电　路　　(b) 频率特性

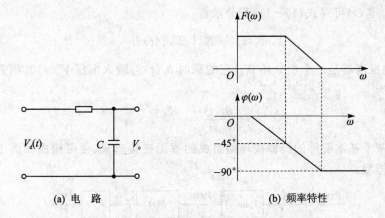

图 15-5　无源 RC 积分滤波器及其频率特性

(a) 电　路　　(b) 频率特性

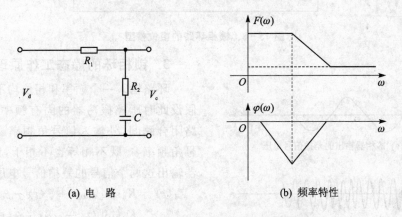

图 15-6　无源比例积分滤波器及其频率特性

(3) 压控振荡器 V_{CO}

V_{CO}受控制电压 $V_c(t)$的控制，使压控振荡器的频率向输入信号的频率靠拢，也就是使差拍频率越来越低，直至消除频差而锁定。V_{CO}是电压-相位（电压-频率）变换器件，其振荡瞬时角频率 $\omega_c t$（相位）随控制电压 $V_c(t)$而变化。其控制特性可用图 15-3 描述。通常在较大范围内 $\omega_c t$ 与 $V_c(t)$呈线性关系，有

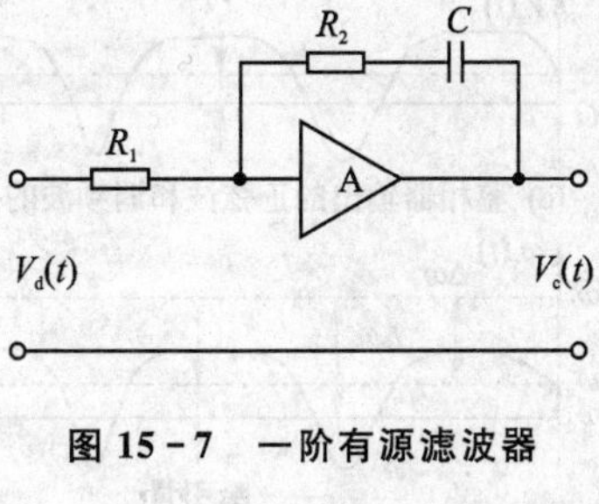

图 15-7　一阶有源滤波器

$$\omega_c(t) = \omega_0 + K_0 V_c(t) \qquad (15-11)$$

式中，ω_0 为 $V_c(t)=0$ 时压控振荡器中心频率或称固有振荡频率；K_0[rad/(s·V)]称为控制灵敏度或压控增益系数。

对鉴相器输出误差电压 $V_d(t)$起作用的是压控振荡器输出电压的瞬时相位 $\theta_2(t)$，而不是

它的瞬时频率。$\theta_2(t)$ 可对式(15-11)积分求得

$$\theta_2(t) = K_0 \int_0^t TV_c(t)dt \qquad (15-12)$$

可以看出，压控振荡器是一个积分环节。它的瞬时 $\theta_2(t)$ 与输入电压 $V_c(t)$ 的积分成正比。其传递函数可写为

$$\frac{\theta_2(t)}{V_c(t)} = \frac{K_0}{s} \qquad (15-13)$$

将锁相环三个基本部件的模型按环路组成的框图连接起来，便可构成如图 15-8 所示的锁相环路相位模型。

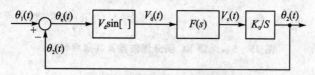

图 15-8　锁相环路的相位模型

3. 锁相环的静态工作原理

环路输入一个频率和相位均不变的信号，假设此时压控振荡器的固有频率为 ω_0，在环路闭合瞬间，外输入信号角频率 ω_i 与输出信号角频率 ω_o 既不相等也不相干，则此时鉴相器输出这两个信号的差拍信号电压为

$$V_d(t) = K_d \sin[\Delta\omega_0 t + \theta_i(t) - \theta_0(t)] = K_d \sin[(\omega_i - \omega_o)t + \theta_i(t) - \theta_0(t)]$$

简写为

$$V_d(t) = K_d \sin(\omega_i - \omega_o)t = K_d \sin(\Delta\omega_0 t)$$

这是一个上下对称的正弦差拍波，如图 15-9 (a)所示。

若环路固有角频差 $\Delta\omega_0$ 很大，即 $\Delta\omega_0$ 大于环路低通滤波器的通频带，正弦差拍信号被滤除，而不能形成控制电压 $V_c(t)$，压控振荡器仍输出角频率为 ω_0 的信号，环路未能进入"锁定"状态，则称环路处于"失锁"状态。

若环路固有角频差 $\Delta\omega_0$ 很小，即 $\Delta\omega_0$ 在环路低通滤波器的通频带内，鉴相器输出的差拍信号就不会被滤掉，而通过环路滤波器

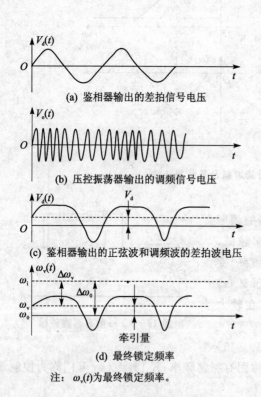

图 15-9　环路从失锁到锁定的波形变化

(a) 鉴相器输出的差拍信号电压
(b) 压控振荡器输出的调频信号电压
(c) 鉴相器输出的正弦波和调频波的差拍波电压
(d) 最终锁定频率

注：$\omega_v(t)$ 为最终锁定频率。

去控制压控振荡器。此时压控振荡器被这个差拍信号所调频,产生中心角频率仍为 ω_0 的调频信号,如图 15-9(b)所示,并立即返送到鉴相器中,鉴相器将输出一个正弦波和调频波的差拍波。显然,第二次的差拍波不再是正弦信号,而是一个正负半周不对称的差拍电压波,如图 15-9(c)所示。鉴相器输出的上下不对称的差拍电压波 $V_d(t)$ 中含有直流(其正负取决于 $\Delta\omega_0$ 的符号)、基波与其他谐波成分。环路低通滤波器滤去各种谐波分量,输出直流和基波分量加到压控振荡器,直流分量电压使压控振荡器的中心角频率往 ω_i 方向偏移,基波分量电压又对压控振荡器进行调制,使压控振荡器输出中心角频率往 ω_i 方向偏移的调频波。由于压控振荡器中心角频率的偏移使鉴相器输出的差拍信号 $V_d(t)$ 变得越来越低,波形不对称程度越来越大,相应的直流分量越来越大,又使压控振荡器的角频率以更快的速率趋向于 ω_i。在锁相环路中,上述过程以极快的速率反复循环进行着,直到压控振荡器的振荡角频率由固有角频率 ω_0 变成瞬时角频率 ω_i,环路便在这个频率下稳定下来。这时,鉴相器输出 $V_d(t)$ 也由差拍波变成了直流电压,环路进入"锁定"(同步)状态。

锁相环有确定的锁定频率范围,在此范围内输出信号和输入信号在频率和相位上同步。当输入信号频率变化超过这一范围时,环路就失锁。失锁状态就是压控振荡器输出相位不再与输入信号相位同步,而是振荡在某固定频率上。

4. 锁相环的动态工作原理

对于已经锁定的一阶环路,现研究当输入相位 $\theta_1(t)$ 以角频率 ω 调制时,输出相位 $\theta_2(t)$ 将如何跟踪 $\theta_1(t)$ 的变化及环路对于不同调制角频率 ω 的响应。

锁相环在一定的范围内,可近似为一个传递相位的线性系统。在锁定状态下,输入信号频率在某一时刻变化 $\Delta\omega$,鉴相器立即输出与输入信号和参考信号二者相位差成比例的相位误差信号。经环路滤波器输出的直流电压也随之变化,它调整压控振荡器的振荡频率朝着鉴相器输入相位误差减小的方向变化,最终锁相环锁定于新的状态。

由锁相环工作原理可以明显看出,锁相环对频率变化的调频信号解调是很直接的,而且有很高的输出信噪比。当调频信号输入时,压控振荡器输出频率将跟踪输入信号频率的变化,这时环路滤波器的输出电压变化就是调频波中频率变化的规律,也就是所需检出的信息。

锁相环也有频率响应,当环路稳定时,输入相位 $\theta_1(t)$ 以低频率 ω 变化(调制)时,输出相位 $\theta_2(t)$ 跟踪 $\theta_1(t)$ 变化的响应就是其频率响应。由分析得知:所有锁相环都有低通频率特性,如图 15-10 所示。固有频率 ω_n 就对应于 3 dB 带宽频率。

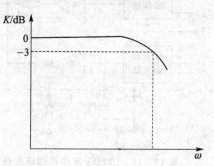

图 15-10 一阶锁相环的频率特性

5. 锁相环的特性参数

(1) 压控振荡器的固有频率 f_0

f_0 是指电压 $V_c(t)=0$ 时压控振荡器的自由

振荡频率。

(2) 环路固有频率 f_n

$$f_n = \sqrt{\frac{K_d K_0}{2\pi} f_c}$$

式中,f_c 为滤波器的截止频率。

(3) 同步带 Δf_H

Δf_H 是指环路进入锁定状态后,慢慢地变化输入信号 Δf_i 到刚使环路开始失锁时的频率范围。

(4) 捕捉带 Δf_P

Δf_P 是指环路处于失锁状态时,使输入信号频率 Δf_i 向压控振荡器频率 f_0 靠拢,刚好达到锁定时的频率范围。

(5) 捕获时间 t_p

环路从未锁定到锁定所用的时间,称为捕获时间。它是表示环路捕获速度的指标。一般来说,环路增益越高,捕获时间越短,捕获速度越快。

(6) 阻尼系数 ξ

ξ 表征环路输入频率 ω_i 变化时,压控振荡器频率 ω_i 的动态跟踪特性。阻尼系数 ξ 的大小影响环路动态特性,一般取 0.5～1 为好。

四、实验用 LM565 锁相环和调频信号检波实验装置

1. LM565 集成锁相环电路

本实验采用 LM565 集成锁相环电路,它的原理图示于图 15-11 中。待测信号从引脚 2 输入鉴相器。压控振荡器的信号从引脚 4 输出,再从引脚 5 输入鉴相器。从鉴相器输出的相位差信号经 A 放大后再从引脚 7 输出。在引脚 7 端接电容构成低通滤波器将高频成分滤掉。压控振荡器的实质是电流控制振荡器,它由电流源和施密特触发器及定时电容等组成。电流源对电容充电,当电容电压达到施密特电路触发电平时,施密特电路恢复到初始状态,然后又开始新的循环。于是,从电容端得到三角波信号,而从施密特电路的输出端得到方波信号。由于电流源的电流是受相位差信号控制的,所以三角波和方波的

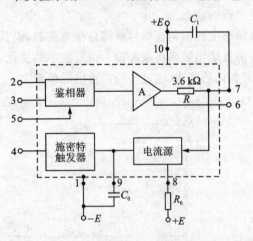

图 15-11 LM565 集成锁相环电路

频率是可控的。

LM565 的内部电路简化后如图 15-12 所示。图中 Q_1 和 Q_7 是典型的双平衡乘法器,起鉴相器作用。外部信号从 Q_5 的基极输入,压控振荡器输出电压从 Q_1 的基极输入。二极管 D_1 和 D_2 为限幅器。差分放大器 $Q_9 \sim Q_{11}$ 放大相位差信号。此信号经 $R_1 C_1$ 滤波后进入电流源控制端,控制电流源的电流。本电路有两个串接的 Wilson 电流源,上部由 $Q_{13} \sim Q_{15}$ 组成,下部由 $Q_{16} \sim Q_{18}$ 组成。上部电流源对电容 C_0 充电,下部电流源让 C_0 放电。充放电作用由 Q_{12} 的导通与截止状态决定。当 Q_{12} 截止时,上部电流源导通,下部电流源截止,因而上部电流源对 C_0 充电。而当 Q_{12} 导通时,下部电流源通过电流,D_3 导通,D_4 截止,因而电容 C_0 通过下部电流源放电。

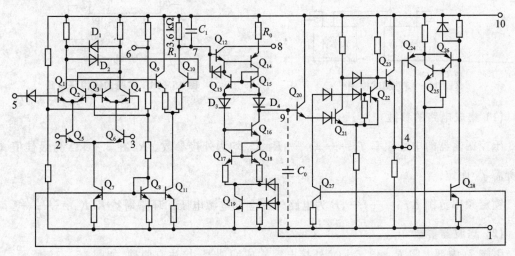

图 15-12　LM565 内部电路图

施密特电路由 Q_{21} 和 Q_{23} 组成。当 C_0 电压经耦合电路 Q_{20} 和 Q_{27} 并达到施密特电路的触发电平时,施密特电路翻转,输出端为高电平。此后经 $Q_{23} \sim Q_{28}$ 耦合到 Q_{19} 的基极,使 Q_{17} 导通。于是电容 C_0 放电,当电压低至施密特电路的恢复电压时,施密特电路恢复到初始状态。输出为低电平、Q_{17} 截止。因此电容 C_0 上(引脚 9)输出三角波信号,施密特电路输出端(引脚 4)输出方波。

电流源的充放电电流均受相位差电压控制,当相位差电压增大时,充电电流增大,因而 C_0 上三角波的频率增大,反之亦然。电流源和施密特电路组成了电流控制振荡器。如果将施密特电路输出的方波信号作为鉴相器参考信号(从引脚 5)输入,则整个锁相环闭合,电路进入锁定状态。

2. LM565 性能测试实验及参数选择

图 15-13 是测试锁相环性能的实验装置框图。用信号发生器输出信号作为锁相环输入

信号,改变信号发生器的频率和幅度,用示波器观察锁相环的锁定情况,用频率计测定锁定的频率范围。

LM565 的实验电路图如图 15-14 所示。

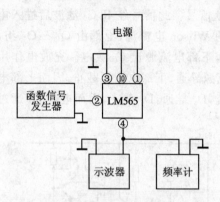

图 15-13 测试框图

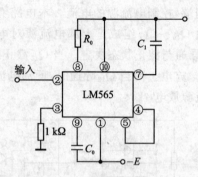

图 15-14 实验的锁相环电路

(1) 集成电路的参数

压控振荡器的中心频率 $f_0 = \dfrac{1}{3.7R_0C_0}$,$R_0$、$C_0$ 均为外接参数。R_0 在 3.9 kΩ 为最佳值,C_0 由所需 f_0 而定。

锁定频率范围 $\Delta f_H = \dfrac{\pm 8f_0}{E}$,$E$ 为电路外加全部电源电压。环路增益 $K_0 K_d = \dfrac{33.6 f_0}{E}$。

(2) 滤波器参数

引脚 7(内部电阻 $R_1 = 3.6$ kΩ)外接电容构成滤波器,接法有两种,如图 15-15 所示。用图 15-15(a)的接法,则环路自然带宽 $f_n = \dfrac{1}{2\pi}\left(\dfrac{K_0 K_d}{R_1 C_1}\right)^{\frac{1}{2}}$,环路阻尼系数 $\xi = \dfrac{1}{2}\left(\dfrac{1}{R_1 C_1 K_0 K_d}\right)^{\frac{1}{2}}$,通常取 $K_0 K_d < \dfrac{1}{R_0 C_0}$。当信号变化很慢时,若想把噪声抑制得好,则对滤波器取窄带。但是当 $K_0 K_d > \dfrac{1}{R_1 C_1}$ 时,ξ 将变得很小,导致大的超调可能使回路不稳定,这时可用如图 15-15(b)所示的接法。在此接法中,回路自然带宽 $f_n = \dfrac{1}{2\pi}\left(\dfrac{K_0 K_d}{\tau_1 \tau_2}\right)^{\frac{1}{2}}$。其中,$\tau_1 = R_1 C_1$,$\tau_2 = R_2 C_2$,$R_2$ 值由阻尼系数 ξ 取 0.5~1.0 而定。阻尼系数的近似式为 $\xi = \pi \tau_2 f_n$。通常 $C_2 \leqslant 0.1 C_1$。

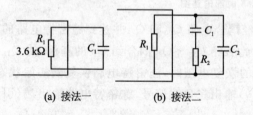

(a) 接法一　　(b) 接法二

图 15-15 引脚 7 外接参数

3. 锁相环(PLL)锁定指示方法

(1) 比较观察法

示波器通道 1 接 LM565 锁相环 2 脚(输入正弦信号),示波器通道 2 接锁相环 4 脚(VCD 输出方波信号)。调节信号发生器的频率即可在示波器上观察到锁定与失锁的情况,如图 15-16 所示。

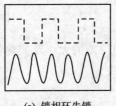　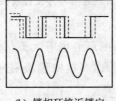　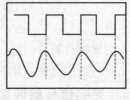

　　(a) 锁相环失锁　　　　　　(b) 锁相环接近锁定　　　　　　(c) 锁相环锁定

图 15-16　锁相环失锁与锁定波形图

图 15-16(a)是锁相环 2 脚输入频率远离锁相环锁定范围时的波形,示波器通道 2 的方波频率为 VCD 的中心频率,与输入信号(通道 1)的频率无关。图 15-16(b)是输入信号频率接近锁相环锁定频率范围时的波形,在示波器上可看出锁相环力图牵引 VCD,使 VCD 方波振荡频率朝输入信号频率方向移动。图 15-16(c)是输入信号频率进入锁相环锁定频率范围时的波形,此时 VCD 振荡频率与输入信号频率一致,并且在锁相环频率锁定范围之内;改变输入信号频率,VCD 输出方波频率会随之变化。

(2) 李萨如图形法

如果是在示波器的 x 轴输入和 y 轴输入上都加正弦变化的电压,当其频率 f_x、f_y 相同或成简单的整数比时,则电子束的亮点在 V_x、V_y 作用下,得到两个相互垂直的正弦波合成波形。典型情况如图 15-17 所示。

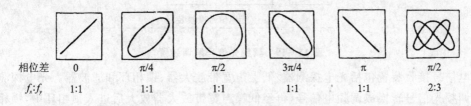

图 15-17　相互垂直的正弦波合成扫描波形

观察 PLL 锁定情况时,我们将 PLL2 脚的输入信号接示波器通道 2,PLL4 脚接示波器通道 1,因 f_x 为方波,f_y 为正弦波,故示波器的 x、y 合成扫描波形(将示波器时间旋钮逆时针旋转到头时,可观察到此波形)与李萨如图形有差别,如图 15-18 所示。

PLL 锁定时,$f_1 = f_2$,即 $f_x : f_y = 1:1$;PLL 失锁时,$f_1 \neq f_2$,看到的是最后一幅小图那

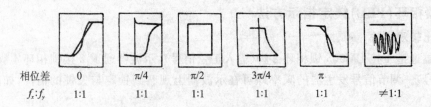

图 15-18 正弦波与方波合成扫描波形

样的复杂图像。

这种方法比较直观,而且从李萨如图形上也可大概估计出相位差的大小及变化(当输入信号频率变化时),更加方便实用一些。所以实验中建议用这种方法。

4. 调频光强信号解调实验装置

将锁相环用作调频信号的解调电路是一种简单应用。图 15-19 为锁相环在光电接收电路中应用的实验装置图,以演示锁相环锁定调频光信号的情况。装置由调频光信号源和光电信号接收装置两部分组成。调频光信号源由锯齿波信号发生器、压控振荡器和发光管组成。锯齿波电压控制压控振荡器频率的变化,所以压控振荡器的输出是周期性的线性调频方波,因而发光管输出的是周期性的线性调频光波。

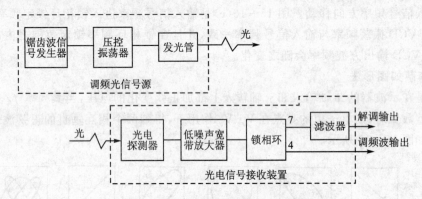

图 15-19 调频光信号解调装置

光电信号接收装置包括光电探测器、低噪声宽带放大器、锁相环和滤波器。光电探测器接收到的调频光信号转换成调频电信号,再经低噪声宽带放大器放大后进入锁相环中,锁相环自动锁定输入调频电信号。在锁定过程中,锁相环 7 脚输出的电压随频率变化而变化,其输出电压经滤波后得到解调锯齿波电压。

五、实验步骤

① 按照图 15-14 计算出 R_0、C_0、C_1 值。已知输入信号的频率范围是 30~500 kHz。在

面包板上搭好图 15-14 所示电路。

② 按照图 15-13 进行实验。LM565 电源电压取 ±12 V 以下。

③ 测量压控振荡器自然(中心)频率。在不加输入信号的情况下,将锁相环 4 脚输出接入示波器,此时,在示波器上会观察到方波,用频率计测出方波频率即为 f_0 值。

④ 在所选定的参数下,测同步带宽 Δf_H 及 7 脚输出电压。填写表 15-1,并估算出同步带宽。

表 15-1 同步带宽 Δf_H 及 7 脚输出电压测量数据

Δf_H									
7 脚电压									
李萨如图形									
锁定情况									

⑤ 测量捕捉带宽 Δf_P。依旧采用图 15-14。首先去掉输入信号,使压控振荡器的振荡频率为 f_0。然后加入输入信号,缓慢地改变信号频率,由远离 f_0 逐渐靠近 f_0,直至环路锁定为止,测出上、下两个开始进入锁定的边界频率,可得到锁相环的捕捉频带宽度 Δf_P,并比较同步带宽 Δf_H 与捕捉带宽 Δf_P 值的大小。

⑥ 改变自然振荡频率 f_0,测定锁定频率范围 Δf_H 和捕捉带宽 Δf_P 与自然频率间的关系,填写表 15-2。

表 15-2 Δf_H 和 Δf_P 与 f_0 的关系数据

f_0	f_H(上限)	f_L(下限)	Δf_H	f_P(上限)	f_P(下限)	Δf_P

⑦ 固定输入信号幅度,测定锁定频率范围 Δf_H 与电源电压间的关系,填入表 15-3 中。

表 15-3 Δf_H 与电源电压的关系数据

电源电压/V	±5	±7	±10	±12
Δf_H				

⑧ 按照图 15-19 中调频光信号解调框图设计调频光信号解调电路。在设计时调频光中心频率应和锁相环压控振荡器中心频率 f_0 一致,调频光带宽应在锁相环捕捉频率带宽 Δf_P 以内,以确保解调电路正常工作。最后记录解调电路输出波形并和调频光信号源波形比较。

六、实验报告要求

① 根据表 15-1、表 15-2 和表 15-3 的数据,作出曲线。
② 根据锁相环在调频光信号解调装置实验中的情况进行分析和讨论。

七、思考题

在实验中可发现:当信号频率为方波参考信号频率的 2 倍时,锁相环也有一定的锁定范围。如何解释?

实验 16　微弱信号的锁定接收法

锁定接收法是检测微弱信号的一种有效的方法。它是利用互相关原理,使输入的周期性的待测信号与频率相同的参考信号在"相关器"中实现互相关运算,从而将深埋在噪声中的信号检测出来。这一方法在光电检测技术中有着十分重要的意义。

相关器是锁定放大器的核心部分,它是由乘法器和积分器组成的,如图 16-1 所示。图中,$V_A(t)$ 为输入信号,包括待测的周期信号、干扰和噪声;$V_B(t)$ 为参考信号;$V_O(t)$ 为输出信号。

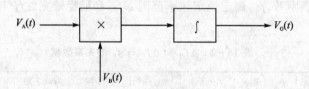

图 16-1　相关器原理

在实际的锁定放大器中,乘法功能不是采用模拟乘法器,而是采用开关电路来实现的。积分器通常由低通滤波器组成,如图 16-2 所示。

设参考信号 $V_B(t)$ 是频率为 ω_R、占空比为 1:1 的单位幅度的方波;输入信号 $V_A(t) = V_{Am}\sin(\omega t + \phi)$。当 $\omega = \omega_R$ 时,$V_A(t)$ 为待测信号;当 $\omega \neq \omega_R$ 时,$V_A(t)$ 为干扰或噪声。$V_A(t)$ 与 $V_B(t)$ 之间的相位差 ϕ 可由锁定放大器的移相器调节。

对于如图 16-2 所示的相关器,可求得输出电压 $V_O(t)$ 为

$$V_O(t) = -\frac{2R_0 V_{Am}}{\pi R_1} \sum_K \frac{1}{K} \left\{ \frac{\cos[(\omega - K\omega_R)t + \phi + \theta_K]}{\sqrt{1 + [(\omega - K\omega_R)R_0 C_0]^2}} - e^{-\frac{t}{R_0 C_0}} \frac{\cos(\phi + \theta_K)}{\sqrt{1 + [(\omega - K\omega_R)R_0 C_0]^2}} \right\}$$

(16-1)

式中,K 为奇数,即 $K = 2l + 1, l = 0, 1, 2, \cdots$;则

$$\theta_K = \arctan[(\omega - K\omega_R)R_0 C_0]$$

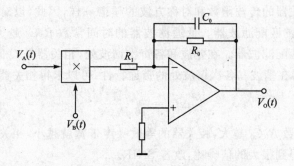

图 16-2 锁定放大器中采用的相关器

对式(16-1)进行分析,可得到相关器的重要特性。

① 相关器的时间常数 $T_1 = R_0 C_0$,为低通滤波器的时间常数。

② 当 $\omega = \omega_R$,且 $t \gg T_1$ 时,可得到相关器的稳态输出电压为

$$V_O = -\frac{2R_0 V_{Am}}{\pi R_1} \cos\phi \qquad (16-2)$$

这就是锁定放大器进行测量时的情况。可见,输出电压 V_O 中包含了待测信号的幅度 V_{Am}。同时,V_O 还与 $V_A(t)$ 和 $V_B(t)$ 的相位差 ϕ 有关。当 $\phi = 0$ 时,V_O 得到最大值;当 $\phi = \frac{\pi}{2}$ 时,$V_O = 0$。

③ 当输入信号的频率等于参考信号的偶次谐波频率时,$V_O(t) = 0$,即相关器能抑制偶次谐波。

当输入信号的频率等于参考信号的基波或奇次谐波频率时,相关器输出的稳态值为

$$V_O = -\frac{2R_0 V_{Am}}{\pi K R_1} \cos\phi \qquad (16-3)$$

④ 由式(16-1)可以得到相关器的幅频特性,如图 16-3 所示。

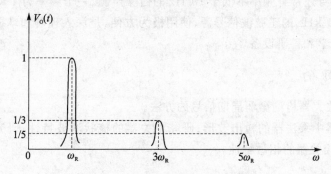

图 16-3 相关器的幅频特性

由图 16-3 所示,相关器是以参考频率 ω_R 为参数的梳状滤波器,滤波器的通带在各奇次

谐波处。实际上,相关器的传输函数和对称方波的频谱一样,因此,以对称方波为参考信号的相关器是同频率方波的匹配滤波器。低通滤波器的时间常数 R_0C_0 越大,奇次谐波处的通带越窄,越接近理想的匹配滤波器。在基波和各奇次谐波处,相关器是 Q 值极高的带通滤波器。

⑤ 考虑到相关器在基波和各次谐波处的带通特性,可以求得相关器的等效噪声带宽为

$$\Delta f_e = \frac{\pi^2}{16} \frac{1}{R_0 C_0} \tag{16-4}$$

低通滤波器的时间常数 R_0C_0 越大,相关器的等效噪声带宽就越小,相关器的抑制噪声能力也就越强,这样就可以得到很大的信噪比,改善 SNIR。

⑥ 当输入为一幅度恒定并与参考方波频率相同的方波信号时,相关器的输出直流电压与它们的相位差 ϕ 呈线性关系,这时,相关器称为相敏检波器,可作鉴相器使用。所以相关器又常常称为相敏检波器(PSD)。

正因为相关器具有以上特点,所以它具有很好的抑噪抗干扰性能。本实验采用锁定放大器来研究相关器的特性。不同厂家、不同型号的锁定放大器的性能不同,共同点是仪器主要由输入信号通道和参考通道组成。

输入信号通道包括前置放大器、高低通滤波器、加法器 1、同步积分器、加法器 2 和相关器。前置放大器为低噪声放大器,用超低噪声场效应管作为输入级,能适应各种内阻的信号源;若输入阻抗在 100 Ω 以下,则可用低噪声变压器实现信号源与前置放大器的噪声匹配。前置放大器后面的高、低通滤波器可根据需要选择其截止频率,用来限制噪声带宽或抑制部分外来干扰,以便提高整机的动态范围。两个加法器是为教学实验的需要而专门安排的,目的是把干扰和噪声与输入信号混合起来,用来研究和观察同步积分器和相关器的抑噪抗干扰能力。两个加法器均具有一定的增益。

参考通道为同步积分器和相关器,提供与被测信号同步的方波,参考通道内设有 0°~360°的移相器,可以很方便地调节参考信号与输入信号的相位差。

锁定放大器自身还带有频率不低于 10 Hz 的白噪声源、一个频率为 1 kHz 的正弦波信号源和一个频率为 10 kHz 的正弦波信号源,使用极为方便,是深入理解和掌握微弱信号检测技术的一种极好的教学和科研设备。

一、实验目的

① 掌握锁定放大器检测微弱周期信号的方法。

② 观察相关器中乘法器的输出波形;研究相关器的梳状滤波特性;研究相关器的抑噪抗干扰能力;观察相关器的相敏特性。

二、实验仪器与设备

① 锁定放大器 1 台;

② 信号发生器 1 台；
③ 双踪示波器 1 台；
④ 均方根电压表 1 个。

三、实验内容

1. 观察乘法器的输出波形

按照图 16-4 接线，将 1 kHz 信号源的输出 S_1 调至 100 mV 左右；然后将其分成两路，一路作为参考信号送至参考信号输入插座，另一路通过面板的噪声输入电缆插座，作为加法器的输入信号。

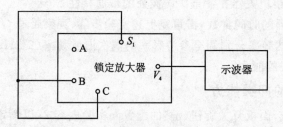

图 16-4 观察乘法器输出波形实验

锁定放大器相关旋钮（键）的配置：输入插座短路；整机灵敏度置于 100 mV；时间常数选为 1 s。

调节参考通道的移相器，使到达乘法器的输入信号与参考信号的方波同相，在输出交流插孔处用示波器观察乘法器输出的波形。然后改变输入信号与参考信号的相位差，使之分别为 90°、180° 和 270°，用示波器观察相应的输出波形，并记录作图。

2. 相关器带通特性研究

按图 16-5 接线，研究相关器在频域内的频率特性。

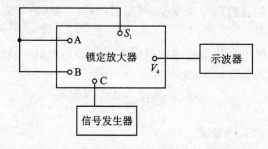

图 16-5 相关器带通特性实验接线图

面板开关旋钮（键）的配置：灵敏度置于 1 000 mV；高通置于 100 Hz；低通置于 1.5 kHz；

同步积分器的时间置于零;相关器的低通滤波器时间常数定为 1 s。

1 kHz 正弦信号源输出幅度调至 500 mV,分为两路,一路至参考通道输入,另一路作为输入信号。信号发生器作为干扰源,通过噪声输入插座,在加法器中与输入信号混合相加。

① 将信号发生器的输出频率调节为 1 kHz,输出幅度调至 1 V。调节参考通道的相位,使面板表头输入达最大值,并记录之,用示波器观察乘法器的输出波形。

保持信号发生器的输出幅度不变,使其频率在 1 kHz 的两边变化并逐渐远离 1 kHz 频率,记录输出表头指示的直流电压值与信号发生器输出频率的关系并作图,便可得到相关器在参考频率基波处的带通特性。

② 将信号发生器的输出频率分别调至 1 kHz 的奇次谐波频率(3 kHz、5 kHz、7 kHz)处,然后重复上述操作,观察相关器在各奇次谐波处的带通特性。

③ 改变低通滤波器的时间常数,再重复上述实验步骤,观察带通 Q 值的变化。

④ 将信号发生器的频率分别调至参考频率的偶次谐波频率(2 kHz、4 kHz、6 kHz)处,观察相关器抑制偶次谐波的能力。

3. 研究相关器的抑噪能力

按照图 16-6 接线,面板开关旋钮(键)的配置同实验内容 2,以锁定放大器自身附带的白噪声发生器作为噪声源,在加法器中与输入信号混合。

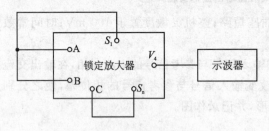

图 16-6 相关器抑噪能力实验接线图

① 将 1 kHz 信号源调至均方根值 500 mV,白噪声源输出均方根值调为 1 V,此时噪声大于信号,信号被噪声淹没。用示波器观察加法器输出端的信号与噪声的混合波形。在加法器的输出端,用均方根电压表分别测量输入信号和噪声各自单独存在时的均方根值 V_{si} 和 V_{ni},则 V_{si}/V_{ni} 即为相关器输入端的信噪电压比。

② 测量相关器输出的直流信号电压 V_{so} 和输出的噪声起伏的均方根值 V_{no},计算相关器输出信噪电压比 V_{so}/V_{no}。

③ 设锁定放大器白噪声发生器输出的白噪声带宽 $\Delta f_{ni} = 20$ kHz,按理论计算,信噪比改善为

$$\text{SNIR} = \frac{\Delta f_{ni}}{\Delta f_e}$$

式中,Δf_e 为相关器的等效噪声带宽。

将理论计算值与实际测量的计算值进行比较。注意,根据实际测量值计算信噪比改善时,要将信噪电压比变为信噪功率比,因为在 SNIR 的定义中,使用的是功率信噪比。

4. 相关器相敏特性的研究

如图 16-7 所示,将 1 kHz 正弦信号通过方波形成电路(可用锁定放大器分频器中的方波形成电路)变为频率为 1 kHz、幅度为 100 mV 的方波,并将此方波分别作为相关器的输入信号和参考信号。

整机灵敏度置于 1 000 mV,低通时间常数置于 1 s。逐次改变参考通道的相移量,分别测量相应的直流输出电压,做下记录。根据记录数据,将输出直流电压进行归一化处理,作出相关器的输出直流电压(归一化值)随相移量变化的曲线,这条曲线就表示了相关器的相敏整流特性。做这个实验时,应注意面板表头的读数有正负之别。

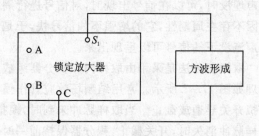

图 16-7 相关器相敏特性实验接线图

在整个实验过程中,注意锁定(相)放大器的过载指示。当仪器的某一部分由于信号或噪声过大而引起过载时,仪器的工作进入非线性区,将给出过载指示。

同步积累也是检测微弱信号的另一种有效方法。用同步积分器可以较方便地实现信号的同步积累。同步积分器有着与相关器完全类似的特性,也具有很强的抑噪抗干扰能力。它们的区别在于同步积分器输出的是交流方波信号,在这个方波的幅度中包含了待测信号的振幅和相位信息。由于同步积分器输出的是交流信号,所以可供进一步处理,例如,同步积分器的后面可以级联相关器或另一个同步积分器,以便进一步提高抑噪抗干扰能力。

实验 17　取样积分原理

取样积分法是基于同步积累原理检测弱信号的一种方法。其特点是适合于检测周期性的宽带弱信号,也就是能从噪声中发掘出信号的原形,这是和锁相放大原理的不同之处。有一种通用测量仪器 Boxcar 就是用取样积分求平均值原理构成的。同步积累的概念和方法还用于许多专用仪器中,其中也包括光电系统。

一、实验目的

领会和掌握同步积累接收法,以提高对系统输出信噪比的认识。

二、实验内容

用模拟电信号和模拟电噪声输入到取样积分器中,测量取样积分器输出信号和噪声与取样次数的关系。

三、基本原理

取样积分法是同步积累接收原理的一种具体体现。信号总是可以通过人为调制,使它周期性重复出现,而噪声是时间的随机过程。利用信号和噪声二者不同的特点,当信号很弱、被噪声埋没时,可以在信号出现时,对信号进行周期性的积累,形成累加从而使信号增强。而噪声因不存在周期性,它的增强不如信号快,于是经过多次积累以后,就能提高信号和噪声比,使噪声淹没下的信号可以呈现出来。

取样积分法是采用由取样门和积分器组成的取样积分器去实现同步积累接收的。其电路原理如图 17-1 所示。常用结型场效应管作模拟开关,由取样脉冲电路产生取样脉冲去控制模拟开关导通或截止。当取样脉冲来到时,模拟开关导通,信号和噪声进入积分器中积分。当取样脉冲消失时,开关截止,积分器保持前一时刻的积分电压值。由于信号周期是已知的,所以取样脉冲可以调到与信号周期一致(通常类似于锁相放大器中产生参考信号,在调制信号时同步得到触发脉冲去触发取样脉冲电路)。这样保证取样门每次打开时,都是信号周期上同一点的信号电压进入积分器进行积分。经过 m 次模拟开关导通与截止,积分器对 m 次取样的信号和噪声进行积分。对信号电压是线性累加平均的,而噪声是统计平均值,其结果不同。

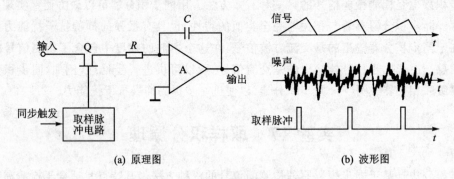

(a) 原理图　　(b) 波形图

图 17-1　取样积分原理图

积分器上的积分电压 V_0 可表示为

$$V_0 = \frac{1}{RC}\int_0^T i\,dt$$

式中,i 是积分器充电电流;$T=mT_0$,m 是取样次数,T_0 是取样时间;RC 是积分器时间常数,它决定了电路的平均时间。

若某一取样点的信号电压为 V_{si},则经过 m 次积累后其平均值 V_{so} 为

$$V_{so} = \frac{1}{m}\sum_{i=0}^{m} V_{si} \tag{17-1}$$

取样信号的积分平均值就是信号取样值。

间隔一个信号周期后对噪声的取样值可认为是互不相关的随机量。它的取样平均值只能

按统计平均得到。若取样值为 V_{ni}，它是随机量，则经 m 次取样平均后仍是一个随机量，且

$$V_{no} = \frac{1}{m} \sum_{i=0}^{m} V_{ni} \qquad (17-2)$$

若输入噪声取样值 V_{ni} 是正态分布规律，其数学期望为零，随机量的方差就等于均方值 $\overline{V_{ni}^2}$，即噪声平均功率，均方根电压为 $\sqrt{\overline{V_{ni}^2}}$，那么，输出噪声也有同样的分布规律，输出噪声的方差 $D[V_{no}]$ 为

$$D[V_{no}] = E[V_{no} - E(V_{no})]^2 = E[V_{no}]^2 = \overline{V_{no}^2} \qquad (17-3)$$

符号 E 表示求统计平均。把式(17-2)代入式(17-3)得输出噪声的均方值为

$$\overline{V_{no}^2} = E[V_{no}]^2 = E\left[\frac{1}{m} \sum_{i=1}^{\infty} V_{ni}\right]^2 \qquad (17-4)$$

随机量 V_{ni} 之和的均方值应等于随机量均方值的和，所以

$$\overline{V_{no}^2} = \frac{m \overline{V_{ni}^2}}{m^2} = \frac{\overline{V_{ni}^2}}{m} \qquad (17-5)$$

输出噪声均方根电压为

$$\sqrt{\overline{V_{no}^2}} = \frac{\sqrt{\overline{V_{ni}^2}}}{\sqrt{m}} \qquad (17-6)$$

于是，经 m 次取样积分后，噪声输出均方根电压相对于输入下降了 $\sqrt{m}$ 倍，也就是信噪比改善了 $\sqrt{m}$ 倍，即

$$\frac{V_{so}}{\sqrt{\overline{V_{no}^2}}} = \sqrt{m} \frac{V_{si}}{\sqrt{\overline{V_{ni}^2}}} \qquad (17-7)$$

取样积分的次数愈多，信噪比也提高得愈多。

如果取样门脉冲相对于信号起始点的延时可微调，那么可以对信号逐点进行 m 次取样积分，最后得到信号完整的波形。如果取样门的脉冲电路能做成自动调整延迟时间，也就是扫描取样，那么积分器能连续输出信号的波形。

所以，取样积分法与锁定放大器不同(不是压缩电路带宽)，它可以检测宽带信号，检出复杂信号的原形。但是，从数学规律去分析，这两种方法都是对信号和噪声进行互相关运算，所以信噪比改善的结果是一致的，只是锁定放大器中信号在全周期上与参考信号进行相乘和积分，而取样积分器是在信号周期中的一段进行互相关运算。取样积分器中的取样门实现了信号、噪声和参考信号(0 或 1)相乘，再经积分器后完成了互相关运算。

四、实验装置

实验装置原理图如图 17-2 所示。图中虚线框内为实验装置，框外为测试仪器。图中用结型场效应管 Q_1 作模拟开关，用集成运放 A 和 R、C 组成线性积分器。用计数分频器完成

m 个信号周期中 m 次取样的计数。由"取样次数"选择开关 S_2 选定取样积分次数 m。这里可供选择 10、100、1 000 三种。取样次数改变时,积分器时间常数 RC 也相应改变。积分次数多,时间常数也大(为了取平均值)。

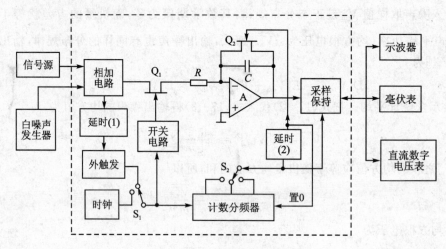

图 17-2　实验装置原理图

取样脉冲有内部时钟产生和外部信号经外触发电路产生两种,可由开关 S_1 选择。当外部信号触发时,可微调延时电路(1)的参数以改变取样脉冲和信号起始点之间的时间间隔。这里有 1、2、3、4 四种延时可选,见面板图 17-3。

图 17-3　实验装置面板图

积分器完成 m 次积分后,立即由计数分频器输出触发脉冲,使采样保持电路取值,把此刻积分器的瞬间值保持到下次测量结果输出时再改变。采样保持电路被触发经微小延迟后,由延时电路(2)使模拟开关 Q_2 导通,使积分器电容 C 放电、归零,同时使计数分频器置零。然后重新开始第二轮 m 次取样积分。

输入信号有外接直流电压和信号发生器输出脉冲信号两种。另外,由白噪声发生器输出白噪声电压和信号电压,并一起经相加电路混合后进入取样积分器中。

采样保持电路的输出用数字直流电压表读取样信号的电压平均值;用毫伏表读取样积分

后噪声均方根电压;用示波器观察总的输出波形。

五、实验步骤

① 接通示波器、毫伏表、数字电压表和白噪声发生器电源,检查这些仪器是否正常。

② 接通实验装置电源,用示波器检查实验装置输出端是否为零输出状态。

③ 装置的"触发选择"置于"内",取直流信号电压接入实验装置"信号输入"端。输入直流电压依次取 0.5 V、1.0 V;"取样次数"依次取 10 次、100 次、1 000 次。用直流数字电压表、毫伏表分别测量取样积分输出,记录于表 17-1 中。

表 17-1　输出记录一

输入直流电压/V	毫伏表指示			直流电压表指示		
	10 次	100 次	1 000 次	10 次	100 次	1 000 次
0.5						
1.0						

④ 记下直流输入电压,把白噪声信号接到实验装置的"噪声输入"端。用毫伏表测量,依次调节噪声电压为 1.5 V、2 V、2.5 V;"取样次数"依次取 10 次、100 次、1 000 次。将装置输出值记录于表 17-2 中。

表 17-2　输出记录二

输入白噪声/V	毫伏表指示			直流电压表指示		
	10 次	100 次	1 000 次	10 次	100 次	1 000 次
1.5						
2						
2.5						

⑤ 把直流电压和白噪声同时接入装置,自己选定输入信号和白噪声幅度(不能超过上面的数值范围)。用示波器在"相加"端钮上观察二者的混合波形,然后依次置"取样次数"为 10 次、100 次、1 000 次,记下输出结果。

⑥ 装置上的"触发选择"置于"外"。用脉冲信号接入装置的"信号输入"端,白噪声也接到"噪声输入"端,检查"相加"端混合波形。用示波器同时观察信号和"延时输出端"波形。依次置"延时微调"于"1"、"2"、"3"、"4"位置,依次置"取样次数"为 10 次、100 次、1 000 次。噪声输入电压自己选定。测量取样积分后的结果,做下记录。

六、实验报告要求

对以上四次测试中观察到的现象和实验记录结果进行解释和分析。

七、思考题

采用同步积累接收原理提高输出信噪比的方法还有哪些?试举一个技术应用的例子。

实验 18 光电信号的积累检测

信号在传输过程中,会不可避免地受到外界或内部的干扰。为了可靠地传输信号,人们总是千方百计地利用信号和干扰的差异,尽可能地抑制噪声而提取信号。

在通常条件下,光电信号是确知的,它具有周期性,而干扰是随机的。根据这个特点,采用积累检测,可实现从干扰中更多地提取有用信号。本实验介绍二次积累检测系统及其测试方法。

一、实验目的

① 掌握单次检测发现概率的测量方法;
② 掌握积累检测的实现电路;
③ 研究单稳电路输出脉冲宽度与电路参数的关系;
④ 测量积分器输出电压与输入脉冲宽度的关系。

二、原理和实现电路

1. 积累检测原理

光电系统的输入信号,常常是若干个脉冲或脉冲串,如图 18-1 所示。在检测时,首先要对单个脉冲进行检测,即单次检测,其检测方框图如图 18-2 所示。输入量为信号加噪声或纯噪声($s(t)$ 表示信号,$n(t)$ 表示噪声)。输入信号经单脉冲匹配滤波之后,其输出为 $r(t)$。然后将 $r(t)$ 和某个固定的设计门限值 V_0 进行比较。当输入 $r(t)$ 的瞬时值超过门限电平 V_0 时,比较器才有输出,判为有信号;反之,判为无信号。

若输入为纯噪声 $n(t)$,则其超过门限的概率称为虚警概率 P_{fa}。单脉冲匹配滤波器可用窄带滤波器来近似实现。因此,噪声通过单脉冲匹配滤波器后,其包络概率密度为

$$p(V) = V\exp(-V^2/2) \tag{18-1}$$

式中

$$V = \frac{\text{噪声的幅值}}{\text{噪声的均方根值}}$$

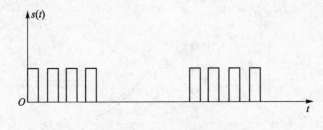

图 18-1　光电信号脉冲串

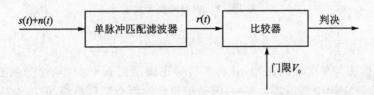

图 18-2　单次检测方框图

将 V 值与门限 V_0 值进行比较,便可得到输出概率,即虚警概率 P_{fa} 为

$$P_{fa} = \int_{V_0}^{\infty} V\exp(-V^2/2)dV = \exp(V_0^2/2) \tag{18-2}$$

若输入为信号加噪声 $[s(t)+n(t)]$,则通过单脉冲匹配滤波之后,其包络概率密度为

$$p(R) = R\exp\left(-\frac{R^2+A^2}{2}\right)I_0(RA) \tag{18-3}$$

式中

$$R = \frac{信号加噪声的幅值}{噪声的均方根值}$$

$I_0(RA)$ 是以 RA 为宗量的零阶第一类变形贝塞尔函数值;A 为信噪比。

将 $R(t)$ 和门限 V_0 进行比较,则可得出输出有目标的概率,即发现概率,为

$$P_d = \int_{V_0}^{\infty} R\exp\left(-\frac{R^2+A^2}{2}\right)I_0(RA)dR = \exp\left(-\frac{R^2+A^2}{2}\right)\sum\left(\frac{V_0}{A}\right)I_n(V_0 A) \tag{18-4}$$

式中,$I_n(x)$ 为 n 阶第一类变形贝塞尔函数。

发现概率 P_d、虚警概率 P_{fa} 与门限 V_0 的关系如图 18-3 所示。

在进行系统设计时,常常给出虚警概率以便发现概率的要求值。我们可以根据上述公式,计算应取的门限值 V_0 和信噪比 A。

设光电系统信号波形如图 18-1 所示,由若干个脉冲串组成,每个脉冲串又由 m 个脉冲组成。在理想相关积累的情况下,m 个脉冲信号所含的全部频率分量同相相加。这样,信号的功率增大为 m^2 倍。若干个脉冲功率 P_s 积累后则为 $m^2 P_s$;而噪声是随机的,噪声的积累效果是功率增加为 mP_n。单个脉冲检测时,功率信噪比为 P_s/P_n,而积累后的功率信噪比为

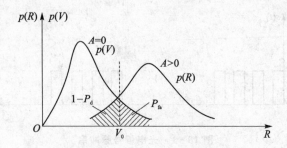

图 18-3 信号检测示意图

$$\left(\frac{P_s}{P_n}\right)_m = \frac{m^2 P_s}{m P_n} = m\left(\frac{P_s}{P_n}\right) \tag{18-5}$$

可见,积累检测与单次检测相比,其功率信噪比提高到 m 倍,优点十分明显。当然,理想的相关积累在实际应用中是很难实现的,因而积累的效果会受些影响,但积累对检测性能的改善作用是肯定的。本实验只研究二次积累检测系统。

在单次检测基础上,再加上积累器和比较器Ⅱ就构成了二次积累检测系统,如图 18-4 所示。

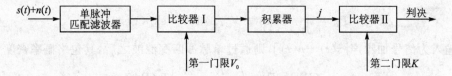

图 18-4 二次积累检测系统框图

当有一个输入信号脉冲的幅值超过第一门限 V_0 时,比较器Ⅰ即有一次输出。积累器将比较器送来的信号进行积累,积累器的积累值 j 送到比较器Ⅱ与第二门限 K 进行比较。若积累器的积累值 j 超过第二门限 K,则比较器Ⅱ有输出;反之无输出。显然,二次门限积累器检测系统的检测性能,由第一门限 V_0 和第二门限 K 两者共同决定。经理论分析可得二次积累检测的虚警概率 P_{FA} 和发现概率 P_D,分别为

$$P_{FA} = \sum_{j=K}^{m} C_m^j (1-P_{fa})^{m-j} P_{fa}^j \tag{18-6}$$

$$P_D = \sum_{j=m}^{m} C_m^j (1-P_d)^{m-j} P_d^j \tag{18-7}$$

式中,P_{fa}、P_d 分别为单次检测的虚警概率和发现概率;C_m^j 为从 m 中去 j 的组合。

2. 实现积累检测的电路

采用如图 18-5 所示的调制盘,它每个扇形格为 5.5°,斜线区域为不透光区,白色区域为透光区。若调制盘本身不动,而像点作圆形扫描,则通过改进扫描圆直径,可以获得脉冲数目不等的周期性脉冲。设定光楔的转速为 40 周/秒(即像点作扫描运动的速度也为 40 周/秒,那

么载波周期为 0.76 ms)。这里以此调制盘为例,介绍实现二次积累检测的电路框图(见图 18-6)和电路图(见图 18-9 至图 18-11)。

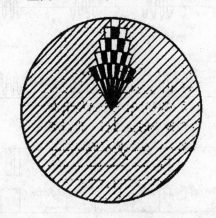

图 18-5 调制盘

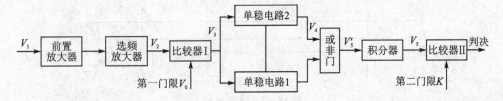

图 18-6 二次积累检测方框图

目标像点经调制盘调制后成为调制光脉冲,用 V_1 表示。V_1 经前置放大器、选频放大器后输出为 V_2,当 V_2 超过比较器I的比较电平 V_0 时,比较器I有输出,判为有信号;反之判为无信号。

根据晶体管脉冲数字电路原理,单稳态电路 1 和 2 相互配合,它们和或非门共同构成一个可以重新触发的单稳态电路。选择单稳态电路的时间常数,使其展宽时间大于脉冲的周期 0.76 ms。这里选择单稳态电路的展宽时间为 1 ms。当触发脉冲为单脉冲时,经单稳态电路后,其输出脉冲 V_4' 的宽度为 1 ms。当触发脉冲为两个连续脉冲时,经单稳态电路之后,其输出脉冲 V_4' 的宽度为 1.76 ms。如果触发脉冲为三个连续脉冲,则输出脉冲宽度 V_4' 的宽度为 2.52 ms。其余类推(见图 18-7)。V_4' 经积分器后,输出电压为 V_5,它正比于输入脉冲宽度。当 V_5 电平值高于第二门限电平 K 时,比较器II有输出;反之无输出。根据需要合理选择第二门限电平 K,使得当 V_3 有两个以上连续脉冲时,比较器II才有输出;反之无输出。这样可以进一步降低虚警。当然还可以实现对 3 个(或 m 个)以上连续脉冲信号的积累检测。

三、原理装置

为便于在实验室里测试,用可见光进行实验,可用尺寸较大的调制盘代替实际的调制盘。

实验装置框图如图 18-8 所示,实验电路图如图 18-9 至图 18-11 所示。

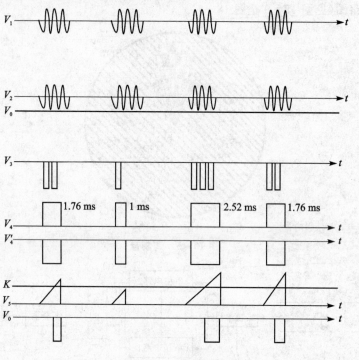

图 18-7 脉冲波形

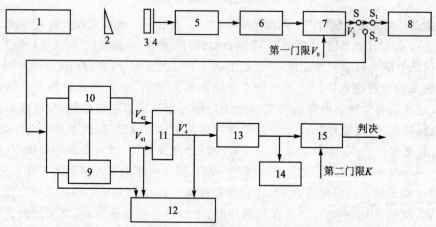

1—平行光管；2—透射式光楔；3—调制盘；4—探测器(硅光电池)；5—前置放大器；
6—选频放大器；7—比较器Ⅰ；8—计数器；9—单稳电路1；10—单稳电路2；
11—或非门；12—多线示波器；13—积分器；14—毫伏表；15—比较器Ⅱ

图 18-8 实验装置框图

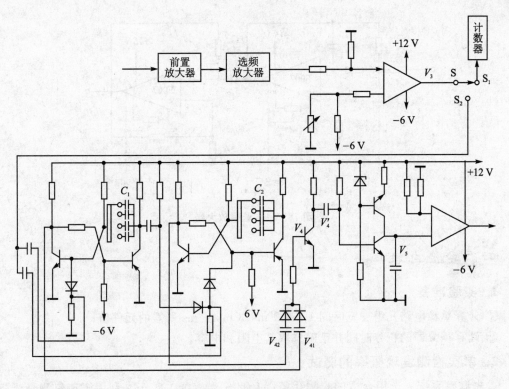

图 18-9　二次积累检测电路图

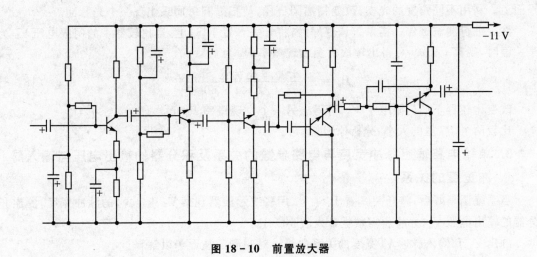

图 18-10　前置放大器

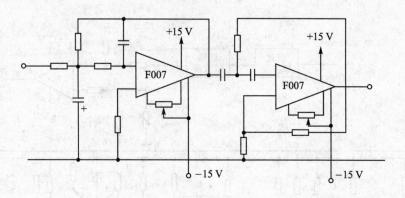

图 18-11 选频放大器

四、实验内容

1. 实验准备

① 计算单稳电路几组展宽时间 1 ms、2 ms、3 ms、4 ms 所需的元件值;
② 计算积分器的积分时间并正确选取其电阻和电容。

2. 单次检测发现概率的测试

首先调整系统。选用合适的光阑孔径,如 $\phi 0.5$、$\phi 0.6$、$\phi 0.7$、…。利用测速仪测量光楔转速,通过微调电机电源,将转速调至 40 周/秒。调整调制盘位置,使它真正处于光学系统的像平面上。利用不同角度的光楔,改变扫描圆直径,使扫描圆每周只出现一个光脉冲。

然后进行测试工作。当系统调整好后,将开关 S 置于 S_1 上,当比较器 I 的门限电压 V_0 为某一值时,观察 t 分钟,可得出单次检测发现概率 P_d 为

$$P_d = \frac{\text{计数器上的记录}}{40\ \text{周}/\text{秒} \times t \times 60\ \text{秒}} \tag{18-8}$$

改变比较器 I 的门限电平 V_0,可得出另一个发现概率 P_d 值。
比较两个 P_d 值的大小,分析原因。

3. 单稳电路输出脉冲宽度与电路参数的关系及积分器的输出电压与输入脉冲宽度的关系

当系统调整好后,将开关 S 置于 S_2 上,用多线示波器观察 V_3、V_{41}、V_4' 的脉冲宽度,测出积分器的输出电压 V_5,并将所需数据计入表 18-1。

画出 V_5 和输入脉冲 V_4' 宽度的关系曲线。对观测的波形予以解释。

表 18-1　数据记录

$C_1=C_2$(单位为 μF)	V_3 脉冲宽度/ms	V'_4 脉冲宽度/ms	V_5/mV
0.1			
0.2			
0.3			
0.4			

4. 信号的积累检测

在上述实验的基础上,进行积累检测。系统的条件是:利用不同角度光楔,改变扫描圆直径,使扫描圆每扫一周出现两个光脉冲,单稳电路的电容取 $C_1=C_2=0.1\ \mu F$。

将开关置于 S_2 上。用多线示波器观察 V_3、V_{41}(或 V_{42})、V'_4,记录脉冲宽度,测量 V_5 的大小。调整第二门限电平 K,使 V_3 只有连续出现两个脉冲时,比较器 Ⅱ 才有输出。

这样,依照前述方法,可以测试、计算出二次积累检测发现概率 P_D。

同理,可再调节光楔,使扫描圆每扫一周出现三个光脉冲,测试二次积累检测发现概率。

通过实验,观察测量 V_3、V_{41}(或 V_{42})、V'_4 的波形及 V_5 的大小,对 V_3、V_{41}(或 V_{42})、V'_4 波形进行解释。对实验结果进行理论分析,说明误差原因。

五、思考题

① 选频放大器的中心频率、带宽应如何确定?
② 可重新触发的单稳电路的功能及其构成原理是什么?
③ 单稳电路能否使信号延迟?为什么要重新触发单稳电路?
④ 积分器的参数应如何选取?其参数对系统性能有什么影响?做完实验有什么体会?
⑤ 图 18-8 中,比较器 Ⅰ、Ⅱ 的门限应如何确定?实际操作时如何实现?
⑥ 实验内容 4 的 V_5 与实验内容 3 的 V_5 有什么关系?从中获得了什么启示?
⑦ 测量单次检测发现概率时,为什么应注明比较器 Ⅰ 的门限电平?积累检测的概率与哪些参数有关?
⑧ 如何用本实验设备测量虚警概率?

实验 19　随机共振实验——用噪声检测弱信号

随机共振(stochastic resonance)现象是邦济(R. Benzi)等学者在研究古气象冰川问题时于 1981 年提出来的。在过去的 70 万年中,地球的冰川期和暖气候期以约 10 万年为一周期交替出现。研究这一时期地球环境的变化,人们发现地球绕太阳转动的偏心率的变化也大约为 10 万年。这一变化意味着太阳对地球施加了周期变化的信号。然而,这一周期信号很小,本身不足以引起地球气候从冰川态到暖气态的如此大幅度的变化(粗略估计的变化幅度为 1 ℃量级,实际变化为 10 ℃量级)。只有将这一信号与地球本身的非线性条件及在这一时期内地球所受到的随机力作用结合起来,研究它们的协同作用,才可能解释地球的冰川态和暖气态周期交替出现的气候现象。基于这种考虑建立起来的地球气候模型是:地球处于非线性条件下,这种条件使地球可能取冷态(冰川态)和暖气态两种状态;地球离心率的周期变化使气候有可能在这两个态之间变动,而地球所受的随机力(如太阳常数的无规则变化)则大大提高了小的周期信号对非线性系统的调制能力,通过"随机共振"引起了地球古气象的大幅度周期变化。

邦济等人的古气候模型说明,一个非线性双稳系统,在一个小的周期性调制信号作用的同时输入噪声信号,随着加入该系统噪声的增强,系统的输出功率谱中调制信号的频率将出现一个峰值;当噪声增强到某一强度时,输出信号的峰值达到最大值——"共振"。而后随噪声的增强,其峰值下降。这一现象称为"随机共振"。目前,随机共振理论已经被广泛应用于微弱信号检测等许多领域。

一、实验目的

① 通过随机共振的模拟电路实验,认识朗之万(Langevin)方程的基本属性;
② 认识随机共振的原理与机制;
③ 掌握用随机共振理论检测微弱信号的方法。

二、实验原理

1. 朗之万方程的模拟电路

本实验采用的非线性双稳系统是模拟朗之万方程的电子线路。朗之万方程如下:

$$\frac{dx}{dt} = bx - cx^3 + A\cos\omega t + \varepsilon(t) \quad (19-1)$$

式中,b、c 为相应项系数;$A\cos\omega t$ 为外加周期调制信号,其中 $\omega = 2\pi f$ 为信号角频率,f 为频率。设 $H(t)$ 为白噪声。这一方程的解为

$$x(t) = \int [bx - cx^3 + A\cos\omega t + \varepsilon(t)]dt \quad (19-2)$$

由于上述解的困难性,因此借助于运算放大器组成的电路来模拟由朗之万方程所描述的双稳系统。随机共振系统电路图如图 19-1 所示,图中 IC_1 为积分器,IC_2 为反相器,D 和 E 为乘法器,k_1、k_2 为变阻器。

模拟电路求解式(19-1)的基本思想是:在积分器 IC_1 的输入端构成式(19-2)积分号内方括号中的信号。由电路理论可知,IC_1 的输出为 $-x$,$-x$ 经乘法器 D 得到 Dx^2 项;Dx^2 与 $-x$ 经乘法器 E 得到 $-DEx^3$ 项(D、E 分别为乘法器的衰减系数),经过变阻器 k_1 将 $-k_1DEx^3$ 项加入 IC_1 的输入端。$-x$ 经反相器得 x,再经过变阻器 k_2 分压得 k_2x 项;再加入 IC_1 的输入

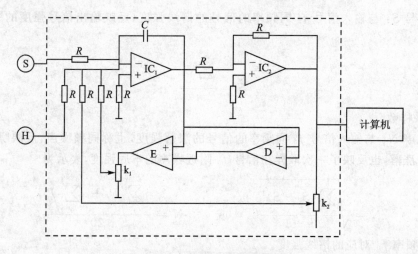

图 19-1 随机共振系统电路图

端。k_1、k_2 为范围在 0～1 之间的分压可调系数。这样,IC_1 的输入是以下四项的和,它们分别是:① 输入信号 $\sqrt{2}U\cos\omega t$,由信号源 S 提供;② 输入噪声 $H(t)$,由噪声源 H 提供;③ 非线性项 $-k_1EDx^3$;④ 线性项 k_2x。

经过 IC_1 建立的关系即为这一非线性系统的输出,即

$$x(t) = -\frac{1}{RC}\int[k_2x - k_1EDx^3 + \sqrt{2}U\cos\omega t + H(t)]dt \tag{19-3}$$

对上式微分可导出

$$RC\frac{dx}{dt} = k_2x - k_1DEx^3 + \sqrt{2}U\cos\omega t + H(t) \tag{19-4}$$

令 $\tau = t/RC$,变换时间标度,并注意到 $\omega_\tau\tau = \omega t$ 或 $f_\tau\tau = ft$(ω_τ、f_τ 为 τ 量度的角频率和频率,ω、f 为 t 量度的角频率和频率),则式(19-4)为

$$\frac{dx}{dt} = k_2x - k_1DEx^3 + \sqrt{2}U\cos\omega_\tau\tau + H(\tau) \tag{19-5}$$

式(19-5)与式(19-4)相比只是时间标度变换,不影响解的物理实质。将式(19-4)与式(19-1)比较,可得

$$b = \frac{k_2}{RC}, \qquad c = \frac{k_1DE}{RC}, \qquad A = \frac{\sqrt{2}U}{RC}, \qquad \varepsilon(t) = \frac{H(t)}{RC}$$

非线性双稳系统的输出 $x(t)$,一方面可用示波器实时显示,另一方面经过数据采集卡模/数转换 A/D 接口,将采集的输出电压 $x(t)$ 的时间顺序,也就是在 1 s 时间间隔内均匀采集的 2^S 个信号电压(例 S=12,则采样序列为 4 096 个),转换为数据输入计算机,再经过快速傅里叶变换得到 $x(t)$ 的功率谱。下面所述的系统输出即是指 $x(t)$ 的时间序列的功率谱,并由此来计算系统的输出信号、输出噪声及输出信噪比。计算方法如下:

输出信号 S：与输入信号 f_0 同频率的信号的谱线强度，反映输出信号强度的平均值，表示为

$$S = \frac{\sum_{i=1}^{n} S_i}{n} \tag{19-6}$$

式中，n 为采样数。

输出噪声 N：与输入信号 f_0 同频率的信号的涨落强度，也称同频噪声，反映噪声引起的输出信号的涨落，也反映了一次取样在信号 f_0 附近噪声的本底强度，表示为

$$N = \sqrt{\frac{\sum_{i=1}^{n}(S_i - \overline{S})^2}{n-1}} \quad \text{或} \quad N = \frac{\sum_{i=f_0-20}^{f_0-30} P_i + \sum_{i=f_0+20}^{f_0+30} P_i}{20} \tag{19-7}$$

式中，P_i 为频率 f_0 对应的谱线强度。

输出信噪比：输出信号 S 与输出涨落 N 之比，反映输出信号与输出噪声之比，表示为

$$R_{\mathrm{SN}} = \frac{S}{N} \tag{19-8}$$

2. 未加信号和噪声

当非线性系统未加信号和噪声时，式(19-1)简化为

$$\frac{\mathrm{d}x}{\mathrm{d}t} = bx - cx^3 \tag{19-9}$$

系统有两个可能的稳态解 $x_{1,2} = \pm\sqrt{\dfrac{b}{c}}$ 和一个不稳定的解 $x_0 = 0$，这时系统的势函数为

$$U(x) = -\frac{b}{2}x^2 + \frac{c}{4}x^4 \tag{19-10}$$

势垒的高度为 $U_0 = \dfrac{b^2}{4c}$，改变 b、c，即同时改变势垒宽度和深度。未加信号和噪声时，系统应处在两个稳态之一，其具体状态由电路初始条件决定。图 19-2 为 $b = c = 1$ 时的系统势函数图形。

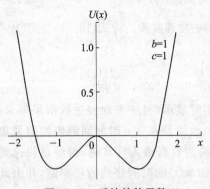

图 19-2 系统的势函数

3. 加入信号和随机噪声

加入周期调制信号时，势函数的一般形式为

$$U(x,t) = -\frac{b}{2}x^2 + \frac{c}{4}x^4 - Ax\sin\omega t \tag{19-11}$$

由上式可知，调制信号的作用就是周期地增减每一势阱的深度，当信号电压小时，系统在一个稳定态附近振动。当信号足够强时，系统可以在两个势阱

间反转跃迁。

若加入周期信号的同时又加入随机噪声,则选择适当的电路参数,就可以出现随机共振现象。图 19-3 是电路参数及信号参数确定后,随噪声强度的增加,得到的一组输出波形图及其

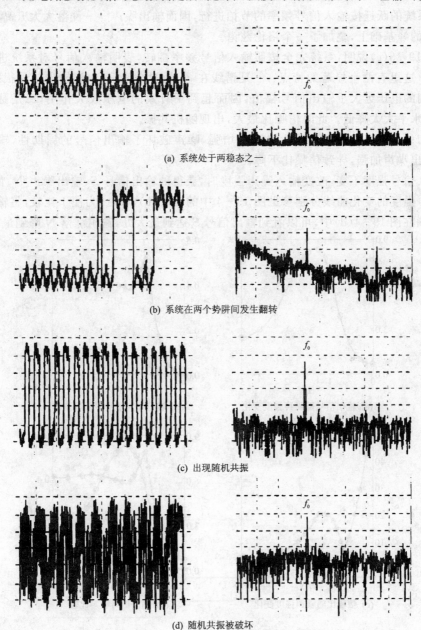

图 19-3 采集的波形图和频谱图

频谱图。可见：

① 图 19-3(a)表明，系统处在两个稳态之一，具体处在哪个势阱由电路初始条件决定。

② 图 19-3(b)表明，系统在两个势阱间发生翻转，输出电压有时发生大幅度振荡，但是还不足以使系统的跃迁按输入信号频率的节拍进行，因而输出噪声——涨落大大升高，这时频谱图是在 f_0 的峰基础上，叠加了一个洛伦兹谱。

③ 图 19-3(c)说明，系统完全按照输入信号频率翻转，表明输入信号对系统进行了最有效的调制。这里有两个显著的特点：一是谱线在 f_0 处的峰值很高，即输出信号很强，这是因为两势阱间的电压远大于输出信号幅值，因而起到了有效的电压放大作用；二是翻转规律性好，使涨落水平大大降低。此时信噪比最大，出现随机共振。

④ 图 19-3(d)说明，随着输入噪声的增强，噪声破坏了输出信号的周期性，输出信号减弱，同时输出噪声加强，导致信噪比下降。

当输入信号强度不变，改变输入噪声强度时，获得的输出信号 S、输出噪声 N、信噪比 R_{SN} 随输入噪声强度的变化曲线分别参见图 19-4 中的(a)、(b)、(c)。为便于比较，将输出信号与噪声一起画在图 19-4(d)中，可以看到输出信号 S 达到最大处，输出涨落 N 降到最小，即涨落

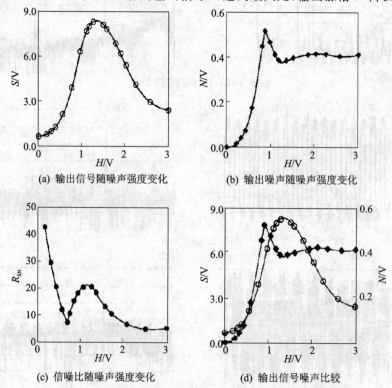

(a) 输出信号随噪声强度变化　　(b) 输出噪声随噪声强度变化

(c) 信噪比随噪声强度变化　　(d) 输出信号噪声比较

图 19-4　输出信号 S、输出噪声 N、信噪比 R_{SN} 随输入噪声强度的变化曲线

的低谷对应于信号的峰值,因此此时信噪比达到最大。从能量角度来分析,其机制就是随机共振过程中部分噪声能量转变为信号能量的结果。

总的来说,随机共振的表现为,当非线性双稳系统同时受到外加周期力(信号)和随机力(噪声)的共同作用时,随机力的增加在一定条件下可导致输出信号的提高,一个无序的输入导致一个有序的输出。

4. 实验电路参数

本实验所采用的具体电路如图 19-5 所示。用集成运算放大器 LF351CN 或者 AD741、OP07 作为积分器 IC_1 和反相器 IC_2,它们的引脚图都一样。其中 LF351CN 的引脚图如图 19-6 所示。电源电压用 ± 15 V。LF351CN 可以用于诸如高速积分器、快速 D/A 转换器、取样和保持电路,以及要求低输入失调电压、低输入偏流、高输入阻抗、高转换率和宽频带等电路,该器件有低噪声和低失调电压漂移等优点。

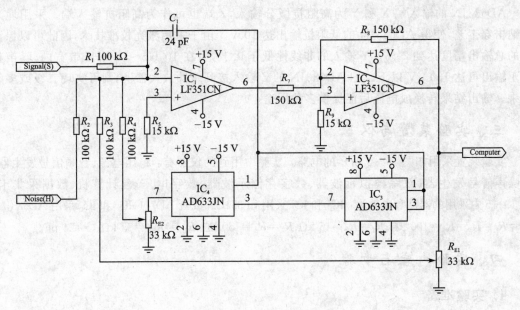

图 19-5 具体的实验电路

乘法器采用模拟集成乘法器 AD633JN。一般乘法器的传输特性方程为

$$V_0(t) = KV_x(t)V_y(t) \tag{19-12}$$

式中,$V_0(t)$ 是乘法器的输出;$V_x(t)$ 和 $V_y(t)$ 对应输入;K 为乘法器的衰减系数。AD633JN 是跨导线性四象限模拟乘法器,其衰减系数 $K=0.1$,电源电压采用 ± 15 V,最大输入为 ± 10 V,其引脚图如图 19-7 所示。

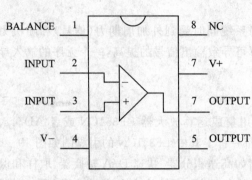

图 19-6　LF351CN 引脚图

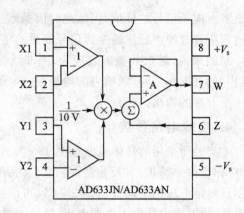

图 19-7　AD633JN 的引脚图

AD633JN 的输入端 X 和 Y 为高阻抗微分输入，Z 端也可作为高阻抗输入端。采用埋入齐纳击穿工艺，使得 AD633JN 的低阻抗输出达 10 V。由于采用激光校准技术，因此可以保证它的总输出精度达到 2 ‰；Y 输入的非线性低于 0.1 ‰；在 10 Hz～10 kHz 带宽内，噪声相对于输出可达 100 μV 以下。把 AD633JN 的 Z 输入接到缓冲放大器上，则可实现二级或多级相乘。输出结果转换成电压后能提供多种用途。

三、实验装置与仪器

实验装置采用如图 19-5 所示的电路。实验中用到的仪器有：稳压电源、音频信号发生器、白噪声信号发生器、双踪模拟示波器、数字存储示波器、数字电压表、计算机、数据采集卡。图 19-5 中采用的器件和参数为：IC_1 和 IC_2 采用 LF351CN 或者 AD741；IC_3 和 IC_4 采用 AD633JN；$R_1=R_2=R_3=R_4=100$ kΩ；$R_5=R_9=15$ kΩ；$R_7=R_8=150$ kΩ；$R_{E1}=R_{E2}=33$ kΩ；$C=24$ pF。

四、实验内容与步骤

1. 实验准备

① 按照图 19-5 搭建好电路，为保证电路各部分都能正常工作，应逐步连接电路并检查连接是否可靠。

② 用示波器分别观察一定频率（如 100 Hz）的周期信号 S 和随机信号 H（20～20 kHz 的白噪声）的波形。

③ 连接好导线后，给积分器输入信号 $A\sin\omega t$，用示波器观察积分器的输出。由积分器的传输特性可知，正确的输出应是一个余弦信号 $B\cos\omega t$，输出信号与输入信号的相位差为 90°，且输出信号幅值被放大（$B>A$）。

④ 把积分器的正确输入引入乘法器 D 的输入端口 1 和 3，从输出端口 7 观察输出波形。

由乘法器的传输特性方程可知,7 端口的输出 V_D 为

$$V_D = (B\cos \omega t)^2 = \frac{B^2}{2}[1 + (\cos \omega t)^2] = \frac{B^2}{2} + \frac{B^2}{2}(\cos \omega t)^2 \qquad (19-13)$$

由式(19-13)可以看出,积分器的输出信号应是 2 倍频余弦信号。

⑤ 连接乘法器 E,把积分器的输出和乘法器 D 的输出引入到输入端口 1 和 3,输出为

$$V_E = V_D \times A\sin \omega t = \frac{B^2}{2}[1 + (\cos 2\omega t)^2] \times A\sin \omega t \qquad (19-14)$$

该输出是一个与正弦信号 $A\sin \omega t$ 同频率的波形,其图形如图 19-8 所示。

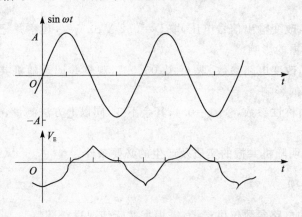

图 19-8　V_E 端输出波形与输入波形

⑥ 将反相器接入上述电路中(注:反相器的输出要和积分器的输入断开),观察输出 $V_o(t)$,应是积分结果 $B\cos \omega t$ 的反相。

⑦ 得到所有的正确结果后,把 V_D 经 R_4、把 $V_o(t)$ 经 R_3 引入积分器,综合调整电路,仔细调节变阻器 R_{E1} 和 R_{E2} 的阻值,改变它们的分压系数,使之达到最佳匹配点,观察系统的双稳态输出,其图形是未加噪声的输出信号,如图 19-9 所示。

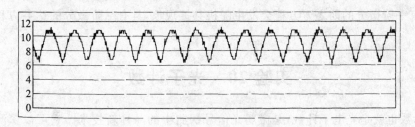

图 19-9　未加噪声的输出信号

2. 观察并记录随机共振现象及各典型状态

选取系统参数:① 势阱对称控制参量 $A=0.5$,即选取对称势阱;② 势阱深度参量 $b=0.1$;

③ 势阱宽度参量 $c=0.4$；④ 输出信号 S 参数 $U=0.3$ V, $f=100$ Hz；⑤ 噪声参数 $H=0.2\sim 2$ V，步长 $\Delta H=0.2$ V(共振点附近取 $\Delta H=0.2$ V)。参照图 19-3，对应每一个噪声参数，线性电路及非线性电路各取样 10 次，计算平均的信号 S、噪声 N 及信噪比 R_{SN}。最后分别绘出它们随噪声变化的波形图和频谱图。线性、非线性的曲线可以画在同一坐标中，以便进行对比。

3. 探讨影响随机共振的因素

① 改变势阱的对称性参数，令 $A=0.4$，其余不变，同以上方法测量，分析势阱对称性对随机共振的影响。

② 选取 $A=0.5$，改变输出信号电压，取 $U=0.2$ V、0.6 V，观察并记录随机共振现象，说明信号电压对随机共振的影响。

③ 选取 $A=0.5$，改变电路参数，取 $b=0.05$、0.2，观察并记录随机共振现象，说明势阱深度和宽度对随机共振的影响。

④ 改变势阱的对称性参数，令 $A=0.4$，其余不变，同以上方法测量，分析势阱对称性对随机共振的影响。

根据以上实验说明随机共振的实质及产生的必要条件。

五、注意事项

① 实验中给出的电路参数仅供参考，需根据实际情况进行调整。

② 在电路参数确定后，信号电压的选取应满足在临界点附近，当噪声为零时，系统状态保持在一个稳态附近振动；加上较小噪声后，系统运动就能够在两个势阱间翻转。

六、思考题

① 如何确定系统达到了共振？随机共振与线性系统的共振有何不同？

② 外驱动电压、势阱对随机共振峰有怎样的影响？

③ 具有一阶微分的朗之万方程会发生随机共振现象，具有二阶微分的达芬方程会发生随机共振吗？

实验 20 光子计数

光子计数也就是光电子计数，是微弱光信号探测中的一种新技术。它可以探测极弱的光能，弱到探测以单光子到达时的能量，目前已被广泛应用于喇曼散射探测、医学、生物学、物理学、天文光度测量、大气污染监测、化学发光、超高分辨率光谱学、非线性光学以及量子信息学等许多领域中微弱发光现象的研究。微弱光信号是时间上比较分散的光子流，因而由检测器（通常是光电倍增管，以下简称PMT）输出的将是自然离化的电信号。针对这一特点发展起来的单光子计数技术,采用脉冲放大、脉冲甄别和数字计数技术,大大提高了弱光探测的灵敏度,一般可优于 10^{-17} W,这是其他弱信号探测方法所不能比拟的。

光子计数技术有如下优点：① 有很高的信噪比,基本消除了 PMT 高压直流漏电流和各倍增级热电子发射形成的暗电流所造成的影响,可以区分强度有微小差别的信号,测量精度很高;② 抗漂移性很好,在光子技术测量系统中,PMT 增益的变化、零点漂移和其他不稳定因素影响不大,所以时间稳定性好;③ 有比较宽的线性动态范围,最大计数率可达 10^7 s^{-1};④ 光子计数输出信号的形式是数字量,很容易与微机连接进行信息处理。

目前用于光子计数的探测器有常规的 PMT,也有微通道板 PMT 和雪崩光电二极管等新型器件。这些器件拓宽了光子计数应用的光波长范围。

一、实验目的

① 学习以 PMT 为探测器的光子计数技术的基本原理和使用方法；
② 了解光子计数方法和弱光检测中的一些特殊问题；
③ 掌握测量极弱光信号的方法,了解极弱光的概率分布规律；
④ 观察甄别道宽对电子计数的影响。

二、实验内容

① 熟悉光子计数仪器,学会使用方法；
② 观察甄别电平对光子计数的影响；
③ 观察甄别道宽对电子计数的影响。

三、基本原理

单个光子对应的能量是很微弱的。例如,光波长 $\lambda=600$ nm(红光)的光子能量 E_p 为

$$E_p = \frac{hc}{\lambda} = 3.3 \times 10^{-19} \text{ J} \tag{20-1}$$

式中,$h=6.6\times10^{-34}$ J·s,为普朗克常数;$c=3\times10^8$ m/s,为光速。如果每秒接收到的光子数 λ_s 为 10^4 个,则对应的光强 I_p 为

$$I_p = \lambda_s E_p = 3.3 \times 10^{-15} \text{ W} \tag{20-2}$$

可见,光功率是极其微弱的。尽管如此,当前的技术已经发展到能够对单光子进行计数的程度,而且已有许多光子计数器商品出售。

本实验的原理如图 20-1 所示,其中,白炽灯发出的光经过衰减片后,成为极微弱的光信号。光电探测器将单光子信号转换成单脉冲电信号,然后在光子计数器中进行脉冲数计数,从而测得入射光子数。

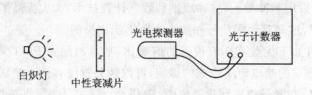

图 20-1 光子计数实验原理

1. 光子计数器的组成

典型光子计数器的组成如图 20-2 所示,主要包括:光电探测器 PMT 及其密闭外壳、幅度甄别器、计数器、高压电源和显示装置等。光电探测器将光子信号转换成电脉冲信号,宽带放大器对电脉冲信号进行线性放大,然后在甄别器中甄别出光子脉冲信号,并在计数器中对光子脉冲进行计数,最后显示出来,或通过数/模转换输出电压信号。

图 20-2 中采用光电倍增管接收光信号,它输出负脉冲。甄别器甄别出光子脉冲后,对输入脉冲进行整形,输出矩形脉冲,计数器再对此矩形脉冲进行计数。

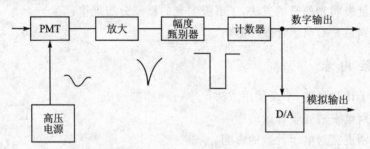

图 20-2 光子计数器原理图

(1) 光电探测器

因为要探测极微弱的信号,所以只有内部具有倍增作用的光电探测器才能用做光子计数。实际能使用的有:光电倍增管、带像增强的光电倍增管和雪崩光电二极管等。

这里仅讨论光电倍增管(PMT)用于光子计数器时的性能要求和使用特点。

光电倍增管的主要性能有

$$量子效率\ \eta = \frac{电子数}{光子数} \tag{20-3}$$

光子计数用的光电倍增管要有很高的效率。

光电倍增管中的某些随机起伏因素会影响光子计数的效果。

一是倍增管增益的随机起伏。由于打拿极二次发射的电子数有随机性,故造成倍增管增益起伏。打拿极增益起伏的统计规律有两种类型,其中以泊松分布型较好。第一打拿极增益起伏对总增益影响最大。

二是打拿极热电子发射的随机起伏。它对光子计数将引入热噪声,影响计数精度。第一打拿极发射的热电子将经过后面多级打拿极倍增,它对总的热电子数影响最大。

三是光电子渡越时间的随机起伏,光电子从阴极到阳极所经的路程随许多因素而变。由于路程不同,从打拿极倍增后的电子将以不同的时刻到达阳极,其后果是使光电子脉冲宽度加宽了。渡越时间的起伏还可能使两个光子脉冲重叠在一起而被误认为是一个脉冲,引入计数误差。

光阴极在确定数量的光子作用下所产生的光电子数也是随机的。此外,光阴极自身还有热电子发射。因为热电子与光电子具有同样的幅度和输出波形,所以难以区分开。选择暗电流小的光电倍增管,再加上阴极冷却措施可减小光阴极热电子的发射。把阴极面积做小一些也可减少热电子发射和减小光电子渡越时间的起伏。

光阴极产生的光电子和热电子经第一打拿极后能量倍增 m_1 倍(m_1 是第一打拿极倍增因子),它比第一打拿极自身产生的热电子所形成的输出脉冲要高。利用这一高度的差别,可用幅度甄别器将各打拿极自身热电子发射的影响在光子计数时去掉。

光电倍增管的负载电阻 R_L 应取标准值:50 Ω。如 R_L 太大,则分布电容将使输出脉冲宽度变宽。

下面列举一些数据并画出输出波形。

设倍增管增益为 10^6,由光电子激发而输出电脉冲的电荷量为

$$Q = 10^6 \times 1.6 \times 10^{-19} \text{ C} = 1.6 \times 10^{-13} \text{ C}$$

设光电子脉冲的脉冲宽度 $t_p = 10$ ns,则平均电流为

$$\langle i \rangle = \frac{Q}{t_p} = \frac{1.6 \times 10^{-13}}{10 \times 10^{-9}} \text{ A} = 16 \text{ μA}$$

负载电阻 R_L 上的平均电压降为

$$\langle V \rangle = \langle i \rangle R_L = 16 \times 10^{-6} \times 50 \text{ V} = 0.8 \text{ mV}$$

由光阴极产生的热电子也具有以上数据。而由第一打拿极产生的热电子的数据却只有上述数据的三分之一。Q、i 和 V 的波形示于图 20-3 中。

(2) 光电倍增管的偏压

光电倍增管工作时需外加高电压偏置。偏置电压有两种接地方式,即高压正极接地或负极接地。光子计数条件下需采用负极(即阴极)接地,这样可避免屏蔽壳与光电倍增管管壳间因电位差引起漏电而产生暗电流噪声。但是在结构上还要注意高压绝缘要好,否则,它相对管壳漏电会激发出荧光,严重时还会产生火花放电现象,使光子计数完全失效。

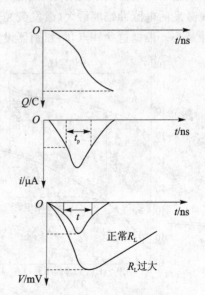

图 20-3 光电子脉冲电荷、
电流和电压波形

光电倍增管输出信号由阳极引出,通过耐高压的隔直电容与后面的电路耦合。此隔直电容耐压值应大于管子所加偏压值的 3 倍。

打拿极的偏置电压仍由电阻链对高压分压获得。为使打拿极的倍增因子不受信号电流的影响,选取偏置电路电阻值时应使偏置电流大于信号电流的 100 倍。但是,信号电流自身很小。例如,光电子速率为 10 MHz 时,平均电流也只有

$$\langle i_M \rangle = Q \times 10 \times 10^6 \text{ A} = 1.6 \text{ μA}$$

所以偏置电流不会很大。偏置电流小,在偏置电阻上耗散的热量也小,由此引入的热噪声也比较小。

偏置电压对信号电流的增益和非线性均有影响。偏压愈高、增益愈大,非线性也愈大。而由离子或反馈光引起的电脉冲也愈多。当偏压提高到一定值后,信号电流会逐渐饱和。而暗电流却迅速增大。暗电流增大的现象常常是因为打拿极形状不规则引起尖端放电而出现的。质量高的打拿极,尖端放电小。当偏压增高时,暗电流也会出现饱和现象。图 20-4 中表明了计数率 R(单位时间内平均光电子数或热电子数)与偏压之间的关系。从图 20-4 可以看出,最佳偏压应选择在信号电流开始出现饱和的位置。

寻找最佳偏压的工作应在无光照条件下进行,至少要用 24 小时去测量偏压和暗电流的关系,才能找到稳定的最佳偏压。

(3) 幅度甄别器

幅度甄别器用于甄别光电子脉冲、打拿极热电子脉冲和宇宙射线激发的电脉冲。宇宙射线激发的电脉冲幅度最大(激发荧光造成多电子),光电子脉冲的幅度居中,打拿极的热电子脉冲最小。根据这些特点,将甄别器设计成图 20-5 的样子。上甄别器只让幅度小于宇宙射线

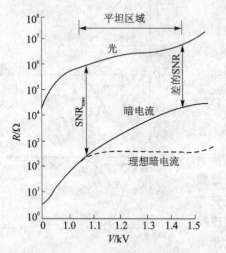

图 20-4 PMT 的计数速率

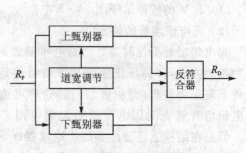

图 20-5 甄别器

激发的电脉冲通过,即光电子脉冲和热电子脉冲均可通过;而下甄别器只让幅度大于打拿极的热电子脉冲通过,即只让宇宙射线的电脉冲和光电子脉冲通过。反符合电路在同时有两个脉冲输入时,才产生一个矩形脉冲。根据上面的分析,只有光电子脉冲才能同时通过上甄别器和下甄别器而到达反符合电路的两端,因而能输出一个矩形脉冲。而宇宙射线和打拿极的热电子都不能激发反符合电路输出矩形脉冲。

两个甄别器的甄别电平是可以调节的,以适应光波波长、PMT 增益和环境温度的改变。两个甄别器的甄别电平差称为道宽。道宽的宽度愈宽,则光电子、热电子和宇宙射线激发的电子愈易通过反符合电路,而输出矩形脉冲。当道宽超过一定宽度后,光电子数不再增加,而其他两种电子数却成正比增加,因此,道宽应当取得合适。道宽的位置也是重要的,偏向高电平方向和偏向低电平方向都是不恰当的。

(4) 计数方法

方法 A:直接计数法

直接计数法原理图如图 20-6 所示。计数器 A 用来累计光电子脉冲数 n。计数器 B 对时钟脉冲进行计数,用来控制光电子脉冲计数的时间间隔 T。

计数器 B 在计数开始前可预置一个脉冲数 N。测量时,计数器 A 和 B 各自同时启动进行计数。当计数器 B 计数值达到 N 时,立即输出计数停止信号,一方面控制计数器 A 停止计数,同时也反馈至计数器 B 使它停止计数。

若时钟计数率(频率)为 R_C,计数器 B 被预置的数为 N,光电子脉冲计数率为 R_A,在计数时间间隔 T 内的光电子脉冲数为 n,则有

$$n = R_A T = R_A (N/R_C) = R \times 常数 \qquad (20-4)$$

方法 B:反比计数法

其原理图如图 20-7 所示。这一方法与上述方法的不同之处在于:用可预置计数器 B 对光电子脉冲进行计数,而用计数器 A 对时钟脉冲进行计数。于是有

$$T = N/R_A$$

计数器 A 输出的计数值为

$$n = R_C T = R_C \cdot \frac{N}{R_A} = \frac{1}{R_A} \times 常数 \qquad (20-5)$$

上式表明:计数值 n 与 R_A 成反比。

这一方法的优点是:预置数 N 是常数,对弱光(即光电子脉冲较稀)测量,计数时间长些;对强光测量,计数时间短些。相应的计数值 n 与光电子脉冲计数率 R_A 成反比。如果这个光子计数器用于测量某物对入射光的吸收率,那么,把 n 值进行 D/A 转换后即可直接显示出被测对象的吸收率。

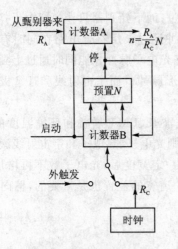
图 20-6　直接计数法

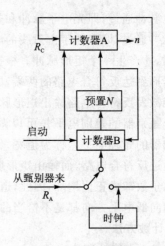
图 20-7　反比计数法

2. 改进光子计数的方法

上述简单计数方法会因为光源强度不稳、杂光和热电子的影响而产生很大误差，需要设法消除掉。

(1) 抵消光源强度变化的方法

这种方法采用双光路及双光子计数装置，如图 20-8 所示。其中一路通过了被测对象；另一路不通过被测对象，而是由它产生的光电子脉冲作为时钟脉冲进行计数，可以补偿光源强度的变化。

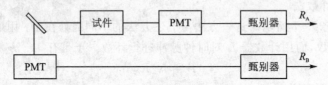

图 20-8　取消光源强度变化的双通道系统

设第一通道的光电子产生率为 R_A，第二通道的光电子产生率为 R_B，累计的光电子数分别为 n_A 和 n_B，则

$$n_A = R_A T = R_A \frac{n_B}{R_B} = \frac{R_A}{R_B} n_B = \frac{R_A}{R_B} \times 常数 \tag{20-6}$$

式中，n_B 可以人为设定，故是常数。当光源强度改变时，比值 R_A/R_B 保持不变，从而消除了光源强度变化的影响。

图 20-9 是这种计数法的计数器，它与图 20-6 的不同之处在于用通道 B 的光子脉冲代替时钟。

(2) 背景抑制方法

由杂光或阴极热发射产生的电子脉冲基本上具有不变的产生率,有可能通过两次计数而将上两项计数消除。两次计数的方法是:首先将光源挡住,测出时间间隔 T 内的计数值 n_A;然后让光源起作用,再次测出 T 内的计数值 n_B,于是,真正的光信号计数为

$$n = n_A - n_B = R_s \times 常数 \quad (20-7)$$

式中,R_s 是信号光电子产生率。

对光源射出的光实现遮断或通过的方法是用调制盘,如图 20-10 所示。其中调制盘既调制光源,又提供时基信号。时间调节器将此时基信号变成控制计数器 A 和 B 计数时间间隔的信号,实质上就是让计数器 A 和 B 轮流计数。

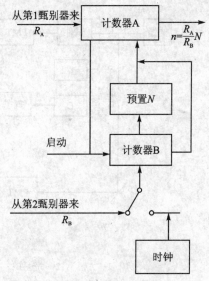

图 20-9 正比计数器

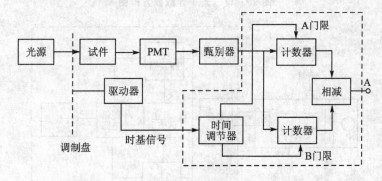

图 20-10 背景抑制计数处理

(3) 光子计数原理图

根据以上所述,完整的光子计数器示于图 20-11 中。

四、实验装置

本实验采用的实验装置如图 20-12 所示。图中的白炽灯、衰减片及光电倍增管均安装在密闭的实验暗箱中。为了避免漏光,还在暗箱外面蒙上黑布。光子计数器是一台外购的光子计数仪器。图中画出了它的主要组成部分。光子计数器的面板示于图 20-13 中。

旋转甄别电平旋钮,可以改变甄别电平;旋转道宽旋钮,可以改变上、下甄别电平的差值;而旋转闸门时间旋钮,则可以改变计数的时间间隔。

妥善确定甄别电平、道宽和计数时间间隔,可以探测不同功率的微弱光信号。

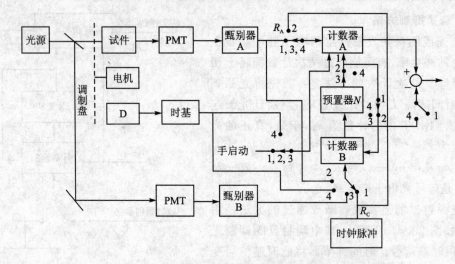

1—方法 A；2—方法 B；3—方法 C；4—抑制背景方法；D—透光传感器
注：各交叉点均不连通。

图 20-11　光子计数器方框图

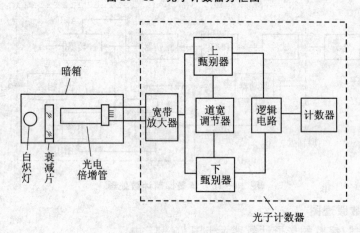

图 20-12　实验装置

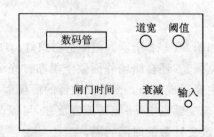

图 20-13　光子计数器面板

五、实验步骤

① 将光源的电源输出电压旋钮调至最小位置,接通电源。

② 将光电倍增管的高压电源电压旋钮调至最小位置,接通电源。1分钟后将输出电压调为 700 V。

③ 接通光子计数器电源。将计数时间间隔旋钮指向 1 秒刻度,将甄别电平旋钮调至"30"位置,然后观察数码管的计数。若数码管指示数值为 0 或 1,很少变动,则缓慢增大道宽(向右缓慢旋转道宽旋钮),显示器上将开始出现大的暗脉冲计数;然后反过来缓慢旋转道宽旋钮,减小道宽,直到计数器的计数轮流出现 0、1 或 2 为止。此时,暗脉冲计数很小,可以忽略不计。若数显示器指示的暗脉冲数很大,则缓慢减小道宽,直到数码管轮流出现 0、1 或 2 为止。

④ 增大光源的供电电压,显示器的计数 n 不断增大,计数值可以达到几万,然后将电源电压调整到显示器显示的平均值 $\bar{n}$ 为 2 000 左右。

⑤ 改变甄别电平,观察显示器的数值变化情况,然后将甄别电平调回到显示器显示的平均值 $\bar{n}$ 为 2 000 左右。

⑥ 改变道宽,观察数码管的数值 n 的变化情况,然后将道宽调回到数码管显示的平均值 $\bar{n}$ 为 2 000 左右。

⑦ 进行测定 n 的分布实验。连续实验 15 分钟,不断读取显示器上的瞬时值 n_i,并作好记录。记录的瞬时值个数应不少于 500。

⑧ 增大光源供电电压,使显示器显示的平均值 $\bar{n}$ = 2 000 左右,重复步骤⑦,记下不少于 500 个瞬时值 n_i。

⑨ 关闭光子计数器电源;将高压电源电压调至最小,并关闭高压电源;将光源电压调至最小,并关闭电源。

六、实验报告

① 按实验步骤⑦和⑧测得的数据画出概率分布 $P(n)$ 曲线。

② 将上述两条 $P(n)$ 曲线进行对比。

③ 将上述 $P(n)$ 曲线与典型概率分布曲线进行对比。

第四部分　光学调制器原理及信号解调方法

对光进行调制可以用光源内调制和光源外调制两种方法实现。光源内调制其调制部件在光源内,此时光源出射的光就是已调制的光。光源外调制是用光学调制器对光束进行调制。本部分实验是针对常见的几种光学调制器的原理组织的。调制是光携带信息的过程;解调是信息检出的过程。这一对过程通常需要联系在一起考虑,所以,本部分实验中也有解调方法的实验例子。

实验 21　光学调制盘

在光电系统中,为了满足跟踪、搜索等探测方面的需求,常常采用调制盘对目标的辐射进行调制,即利用调制盘与目标之间的相对运动,将目标的恒定辐射转变为交变辐射,以便进行空间滤波、信号处理和目标方位的确定。

调制盘的结构简单、使用方便,体积也可以做得很小,其广泛应用于辐射测量,光学传递函数测定,光电定向、制导和测速等方面。

一、实验目的

① 掌握光强度调制的概念和调制盘的作用;
② 学会调制盘输出信号的分析方法;
③ 了解一种调制和解调方法。

二、实验内容

① 学习使用频谱分析仪,对调制盘输出信号进行频谱分析;
② 观察调幅式调制盘输出信号的特点及调幅信号的解调过程。

三、基本原理

调制盘是一种光强度的调制器,它是在透光的基板(如玻璃)上用照相法或其他方法做出透光或不透光的栅格或条纹,形成一定的图案。简单的调制盘也可用金属片打孔得到。它通常放在被测目标的像平面上,如图 21-1 所示。目标所呈的像通常是一个点(小圆斑)或一条线。调盘由电机带动作机械转动,使目标像点的光能量透过调制盘后变成周期性变化的光信号。这种把恒定的光辐射强度(或能量)变成交变的辐射称为光强度调制。

第四部分 光学调制器原理及信号解调方法

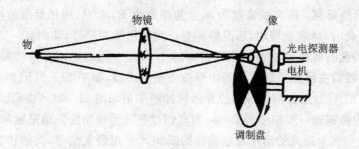

图 21-1 调制盘工作原理图

调制盘除了能使光辐射强度形成交变以外,还可以携带更多的信息。例如,它可以携带目标空间状态的信息,作为一个空间滤波器。在光电定向和制导系统中恰当设计调制盘图案,可以携带目标方位信息使系统能够分辨目标相对于自己所在的方位。在这些应用中,首先是利用了调制盘的频谱特性。

1. 调制盘的空间频谱特性及其应用

在调制盘上制成各种图案,例如圆盘在圆周方向上有透光和不透光的条纹(或格子);或者矩形盘每厘米长度内有多少对透光和不透光的格子,这就是调制盘的空间特性。当调制盘运动时,透过调制盘图案的光强度将作周期性变化形成光脉冲信号,它是很直观的。但是,从光脉冲信号波形难以直接得到定量的测量结果,如利用其频谱特性,则很容易和电子线路配合对信号进行处理,从而得到精确测量的结果。

假设目标像是一条辐照度均匀的亮线,处于盘的半径方向,圆形调制盘具有扇形透光和不透光的图案,盘的直径相对像来说很大,盘在像面上作匀速转动。下面看图 21-2 所示的几种情况。

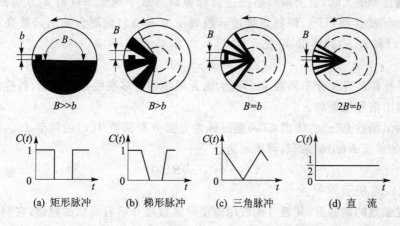

图 21-2 调制盘条纹宽 B 和像宽 b 在不同情况下调制盘输出的信号波形

① 盘的扇形格很宽。若亮线宽度为 b，盘的格宽为 B，$B \gg b$，则相对盘的格宽来说亮线宽度可忽略不计。此时，调制盘转动，后面探测器得到矩形脉冲信号，如图 21-2(a)所示。

② 如果调制盘的格宽 B 缩小到原来格宽的 1/5，即一周内扇面对数增加 5 倍，则此时调制盘图案扫过亮线后在图案后面不再是矩形波而是梯形波，如图 21-2(b)所示。如果把盘转速下降到原转速的 1/5，则探测器得到的梯形脉冲频率仍与图 21-2(a)矩形脉冲频率一样。

③ 如果盘的格宽进一步缩小为 $B=b$，则盘扫过亮线后输出为三角形脉冲，如图 21-2(c)所示。只有亮线和盘上透光的扇形完全重合的瞬间才出现最大信号，其他位置上只有部分像的能量能透过。调整电机转速后，脉冲频率可以和图 21-2(a)、(b)波形的频率完全一致。

④ 如果盘的扇形格比亮线宽窄，则在 $2B=b$ 时，盘转动时输出为直流，如图 21-2(d)所示。这是因为盘转动的任何时刻都透过亮线总能量的一半。

可以想象，如果倒过来，调制盘的扇形格宽是一定的，而目标像总能量不变，其能量分布的宽度由窄变宽，那么盘转动后输出波形就是由矩形脉冲变成梯形脉冲。如果像的光能分布并不均匀，那么输出波形就是不规则的脉冲。

可见，调制盘输出信号的频率是图案的空间频率（每周透和不透格的对数）和盘的转速的乘积。而输出脉冲的波形取决于调制盘图案的尺寸和像的尺寸的相对关系，与转速无关。调制盘格宽由宽变窄，但都是透和不透相间。盘的透过函数都是矩形波（只是空间频率改变）。而输出波形并不全是矩形，这说明它携带了目标像的信息。

调制盘输出脉冲的波形不同虽然能形象地说明目标像的情况，但是不能作出定量评定。如果把周期性脉冲信号作傅里叶级数展开，则每一种脉冲波形都是由无限多个正弦波的谐波分量组成的。波形不同，各谐波的振幅值各不相同。可以由谐波分量的振幅值定量描述被测目标的情况。所以在实用中，对信号进行频谱分析可得出定量结果。

在调制盘直径很大时，盘上扇形格扫过目标像时等效于矩形条纹沿 x 方向扫过目标像。目标像光强分布表示为 $I(x)$，调制盘透过函数表示为 $R(x)$，调制盘输出函数表示为 $C(x)$。$C(x)$ 就是 $I(x)$ 和 $R(x)$ 的卷积，可表示为

$$C(x) = I(x) * R(x) \tag{21-1}$$

它等效于把目标像的光强分布函数 $I(x)$ 视为由无限细的许多亮线排列而成，各亮线依次被调制盘调制后输出信号的叠加。

调制盘输出函数 $C(x)$ 的频谱 $C(\omega)$ 是目标像光强分布函数 $I(x)$ 的频谱 $I(\omega)$ 与调制盘透过函数 $R(x)$ 的频谱 $R(\omega)$ 的乘积，可表示为

$$C(\omega) = I(\omega)R(\omega) \tag{21-2}$$

其图形如图 21-3 所示。

矩形透过函数的调制盘，其透过函数用傅里叶级数展开后有线状的频谱，它们是空间频率 $\omega(\omega=2\pi f, f$ 是单位长度或圆周的重复次数）的各次谐波。可以说，盘是这些频率上的空间频率滤波器。

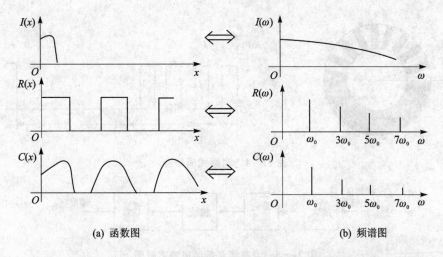

(a) 函数图　　　　　　　　　　(b) 频谱图

图 21-3　像光强分布、调制盘透过函数及输出函数和它们对应的频谱函数图

当目标像宽度相对于盘的格宽极窄时,目标像光强分布函数可视为 δ 函数,与噪声一样具有均匀频谱。调制盘扫过时,各频率的输入都等于 1。所以输出频谱分布就是盘透过函数的频谱分布。

当目标像有一定宽度的光强分布时,相当于单个宽脉冲,则其振幅频谱随频率升高而下降,能量集中于低频部分,所以输出函数的频谱高频下降厉害。

用电子频谱分析仪对光电探测器输出信号进行频谱分析能很方便地评定目标的情况。在实用中,透镜像质的光学传递函数检验就是基于这一原理。透镜像差大,信号频谱高频成分就低,反之则高。

频谱分析仪是一个中心频率可调的窄带带通滤波放大器。当转动频率手轮时,滤波放大器的中心频率就改变。输入信号后,转动频率手轮,依次记下仪器输出电压的幅值,就能得到信号的振幅频谱分布图。

2. 调幅式调制盘及调幅信号的解调过程

如果调制盘图案不是简单的等分扇形条纹,而是更复杂一些的图案,那么就可以携带目标像的更多信息。因而调幅式、调频式、多频率式等多种形式就得到了应用。这里举一简单的例子,如图 21-4 所示。图案的半周为等分扇形透和不透格子,另半周为全不透光。其透过函数是脉冲调幅形式。其输出信号经过合适的解调电路可以反映目标的方位角。解调电路方框图如图 21-5 所示。光电探测器输出的调幅脉冲信号经放大后进入带通滤波器。带通滤波器只滤出信号中的基波和一次边频分量,得到正弦调幅波,再经检波和低通滤波器后得到低频正弦波,其频率等于盘转动频率。当目标像的位置相对于盘中心不同方位时,正弦波有不同的初始相位(实验装置只演示信号解调过程)。

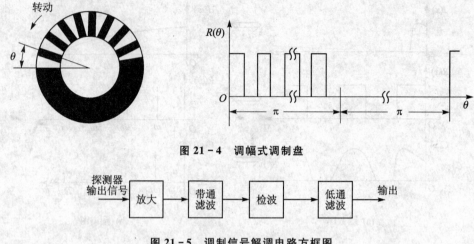

图 21-4 调幅式调制盘

图 21-5 调制信号解调电路方框图

四、实验装置及设备

实验装置布置如图 21-6 所示。装置包括"光电检测箱"和调幅信号"解调器"两部分以及测试仪器"频谱分析仪"。"光电检测箱"内的装置示意图如图 21-7 所示。在本实验中,用不同尺寸的光阑作模拟的"目标",经物镜后在调制盘上形成不同尺寸的亮斑(像)。可变光阑被钨丝灯和聚光镜组成的照明系统照亮。光阑紧接聚光镜而得到均匀光强,等效于均匀发光目标。光阑孔分布在一圆盘圆周上,直径有 0.5 mm、1 mm、1.5 mm、2 mm、3 mm、5 mm 六种可供选择。调制盘图案固定为一种扇形均匀分格。调整钨丝灯电压,保证光阑孔变化时输入总光能一定,只改变像和调制盘格子之间的相对尺寸。在调制盘后面有光电二极管接收调制光信号。输出电信号送到频谱分析仪中进行频谱分析。

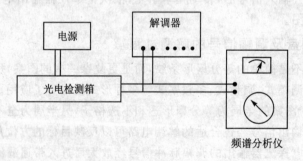

图 21-6 实验装置布置图

调幅信号"解调器"内装有如图 21-5 所示的各级电路,从面板旋钮处可测得各级电路波形。

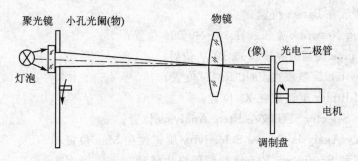

图 21-7 光电检测示意图

五、实验步骤

① 在电机上安装 1# 调制盘(全盘等分三对透光和不透光扇区)进行光能标定。其方法是把最小光阑孔对准聚光镜中心。调节光路使像落在光电二极管的中心。用示波器看到前置放大器输出电压幅度。然后改变光阑孔,并调节光源电压,使放大器输出电压幅度和上次一样。把各次灯泡电压值记录于表 21-1 中。

表 21-1 灯泡电压值

光阑孔号	1	2	3	4	5	6
灯泡电压/V						

② 换上 2# 调制盘,接通灯泡电源,选定光阑小孔作模拟"目标"成像于盘上,使光电二极管接收到最大信号。灯泡电压调到表 21-1 所示的标定值。接通电机电源开动电机,使盘转动。用示波器在前置放大器输出端观察信号波形,计算信号频率。再把此信号输入频谱分析仪。把频谱分析仪对基频和各次谐波的输出值记入表 21-2 中。

表 21-2 输出值

光阑号	$V(f_0)$	$V(3f_0)$	$V(5f_0)$	$V(7f_0)$	$V(9f_0)$

频谱分析仪使用时旋钮应放在如下适当位置:
- 输入线接 Amplifer Input;

- 输入旋钮放在 Direct 位置;
- Weighting Network 旋钮放在 20～40 000 位置;
- Meter Range 旋钮放在 1 V 或 10 V 位置;
- Meter Switch 旋钮放在 Fast"RMS"位置;
- Range Miltipler 旋钮放在 X_1 位置;
- Function Selector 旋钮放在 Freq. Analysis 位置;
- Frequency Analysis Octave Selectivity 旋钮放在 Max 位置;
- 频率旋钮和 Frequency Range 旋钮可自由转动。

③ 改变光阑孔号数,重复上述测量,记入表 21-2 中(注意灯泡电压)。

④ 换上调幅式调制盘,使装置正常运行。在调幅信号解调器面板的旋钮上用示波器观察解调电路各级输出波形。

六、实验报告要求

① 写出几种模拟目标频谱分析的实验结果。分析实验结果得出什么结论?
② 解释解调电路各点波形,它们的幅度变化与光阑孔有何关系?

七、思考题

① 为何实验中灯泡电压要改变?
② 试分析调幅式调制盘输出信号的频谱分布(画出频谱图)。

实验 22　光栅莫尔条纹测长原理

光栅莫尔条纹测长是一种光电测长方法。它结构简单,精度高,在机械自动化加工、测量和检测方面使用较为广泛。目前普遍使用的莫尔条纹测长仪精度为 1 μm。

一、实验目的

① 掌握光栅莫尔条纹测长原理;
② 学会莫尔条纹测长中一种电子细分方法。

二、实验内容

① 用莫尔条纹测长仪测量某物体长度;
② 观察光栅莫尔条纹产生的信号波形;
③ 组装调试一种信号细分电路。

三、基本原理

1. 光栅莫尔条纹测长原理

光栅莫尔条纹测长是利用计量光栅形成莫尔条纹实现自动精密测长的。一条长光栅是一把测量尺,可以测量长度,但是不能自动测出(或读出)所测长度。用一条短光栅以一定角度与一条长光栅重叠就能形成莫尔条纹。当短光栅相对于长光栅移动时,莫尔条纹将发生周期性的变化。用光电探测器接收由莫尔条纹透射过来的光,光电探测器就能输出周期性变化的电信号,此信号经信号处理电路和计数显示电路后,就能自动显示所测长度。其原理示意图如图22-1所示。短光栅相对于长光栅每移动一个节距(光栅线周期),莫尔条纹也相应变化一个周期。但是,莫尔条纹的周期将比光栅线周期放大 k 倍。所以,为了提高测长精度,长光栅的节距可以做得很小,而莫尔条纹周期仍有足够长度提供安装读数所需元件的地方。

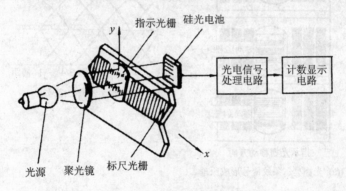

x—光栅移动方向;y—莫尔条纹移动方向

图 22-1　光栅莫尔条纹测长示意图

莫尔条纹测长时,短光栅相对于长光栅移动的距离 x 就是所测的长度,即

$$x = Np + \delta \tag{22-1}$$

式中,p 为光栅节距;N 为短光栅相对长光栅移过的节距数;δ 为小于一个光栅节距的长度(尾数)。

只要电子系统能测出 N 值,测长精度就是光栅尺的一个节距。如果还配以细分技术,则测量精度就可小于光栅尺的一个节距,也就是能测出尾数。

在图22-1中,由灯泡和聚光镜组成照明系统照亮两块光栅。在光栅的另一侧安放了4个柱透镜,把光栅莫尔条纹的透射光会聚于4个探测器上。4个柱透镜和4个光电探测器均布在一个莫尔条纹周期的长度范围内。当莫尔条纹发生周期性变化时,4个光电探测器输出信号的相位互差90°,如图22-2所示。4个信号再进入如图22-3所示的电子细分、计数显示电路,实现最后的长度显示。在图22-3中,4个光电探测器信号,经差动放大电路后,放大了信号幅度,抑制了偶次谐波,得到输出质量更高的 4 个相位互差 90°的正弦信号。4 个正弦信号进行细分移相、整形、编码、判向后进入可逆计数器计数,最后由数码管显示所测长度。

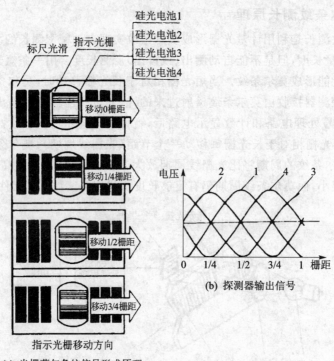

图 22－2　光电信号的形成过程

2. 电子细分原理

电子细分原理方框图如图 22－3 中虚线框内所示。电子细分方法很多,这里只介绍电阻链移相细分方法。

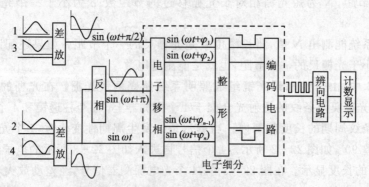

图 22－3　电子细分、计数显示电路方框图

先看图 22-4 所示回路。若图中信号源输出电压为

$$V_a = V\sin \omega t \tag{22-2}$$

$$V_b = V\sin\left(\omega t + \frac{\pi}{2}\right) = V\cos \omega t \tag{22-3}$$

在 ABCD 回路中，电流 i 为

$$i = \frac{V_a - V_b}{R_1 + R_2}$$

则

$$V_{R_1} = iR_1 = \frac{R_1(V_a - V_b)}{R_1 + R_2}$$

$$V_{R_2} = iR_2 = \frac{R_2(V_a - V_b)}{R_1 + R_2}$$

在 ABFE 回路中，有

$$V_k = V_a - V_{R_1} = V_a - \frac{R_1(V_a - V_b)}{R_1 - R_2} = \frac{R_2 V_a}{R_1 + R_2} + \frac{R_1 V_b}{R_1 + R_2} \tag{22-4}$$

把式(22-2)和式(22-3)代入上式得

$$V_k = \frac{R_2 V\sin \omega t}{R_1 + R_2} + \frac{R_1 V\cos \omega t}{R_1 + R_2}$$

因 V_a 和 V_b 为初始相位互差 90°的正弦波，所以可用两个正交矢量表示。于是，V_k 也就是两个分矢量之和，如图 22-5 所示。

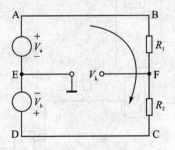

图 22-4 电阻移相电路

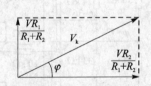

图 22-5 矢量图

由图 22-5 可得

$$|V_k| = \left[\left(\frac{R_1 V}{R_1 + R_2}\right)^2 + \left(\frac{R_2 V}{R_1 + R_2}\right)^2\right]^{\frac{1}{2}} = \frac{V(R_1^2 + R_2^2)^{\frac{1}{2}}}{R_1 + R_2} \tag{22-5}$$

$$\varphi = \arctan \frac{R_1}{R_2} \tag{22-6}$$

由此可见：R_1、R_2 取不同值，可在 EF 两端得到不同相移值的正弦信号，达到了相移的目的。

根据细分数的多少可决定电阻链的数目。在本实验中取五细分数，则可用四组电阻实现移相。根据移相公式(22-6)可算得移相电阻值如表 22-1 所列。

表 22-1 移相电阻值

移相 \ 电阻	$R_{1k}/\text{k}\Omega$	$R_{2k}/\text{k}\Omega$
$\dfrac{\pi}{5}$ (36°)	24	33
$\dfrac{2\pi}{5}$ (72°)	56	18
$\dfrac{3\pi}{5}$ (108°)	18	56
$\dfrac{4\pi}{5}$ (144°)	33	24

细分电路如图 22-6 所示。五路移相后的正弦波电压经比较器后整形为五路方波电压。五路移相的方波再经异或门得到五细分方波输出。

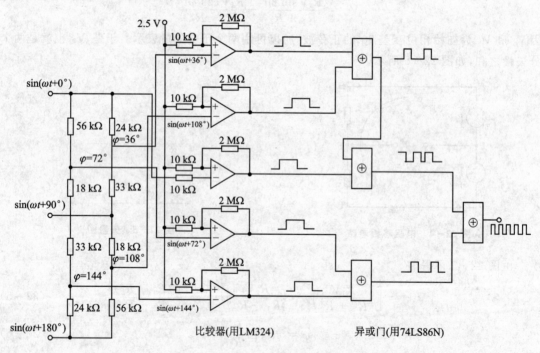

图 22-6 五细分电路图

四、实验装置

由分析可知,调试五细分电路需要提供三路依次相移为 90° 的三个正弦信号。莫尔条纹测长系统中,只有短光栅相对长光栅移动时,光电探测器才有信号输出。静止时无信号输出。为调试电路方便,实验时采用相移互成 90° 的三路正弦信号发生器提供模拟信号。考虑到后面比较器的需要,三路正弦电压 $V\sin\omega t$、$V\sin\left(\omega t+\frac{\pi}{2}\right)$、$V\sin(\omega t+\pi)$ 都叠加有 2.5 V 直流电压。

五、实验步骤

① 认识光栅莫尔条纹测长仪的读数头,即图 22-1 中光电探测器以前所包括的部分。了解其结构。

② 接通莫尔条纹数显器电源。移动读数头,用示波器观察光电探测器输出的信号波形。

③ 测量标准物的长度。把莫尔条纹数显器的开关放在正常位置,并对计数器手动清零。对准读数头与被测物的一端,然后移动读数头至被测物的另一端,记录下数显器的指示值,即为被测物的长度。

④ 用面包板装好图 22-5 所示的电子细分电路,然后输入模拟信号,用示波器观察各路移相值、整形后的波形和细分后的波形并作记录。所用集成电路引脚如图 22-7 所示。

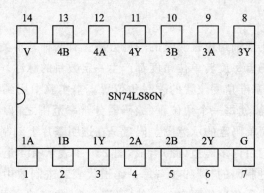

图 22-7 集成电路引脚图

六、实验报告要求

① 画出所装实验电路图并注出各级输出波形。

② 由各级输出波形去解释电阻链移相、整形、异或门电路的作用及其工作过程。

七、思考题

① 4 个光电探测器相对于莫尔条纹应如何安放？用图示表示。
② 如果希望得到十细分,如何改进电路？

实验 23　光电轴角编码器

光电轴角编码器是一种精密的角度传感器,在自动化系统中能快速自动传感机械轴的角度信息。它的输出是数字信号,很容易与计算机连接。

一、实验目的

通过实验掌握光电轴角编码器的原理;学会实现轴角变换的方法。

二、实验内容

① 比较二进制码与循环码盘的编码规律;
② 观察记录两种码盘显示数值(数码管显示和发光管显示)与角度变化的关系;
③ 装调部分译码电路。

三、基本原理

光电轴角编码器是实现轴角位置测量的一种方法。有两种基本类型:增量编码器和绝对编码器。增量编码器中码盘每旋转单位角度都产生一定数目的脉冲。这些增量脉冲由计数器累计,从而给出相对某个基准角度位置的瞬时角位置。本实验中用到的是绝对编码器。它的码盘将轴角位置进行编码,使每一个角位置(编码器分辨率范围之内)都有一组互不相同的编码相对应。图 23-1 是简单码盘的示意图。码盘是在透明基片上刻制或印制成一定的不透光的图案制成的。码盘图案由许多码道(圈)组成,图 23-1 表示有 4 道。每一码道上透光或不透光的部分分别代表二进制码的"1"和"0";每一码道代表二进制数中的一位。多个码道按二进制规律组织起来就形成了角度编码盘。显然,码道愈多,角度被分得愈细,角度分辨率愈高。

(a) 普通二进制码盘　　　　　(b) 循环码盘

图 23-1　码　盘

若码盘的码道数为 n，则码盘的编码容量为
$$M = 2^n$$
如果 n 取 10，则 $M=2^{10}=1\,024$。10 个码道可把一个圆周分成 1 024 份。角度分辨率 r 为
$$r = \frac{360°}{M} = \frac{360°}{2^{10}} = 21.09'$$

图 23-1(a) 为普通二进制码盘，从外往里码道以普通二进制规律编码；图 23-1(b) 为循环码盘，码盘的外层为低位，内层为高位。它的特点是每变化一个单位角度，只有一个码发生变化（可参看表 23-1）。由于这一特点，当编码盘存在制造或安装误差时，循环码的误差不会超过二进制码中的一位数。所以精度比普通二进制码高，是被广泛使用的一种码盘。

四、实验装置

本实验采用有 6 个码道的 2 种码盘，其编码表格见表 23-1。

表 23-1　编码表

序号	角度	二进制码	循环码	序号	角度	二进制码	循环码
0	0°00′	000000	00000C	19	106°53′	010011	011010
1	5°387′	000001	000001	20	112°30′	010100	011110
2	11°15′	000010	000011	21	118°08′	010101	011111
3	16°13′	000011	000010	22	123°45′	010110	011101
4	22°30′	000100	000110	23	129°23′	010111	011100
5	28°08′	000101	000111	24	135°00′	011000	010100
6	33°45′	000110	000101	25	140°38′	011001	010101
7	39°23′	000111	000100	26	146°15′	011010	010111
8	45°00′	001000	0001100	27	151°53′	011011	010110
9	50°38′	001001	001101	28	157°30′	011110	010010
10	56°15′	001010	001111	29	163°08′	011101	010011
11	61°53′	001011	001110	30	168°45′	011110	010001
12	67°30′	001100	001010	31	174°23′	011111	010000
13	73°08′	001101	001011	32	180°00′	100000	110000
14	78°45′	001110	001001	33	185°38′	100001	110001
15	84°23′	001111	001000	34	191°15′	100010	110011
16	90°00′	010000	011000	35	196°53′	100011	110010
17	95°38′	010001	011001	36	102°30′	100100	110110
18	101°15′	010010	011011	37	208°08′	100101	110111

续表 23-1

序 号	角 度	二进制码	循环码	序 号	角 度	二进制码	循环码
38	213°45′	100110	110101	51	286°53′	110011	101010
39	219°23′	100111	110100	52	292°30′	110100	101110
40	225°00′	101000	111100	53	298°08′	110101	101111
41	230°38′	101001	111101	54	303°45′	110110	101101
42	236°15′	101010	111111	55	309°23′	110111	101100
43	241°53′	101011	111110	56	315°00′	111000	100100
44	247°30′	101110	111010	57	320°38′	111001	100101
45	253°08′	101101	111011	58	326°15′	111010	100111
46	258°45′	101110	111001	59	331°53′	111011	100110
47	264°23′	101111	111000	60	337°30′	111100	100010
48	270°00′	110000	101000	61	343°08′	111101	100011
49	275°38′	110001	101001	62	348°45′	111110	100001
50	281°15′	110010	101011	63	344°23′	111111	100000

图 23-2 示出了光电轴角编码器实验装置传感机械轴角度的基本原理。从图中看出,光源灯泡射出的光经透镜后射出近似平行的光,再经一个柱面镜后,光会聚于码盘的半径方向上。在码盘的半径方向形成一条亮线,照亮码盘。在码盘的后侧对应于亮线放置一组光电三极管。每一个光电三极管对应码盘上的一个码道,接收码盘的透射光。这一组光电三极管输出的编码信号经放大、整形后有两路输出:一路直接与发光二极管相连,可显示编码信号规律;另一路经过译码电路后显示出实际的角度值。

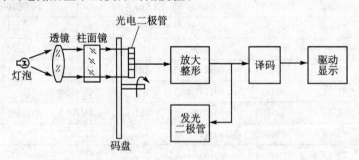

图 23-2 轴角编码器实验原理

图 23-3 是显示编码信号的电路图。一个光电三极管接收到码盘上一个码道的透射光,把它转换为光电流,在电阻上形成编码的电压信号。此信号经三极管放大器放大后,再经施密特电路整形,输出电压直接控制发光管(LED)亮或暗。其他各个光电三极管各自对应码盘一

个码道,其后接完全相同的电路。

在此实验中,光电三极管工作在开关状态,所以管子应工作在饱和区和截止区。图 23-4 是光电三极管的特性曲线。

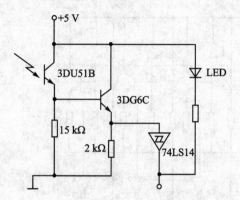

图 23-3 显示编码信号电路图

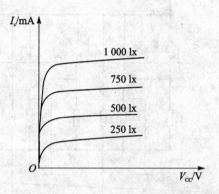

图 23-4 光电三极管特性曲线

译码电路把编码信号解码后显示出实际角度值。译码一般通过逻辑电路实现,而这里采用查表的方法。事先将编码信号与轴角位置的关系转换成地址与存储量的关系,使其一一对应,写在 EPROM 中。当不同的编码出现时,也就是地址发生了变化,在 EPROM 的表格中,将查出相应的角度值。实验中使用三块 EPROM 给出"度"、"分"五位数。具体电路图见图 23-5,图中 S 是码制转换开关。当选择普通二进制码盘或循环码盘时,选择相应的译码方式。EPROM 输出的数据经施密特电路译码后送显示器显示。

实验装置布置图如图 23-6 所示。可对照图 23-2 来看。

五、实验步骤

① 按照图 23-5 装好光电开关电路。
② 安装码盘,调零(码盘位置见图 23-6)。
③ 根据所用码盘,将数显箱上的选择开关置相应位置。检查无误后开启电源。
④ 此时光源应亮,转动刻度盘指示为零。如发光二极管有误,可调节镜筒,使码盘表面在焦平面上。如还有误,应关电源检查。
⑤ 调节完毕后,轻轻转动码盘,记录刻度值与显示值,进行比较,观察有何异同,要特别注意码道交接面的变化情况。
⑥ 关电源,更换码盘,重复实验步骤②~⑤。

实验记录请填入表 23-2 中。

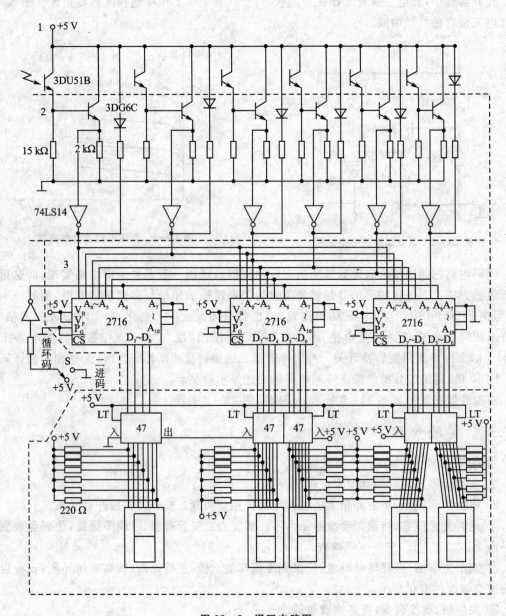

图 23-5 译码电路图

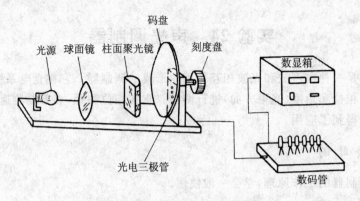

图 23-6 光电轴角编码装置

表 23-2 实验记录

序 号	刻度值	编码值		显示值
		二进制编码	循环码	
1				
2				
3				
4				
5				
6				
7				
8				
9				
10				

六、思考题

① 实验中使用的是 6 道码盘,绝对位置分辨率是多少?

② 要想提高测量精度,应主要从哪几个方面努力?

③ 两种码盘的编码方式不同,实验中有何异同?试从原理上简要说明两种码盘各自的优缺点。

④ 应用中,对码盘旋转的速度有限制吗?它受哪些因素的影响?

实验 24 声光调制器

声光调制器是一种由声波和光波相互作用而形成的调制器。它在光电系统中可用来对激光的强度、频率、相位和角度(光束方向)进行调制。它在相位测距、多普勒测速、波前检测等一些精密测量方面得到了应用。

一、实验目的

了解声光调制器的工作原理,学会一般使用。

二、实验内容

观察声光衍射现象,测出声光强调制结果。

三、基本原理

声光调制器的结构如图 24-1 所示。它由超声波传播介质(玻璃、石英、铌酸锂、钼酸铅、水等)、声吸收(或反射体)、电声换能器和驱动电源组成。

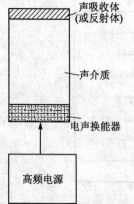

图 24-1 声光调制器结构示意图

在具有压电效应的晶体如压电石英中加上按一定频率变化的电场后,由于压电效应的逆过程使晶体发生变形,可以得到一定频率($>10^7$ Hz)的机械振动。这种晶体作为电声换能器把电能转换成机械弹性波(即超声波)。这种波在晶体周围的声介质中以声速传播。超声波是一种纵向机械应力波,它在声介质中引起弹性应变,使介质的密度有压缩和放松的周期性变化。于是在这个区域中,介质的折射率也相应地作周期性变化。当光束通过这区域的介质后,出射光束的振幅、频率和方向将受到声场的调制。

声光相互作用引起光波衍射的类型有两种:一为喇曼-奈斯衍射,二为布喇格衍射。

1. 喇曼-奈斯衍射

喇曼-奈斯衍射发生在声频比较低、声波与光波作用长度比较小的情况下,即满足条件 $L \leqslant \lambda_A^2/\lambda$ (L 为作用长度,λ_A 为声波长,λ 为光波长)。喇曼-奈斯衍射又可分为行波型和驻波型两种,如图 24-2 所示。行波型如图 24-2(a)所示。声波频率为 ω_A ($2\pi f_A$),波矢为 k_λ ($2\pi/\lambda_A$),其指向 x 方向,在声介质的末端有声吸收介质吸收声波。声介质中传播声频行波可表示为

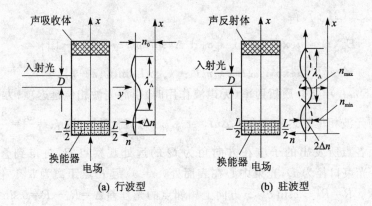

图 24-2 喇曼-奈斯衍射

$$E(x,t) = a\sin(\omega_\Lambda t + k_\Lambda x) \tag{24-1}$$

于是在声介质中引起折射率相应地呈正弦规律变化，可表示为

$$n(x,t) = n_0 + \Delta n \sin(\omega_\Lambda t + k_\Lambda x) \tag{24-2}$$

式中，n_0 是无声波作用时介质的折射率；Δn 是折射率的变化幅度。

驻波型如图 24-2(b) 所示。在声介质的末端有声反射层。声波沿 x 方向传播到达末端，经反射层反射后在声介质中形成驻波。沿 x 方向传播的声波和反射声波分别表示为

$$\left.\begin{array}{l} E_1(x,t) = a\sin(\omega_\Lambda t + k_\Lambda x) \\ E_2(x,t) = a\sin(\omega_\Lambda t - k_\Lambda x) \end{array}\right\} \tag{24-3}$$

合成驻波为

$$E(x,t) = E_1(x,t) + E_2(x,t) = 2a\cos\omega_\Lambda t \sin k_\Lambda x \tag{24-4}$$

驻波的波腹和波谷在空间是固定的，形成声介质中折射率的变化为

$$\delta n(x,t) = 2\Delta n \cos\omega_\Lambda t \sin k_\Lambda x \tag{24-5}$$

图 24-2 中，若平面光波从 y 方向入射，经声光介质后，因介质中折射率作周期性变化，出射光波不再会是平面波而是皱曲的波面了，出射光束出现衍射。喇曼-奈斯衍射的声光调制器相当于一个影响光波相位延迟的相位光栅。对于行波型器件可视为光栅常数为声波长 λ_Λ 的相位光栅。因为声频比光频小几个数量级，故对光波传播，可视为 λ_Λ 不变的光栅。驻波型器件可视为光栅常数为 $\lambda_\Lambda/2$，波腹折射率是周期性变化的。

下面可用分析相位光栅衍射的方法先推导行波型调制器的衍射规律，如图 24-2(a) 所示。若入射光波在调制器 $-L/2$ 处垂直表面入射，而声波传播方向与入射光波正交，把入射光波表示为

$$E_{si} = a\exp(i\omega_s t) \tag{24-6}$$

则在 $+L/2$ 处出射光波可写为

$$E_{so}(t) = a\exp\left[i\omega_s\left(t - \frac{nL}{c}\right)\right] \tag{24-7}$$

把式(24-2)代入式(24-7)得

$$E_{so}(t) = a\exp\left\{i\omega_s\left[t - \left(n_0 + \Delta n\sin(\omega_\Lambda t - k_\Lambda x)\frac{L}{c}\right)\right]\right\} =$$
$$a\exp\{i[\omega_s t - k_s n_0 L - k_s \Delta n L \sin(\omega_\Lambda t - k_\Lambda x)]\} \quad (24-8)$$

式中,方括号中 $k_s n_0 L$ 项是介质折射率(无声波作用时)引起光波相位延迟项;方括号中第三项是超声场引入的光波相位延迟项。令 $k_s \Delta n L = \varphi_m$,$\varphi_m$ 为调制系数,则 $k_s = \frac{\omega_s}{c} = \frac{2\pi}{\lambda}$。

在光栅表面各点所发出的子波在方向角为 Q 的远处观察点 P,将得到叠加的效果,如图24-3所示。光束口径为 D,光束中心在表面处($x=0$)距 P 点距离为 R_0。任意某点 X 距 P 点的距离为 R。$R = R_0 - x\sin\theta$。x 方向上相邻点的光程差 $\Delta = R_0 - R = x\sin\theta$。从 X 点的子波到达 P 点的扰动为

$$a\exp\{i[\omega_s t - k_s n_0 L - \varphi_m \sin(\omega_\Lambda t - k_\Lambda x) - k_s R]\} =$$
$$a\exp\{i[\omega_s t - k_s n_0 L - \varphi_m \sin(\omega_\Lambda t - k_\Lambda x) - k_s R_0 + k_s x\sin\theta]\} \quad (24-9)$$

在 P 点得到的光波复振幅 $A(\theta)$ 是上式中有关位相项沿全光束口径 D 的积分,则

$$A(\theta) \propto \int_{-\frac{D}{2}}^{\frac{D}{2}} \exp\{i[k_s x\sin\theta - \varphi_m \sin(\omega_\Lambda t - k_\Lambda x)]\}dx \quad (24-10)$$

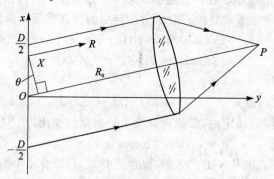

图 24-3 平面位相光栅衍射

由欧拉公式得到式(24-10)的实部和虚部分别为

$$\left.\begin{array}{l}\int_{-\frac{D}{2}}^{\frac{D}{2}} \cos[k_s x\sin\theta - \varphi_m \sin(\omega_\Lambda t - k_\Lambda x)]dx \\ \int_{-\frac{D}{2}}^{\frac{D}{2}} \sin[k_s x\sin\theta - \varphi_m \sin(\omega_\Lambda t - k_\Lambda x)]dx\end{array}\right\} \quad (24-11)$$

式(24-11)又可写为

$$\left.\begin{array}{l}\int_{-\frac{D}{2}}^{\frac{D}{2}}\cos(k_s x\sin\theta)\cos[\varphi_m\sin(\omega_\Lambda t-k_\Lambda x)]+\sin(k_s x\sin\theta)\sin[\varphi_m\sin(\omega_\Lambda t-k_\Lambda x)]\\ \int_{-\frac{D}{2}}^{\frac{D}{2}}\sin(k_s x\sin\theta)\cos[\varphi_m\sin(\omega_\Lambda t-k_\Lambda x)]-\cos(k_s x\sin\theta)\sin[\varphi_m\sin(\omega_\Lambda t-k_\Lambda x)]\end{array}\right\}$$

(24-12)

利用贝塞尔函数展开式

$$\cos[\varphi_m\sin(\omega_\Lambda t-k_\Lambda x)]=J_0(\varphi_m)+2\sum_{m=1}^{\infty}J_{2m}(\varphi_m)\cos[2m(\omega_\Lambda t-k_\Lambda x)]$$

$$\sin[\varphi_m\sin(\omega_\Lambda t-k_\Lambda x)]=2\sum_{m=0}^{\infty}J_{2m+1}(\varphi_m)\sin[(2m+1)(\omega_\Lambda t-k_\Lambda x)] \quad (24-13)$$

将式(24-13)代入式(24-10)得

$$A(\theta)=J_m(\varphi_m)\frac{\sin\left[(k_s\sin\theta-mk_\Lambda)\frac{D}{2}\right]}{(k_s\omega-mk_\Lambda)\frac{D}{2}}\exp i(\omega_s+n2\omega_\Lambda)t \quad (24-14)$$

式中,$J_m(\varphi_m)$是m阶贝塞尔函数。式中$m=0,\pm1,\pm2,\cdots$。此式就是行波型喇曼-奈斯衍射表示式。

当式中$k_s\sin\theta-mk_\Lambda=0$时,振幅为极大值。各级衍射极值的方向角为

$$\sin\theta=m\frac{k_1}{k_s}, \qquad m=0,\pm1,\pm2,\pm3,\cdots \quad (24-15)$$

衍射光频率为$\omega_s\pm m\omega_\Lambda$。

图24-4表示了各级衍射光的方向和频率。各级衍射光的光强度I_m正比于振幅的平方,为

$$I_m\propto J_m^2(\varphi_m) \quad (24-16)$$

它们是调制系数φ_m的函数。$\varphi_m=k_s\Delta nL$。Δn与材料有关,即与一定声功率下形成的应变有关,也与外加声功率有关。对确定材料器件,I_m(即φ_m)随入射声功率大小而变。当声功率很小时,器件只有0、±1级衍射。声功率增大时出现多级衍射。

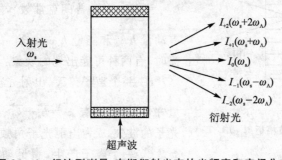

图24-4 行波型喇曼-奈斯衍射光束的光频率和空间分布

对于驻波型声光衍射规律同理可以推得。其结论是

$$A(\theta) = J_m(\varphi_m \sin \omega_\Lambda t) \frac{\sin(k_s \sin\theta - mk_\Lambda)\frac{D}{2}}{(k_s\sin\theta - mk_\Lambda)\frac{D}{2}} \exp\mathrm{i}(\omega_s + m\omega_\Lambda)t \qquad (24-17)$$

各级衍射光强度为

$$I_m(\varphi_m \sin \omega_\Lambda t) \propto J_m^2(\varphi_m \sin \omega_\Lambda t) \qquad (24-18)$$

驻波型的衍射光与行波型有相似的规律。只是驻波型器件衍射光幅度受到 $\sin \omega_\Lambda t$ 的调制。所以,某一级衍射光不能像行波型器件那样是单一频率的正弦光波,而是多频率成分的合成波型。衍射光的空间分布如图 24-5 所示。

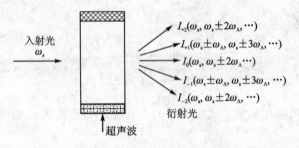

图 24-5 驻波型喇曼-奈斯衍射光束的光频率和空间分布

2. 布拉格衍射

当声光相互作用的长度比较大,声频比较高时,即满足条件 $L \geqslant \frac{\lambda_\Lambda^2}{\lambda}$。此时声光调制器已不能看成是平面光栅,而是体积光栅。

当器件的入射光以特定条件入射,即满足布拉格条件时,衍射光束只有 0 级和 +1 级衍射,或者 0 级和 -1 级衍射。衍射图如图 24-6 所示。

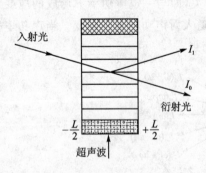

图 24-6 布拉格衍射

量子理论解释这一现象认为:入射光束是由光子组成的,声束是由声子组成的。光子具有动量 $\hbar \vec{k}_s = \frac{h}{2\pi}\vec{k}_s$($h$ 是普朗克常数),能量为 $\hbar \omega_s$;声子也具有动量 $\hbar \vec{k}_\Lambda$ 和能量 $\hbar \omega_\Lambda$。当一个光子和一个声子碰撞时,有两种可能出现的现象:

① 一个声子猝灭、出射光子,满足动量守恒和能量守恒要求,即有 $\vec{k} = \vec{k}_s + \vec{k}_\Lambda$;$\omega = \omega_s + \omega_\Lambda$,$\vec{k}$ 为出射光子的波矢,ω 为出射光子角频率。

② 一个声子产生,满足动量守恒和能量守恒要

求,有

$$\vec{k} = \vec{k_s} - \vec{k_\Lambda}, \qquad \omega = \omega_s - \omega_\Lambda \qquad (24-19)$$

这两种现象可作出波矢量图,如图 24-7 所示。

$|k_s| = 2\pi\nu$,$|k_\Lambda| = 2\pi f_\Lambda$($\nu$ 为光频,f_Λ 为声频)。因 $|k_s| \geqslant |k_\Lambda|$,所以矢量为等腰三角形

$$\sin\theta = \frac{k_\Lambda}{2k_s} = \frac{\lambda_s}{2\lambda_\Lambda}$$

的波矢。它们将引起布拉格衍射角的变化。当频率变到一定值时,就不能满足布拉格条件,一级衍射光强度将下降。通常定义一级衍射光强度下降到最大衍射光强的 50% 时所对应的声频变化 Δf_Λ 为声光调制器的带宽。

由于声布拉格条件是

$$\theta \approx \theta' \approx \frac{\lambda_s}{2\lambda_\Lambda} \qquad (24-20)$$

声光布拉格衍射与晶体的晶面衍射具有相同结果,所以也可认为入射光是在类似于晶体体积光栅中发生衍射,如图 24-8 所示。光栅的栅距是 λ_Λ。入射光在晶面上部分透射形成 0 级衍射,部分反射光在满足布拉格条件的方向上发生干涉形成衍射最大值,即当反射光的光程差为光波长整数倍时,得到衍射极大值:

$$\theta = \theta', \qquad AB + BC = 2\lambda_\Lambda \sin\theta = \lambda_s, \qquad \sin\theta = \frac{\lambda_s}{2\lambda_\Lambda}$$

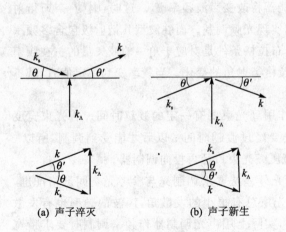

图 24-7 波矢量图

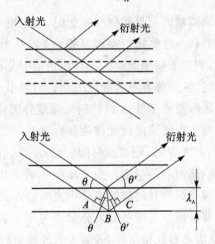

图 24-8 体积光栅衍射示意图

可以看出,布拉格衍射的偏转角近似与声频成正比变化。

可以推得布拉格衍射光强度,对应 0 级和 1 级衍射分别为

$$I_0 = I_s \cos^2(\varphi_m/2)$$

$$I_1 = I_s \sin^2(\varphi_m/2) \qquad (24-21)$$

式中，I_s 为入射光强；$\varphi_m = k_s \Delta n L$ 是调制系数。

3. 声光调制器

以上三种声光调制形式都能对光强进行调制。当调制信号通过电声换能器使声波的振幅发生变化时，即声功率发生变化时，声光调制器的各级衍射光的强度也会随之改变。可以选用适当的通光孔径的光阑，通过某级衍射光强作为调制光束而挡去其他级衍射光束。由于布拉格衍射只有 0 级和 1 级衍射，衍射效率高，所以，一般多采用布拉格衍射型调制器作强度调制器和角度偏转器。通常声调制信号功率应取在衍射光强变化的线性区，如图 24-9 所示。

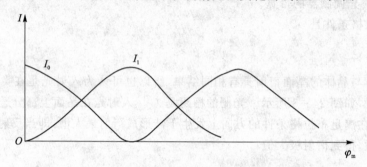

图 24-9　0 级和 1 级布拉格衍射光强与调制系数 φ_m 的关系

当调制电信号作频率变化时，通过电声换能器将改变声波频率 f_Λ。这时，喇曼-奈斯衍射行波型和布拉格衍射型调制器的 1 级衍射都能实现光频调制。而驻波型其衍射级包含多频率变化，不适于频率调制。在布拉格衍射分析中，布拉格条件是对应于单一的波矢量的。在频率调制时，各声频有不同的波矢。它们将引起布拉格衍射角的变化。当频率变到一定值时，就不能满足布拉格条件，1 级衍射光强度将下降。

由于声波速度比光波速度低得多，故声束作用到光束要有一定的渡越时间。若光束宽度为 D，声速为 c_Λ，则渡越时间 $\tau = D/c_\Lambda$。衍射光要经过渡越时间 τ 以后才能受到调制，所以 τ 也影响调制器的带宽。为了减小 τ，通常用透镜压缩光束口径再投向调制器。

频率调制光的解调必须用光外差方式。而光外差法要求调制光与参考光空间严格配准，几乎要求调频光中各频率分量都是平行光，而光束总有很小的发散角，声波的频率也有发散角，既满足布拉格条件，又满足光外差空间条件，实际上用声光调制器作频率调制时要求带宽不能很宽。

四、实验装置与设备

本实验采用重火石玻璃声光调制器(工作频率为 10 MHz)观察喇曼-奈斯衍射；采用钼酸铅调制器(工作频率为 40 MHz)观察布拉格衍射；用超高频功率信号发生器作声功率源。实验装置布置如图 24-10 和图 24-11 所示。

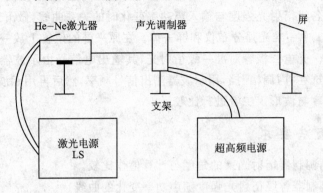

图 24-10　实验装置布置图一

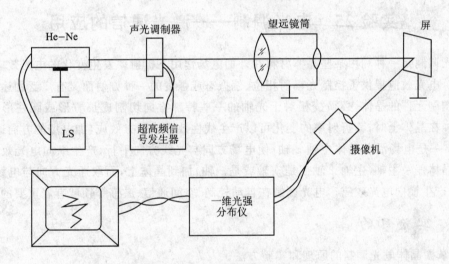

图 24-11　实验装置布置图二

用图 24-10 直接观察各级衍射及角分布；用图 24-11 布置一个 8 倍望远镜，把衍射光角度放大后投在较近的屏上，用一维光强分布仪显示各级衍射光强与输入声功率的变化关系。

五、实验步骤

① 把驻波型声光调制器夹在支架上，用电缆与超高频功率信号发生器连好。打开 He-Ne 激光器，使激光垂直入射到声介质表面。接通超高频功率信号发生器，将其频率调到 10 MHz 左右。选择"等幅"挡工作。转动输出功率旋钮，在屏上显示出衍射光斑，量出光斑间的距离，算出各级衍射角。

② 换上行波型调制器，重复以上步骤。然后，转动调制器支架，观察布拉格衍射。记下光斑间距离，算出衍射角。

③ 依次取上面两种调制器中的一个放在支架上,步骤同上,然后按图 24-11 布置。用一维光强分布仪读出各级衍射光强度与输入声功率变化时的关系曲线,做下记录。

④ 把图 24-11 中一维光强分布仪和屏去掉。在原来屏的位置上放一个光电二极管并给予合适的直流偏置。光电二极管对准一级衍射光,其输出电信号由示波器观察。此时把超高频功率信号发生器选在"内调幅"挡,用示波器测出信号频率,然后再用示波器直接测量信号发生器输出声调幅频率与波形。二者进行比较。

六、实验报告要求

① 把实验所测调制器衍射光束的角度与计算值作比较。
② 画出所测调制器各级衍射光强度随声功率变化的曲线。

实验 25　电光调制——激光通信的应用

电光调制是一种利用某些晶体材料在外加电场作用下折射率发生变化的电光效应而进行工作的。电光效应提供了控制光辐射相位、偏振态或强度的一种方便而又有广泛用途的方法。用来作调制元件的晶体,必须按相对于光轴的一些特殊方向切割成长方形或圆柱形等形状。当电场加在晶体上时,其折射率的变化可以产生线性效应或平方效应,加电场的方向通常有两种方式:一是电场沿着晶体主轴 z 轴,使电场方向与光线方向平行,产生纵向电光效应;二是电场沿晶体任一主轴(主轴 x 轴或是 y 轴或是 z 轴)加到晶体上,而取通光方向与电场方向相垂直,即产生横向电光效应。电光调制在自动控制、空间通信、遥感等领域有着重要的应用。

一、实验目的

① 掌握晶体电光调制的原理和实验方法;
② 学会用简单的实验装置测量晶体半波电压;
③ 掌握光路的共轴调节技术;
④ 实现模拟光通信。

二、实验原理

1. 一次电光效应和晶体的折射率椭球

电光效应是指某些物质在外加电场作用下,其折射率可以发生改变的现象。若这种改变与外加电场成比例,则称为一次电光效应或普克尔斯效应。

当光线穿过某些晶体(如方解石、铌酸锂、钽酸锂等)时,会折射成两束光。其中一束符合一般折射定律,称之为寻常光(简称 o 光),折射率以 n_o 表示;而另一束的折射率随入射角不同而改变,称为非常光(简称 e 光),折射率以 n_e 表示。一般来说晶体中总有一个或两个方向,当光在晶体中沿此方向传播时,不发生双折射现象,把这个方向叫做晶体的光轴方向。只有一个光轴方向的称为单轴晶体,有两个光轴方向的称为双轴晶体。由晶体光轴和光线所决定的平面称为晶体的主截面。研究发现,o 光和 e 光都是线偏振光,但它们的光矢量(一般指电场矢量 E)的振动方向不同,o 光的光矢量振动方向垂直于晶体的主截面,e 光的光矢量振动方向平行于晶体的主截面。晶体的光轴在入射面内时,o 光和 e 光的主截面重合,电光矢量的振动方向互相垂直。

光在各向异性晶体中传播时,因光的传播方向不同或矢量的振动方向不同,光的折射率就不同,通常用折射率椭球来描述折射率与光的传播方向、振动方向的关系。若把坐标轴 x、y、z 取在晶体的三个主轴方向上,分别用 n_x、n_y、n_z 表示晶体三个主轴上的折射率,并以与 n_x、n_y、n_z 成比例的长度分别为三个半轴长作一椭球,则这个椭球可表示光在晶体内的传播情况,称这个椭球为折射率椭球,如图 25-1 所示。

当晶体加上电场后,折射率椭球的形状、大小、方位都发生变化,椭球方程变成

$$\frac{x^2}{n_{11}^2} + \frac{y^2}{n_{22}^2} + \frac{z^2}{n_{33}^2} + \frac{2yz}{n_{23}^2} + \frac{2xz}{n_{13}^2} + \frac{2xy}{n_{12}^2} = 1 \tag{25-1}$$

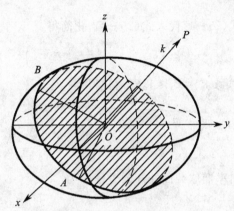

图 25-1 折射率椭球

2. 铌酸锂晶体电光效应

晶体的一次电光效应分为纵向电光效应和横向电光效应两种。加在晶体上的电场方向与光在晶体中传播方向平行时产生的电光效应称为纵向电光效应,加在晶体上的电场方向与光在晶体中传播方向垂直时产生的电光效应称为横向电光效应。本实验利用铌酸锂的横向电光效应进行光调制。

铌酸锂晶体具有优良的压电、电光、声光、非线性等性能。铌酸锂晶体是三方晶体,$n_x = n_y = n_o$,$n_z = n_e$,折射率椭球是以 z 轴为对称轴的旋转椭球,垂直于 z 轴的截面为圆。其折射率椭球是旋转椭球。其表达式为

$$\frac{x^2 + y^2}{n_o^2} + \frac{z^2}{n_e^2} = 1 \tag{25-2}$$

式中,n_o 和 n_e 分别为晶体的寻常光和非常光的折射率。加上电场后折射率椭球发生畸变,当 x 轴方向加电场,光沿 z 轴方向传播时,晶体由单轴晶变为双轴晶,垂直于光轴 z 轴方向的折射率椭球截面由圆变为椭圆,此椭圆方程为

$$\left(\frac{1}{n_o^2} - \gamma_{22} E_x\right) x^2 + \left(\frac{1}{n_o^2} + \gamma_{22} E_x\right) y^2 - 2\gamma_{22} E_x xy = 1 \tag{25-3}$$

式中，γ_{22} 称为电光系数。

再进行坐标交换以消去式(25-3)中的交叉项，令

$$\left. \begin{array}{l} x = x'\cos\dfrac{\pi}{4} - y'\sin\dfrac{\pi}{4} = \dfrac{x'-y'}{\sqrt{2}} \\ y = x'\sin\dfrac{\pi}{4} + y'\cos\dfrac{\pi}{4} = \dfrac{x'+y'}{\sqrt{2}} \end{array} \right\} \tag{25-4}$$

将式(25-4)代入式(25-3)，化简得

$$\left(\frac{1}{n_o^2} - \gamma_{22} E_x\right) x'^2 + \left(\frac{1}{n_o^2} + \gamma_{22} E_x\right) y'^2 = 1 \tag{25-5}$$

考虑到 $n_o^2 \gamma_{22} E_x \ll 1$，经简化得到

$$\left. \begin{array}{l} n_{x'} = n_o + \dfrac{1}{2} n_o^3 \gamma_{22} E_x \\ n_{y'} = n_o - \dfrac{1}{2} n_o^3 \gamma_{22} E_x \end{array} \right\} \tag{25-6}$$

折射率椭球截面的椭圆方程化为

$$\frac{x'^2}{n_{x'}^2} + \frac{y'^2}{n_{y'}^2} = 1 \tag{25-7}$$

3. 电光调制原理

由于横向电光调制系统具有半波电压低、工艺简单等优点，所以本实验采用的是横向电光调制系统方案。下面介绍其工作原理。

横向电光调制是以电光调制晶体 x 轴加电场、z 轴通光工作的，图 25-2 为本实验所采用的横向电光调制方案示意图。

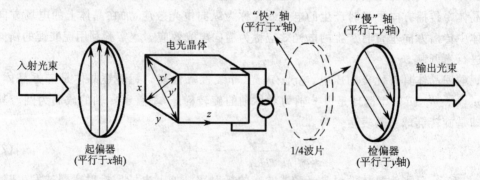

图 25-2 横向电光调制示意图

图 25-2 中起偏器的偏振方向平行于电光晶体的 x 轴，检偏器的偏振方向平行于 y 轴。

当在晶体 x 方向加上电场时,折射率椭球绕 z 轴旋转了 45°角,其感应轴为 x'、y'。此时,入射光束经起偏器后,以与 x 轴平行的线偏振光进入晶体,并分解成沿 x'、y' 轴的两个相位和振幅均分别相等的分量,即

$$E_{x'}(z) = A'\cos 45° \cdot \cos\left(\frac{2\pi}{\lambda}n_{x'}z\right) \qquad (25-8)$$

$$E_{y'}(z) = A'\sin 45° \cdot \cos\left(\frac{2\pi}{\lambda}n_{y'}z\right) \qquad (25-9)$$

令 $A'\frac{\sqrt{2}}{2} = A$,则式(25-8)、式(25-9)变为

$$E_{x'}(z) = A\cos\left(\frac{2\pi}{\lambda}n_{x'}z\right) \qquad (25-10)$$

$$E_{y'}(z) = A\cos\left(\frac{2\pi}{\lambda}n_{y'}z\right) \qquad (25-11)$$

入射光在晶体表面($z=0$)处的光波表示为

$$E_{x'}(0) = A \qquad (25-12)$$

$$E_{y'}(0) = A \qquad (25-13)$$

设入射光强为 I_0,则输入光强为

$$I_0 \infty EE^* = |E_{x'}(0)|^2 + |E_{y'}(0)|^2 = 2A^2 \qquad (25-14)$$

当光通过长度为 l 的晶体后,在输出面 $z=l$ 处,设 x' 和 y' 分量之间产生的相位差为 $\Delta\delta$,不考虑公共的相位因子,则有

$$\left.\begin{array}{l} E_{x'}(l) = A \\ E_{y'}(l) = Ae^{-i\Delta\delta} \end{array}\right\} \qquad (25-15)$$

先不考虑插入 1/4 波片,这样从检偏器出射的光 $E_{x'}(l)$ 和 $E_{y'}(l)$ 在 y 轴上的分量之和为

$$(E_y)_0 = \frac{A}{\sqrt{2}}(e^{-i\Delta\delta} - 1) \qquad (25-16)$$

设此时对应的输出光强为 I,则有

$$I \infty [(E_y)_0(E_y^*)] = \frac{A^2}{2}[(e^{-i\Delta\delta} - 1)(e^{i\Delta\delta} - 1)] = 2A^2\sin^2\frac{\Delta\delta}{2} \qquad (25-17)$$

由式(25-14)、式(25-17)可知,电光晶体的透过率 T 可表为

$$T = \frac{I}{I_0} = \sin^2\frac{\Delta\delta}{2} \qquad (25-18)$$

由式(25-6)可知,外加电场所引起的位相差 $\Delta\delta$ 为

$$\Delta\delta = \frac{2\pi}{\lambda}(n_{x'} - n_{y'})l = \frac{2\pi}{\lambda}n_o^3\gamma_{22}U\frac{l}{d} \qquad (25-19)$$

式中,d 为外加电场方向上(即 x 方向)的晶体厚度,U 为加在晶体 x 方向上的电压,$E_x = \frac{U}{d}$。

由此可见,$\Delta\delta$ 和加在晶体上的电压有关,当电压增加到某一值时,x'、y' 方向的偏振光经过晶体后,可产生 $\lambda/2$ 的光程差,相应的相位差 $\Delta\delta=\pi$。由式(25-18)可知,此时光强透过率 $T=100\%$,这时加在晶体上的电压称做半波电压,通常用 U_π 表示。U_π 是描述晶体电光效应的重要参数。在电光调制系统中,这个电压越小越好。如果 U_π 小,则需要的调制信号电压也小。

根据半波电压值,可以估计出电光效应控制透过强度所需的电压。由式(25-19)可得到

$$U_\pi = \frac{\lambda}{2n_o^3 \gamma_{22}} \left(\frac{d}{l}\right) \qquad (25-20)$$

式中,d 和 l 分别为晶体的厚度和长度。由此可见,横向电光效应的半波电压与晶片的几何尺寸有关。由式(25-20)可知,如果使电极之间的距离 d 尽可能地减少,而增加通光方向的长度 l,则可以使半波电压减小,所以晶体通常加工成细长的扁长方体。由式(25-19)、式(25-20)可得

$$\Delta\delta = \pi \frac{U}{U_\pi} \qquad (25-21)$$

因此,可将式(25-18)改写成

$$T = \sin^2 \frac{\pi}{2U_\pi} U = \sin^2 \frac{\pi}{2U_\pi}(U_0 + U_m \sin\omega t) \qquad (25-22)$$

式中,U_0 是加在晶体上的直流电压,$U_m \sin\omega t$ 是同时加在晶体上的交流调制信号,U_m 是其振幅,ω 是调制频率。从式(25-22)可以看出,改变 U_0 或 U_m,输出特性将发生相应的变化。对单色光和确定的晶体来说,U_π 为常数,因而 T 将仅随晶体上所加的电压变化而变化。

由图 25-3 可以看出,当 $U=0$ 时,透过光强 $I=0$;当 $U=U_\pi$ 时,透过光强最大($I/I_0=100\%$);当 $U=U_\pi/2$ 时,透过光强为 $U=U_\pi$ 时的一半(即 50%)。需要说明的是,此时还未加入 1/4 波片。1/4 波片在电光调制系统中的作用是调节相位差,相当于给晶体所加的直流偏置。

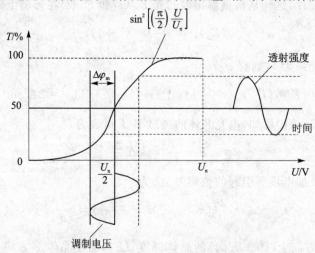

图 25-3 透过率 T 与外加电压 U 的关系曲线

由图 25-3 还可以看出，T-U 曲线是非线性的，故必须选择合适的调制工作点，否则调制光强将发生畸变。但在 $U=U_\pi/2$ 附近有一线性关系（即直线部分）。因此，设计调制器时，必须设法使调制器工作在此线性部分。

表 25-1 给出了铌酸锂晶体在不同工作方式下，o 光和 e 光产生的相位差。

表 25-1　铌酸锂晶体在不同工作方式下，o 光和 e 光产生的相位差

相位差 \ 电场方向 \ 通光方向	平行 x 轴	平行 y 轴	平行 z 轴
平行 x 轴	$\delta = 0$	$\delta = \dfrac{2\pi l_x}{\lambda}(n_o - n_e) - \dfrac{\pi}{\lambda} n_o^3 \gamma_{22} l_x \dfrac{U}{d_y}$ $\gamma_{22} = 6.6 \times 10^{-12}$ m/V	$\delta = \dfrac{2\pi l_x}{\lambda}(n_o - n_e) - \dfrac{\pi}{\lambda} n_o^3 \gamma_c U \dfrac{l_x}{d_z}$ $\gamma_c = 18 \times 10^{-12}$ m/V
平行 y 轴	$\delta = 0$	$\delta = \dfrac{2\pi l_y}{\lambda}(n_o - n_e) + \dfrac{\pi}{\lambda} n_o^3 \gamma_{22} U$	$\delta = \dfrac{2\pi l_y}{\lambda}(n_o - n_e) + \dfrac{\pi}{\lambda} n_o^3 \gamma_c U \dfrac{l_y}{d_z}$
平行 z 轴	$\delta = \dfrac{2\pi}{\lambda} n_o^3 \gamma_{22} U \dfrac{l_z}{d_x}$ $\gamma_{22} = 6.6 \times 10^{-12}$ m/V	$\delta = \dfrac{2\pi}{\lambda} n_o^3 \gamma_{22} U \dfrac{l_z}{d_x}$ $\gamma_{22} = 6.6 \times 10^{-12}$ m/V	$\delta = 0$

下面再详细分析一下改变调制信号源参数对输出特性的影响。

设调制信号 $U = U_0 + U_m \sin \omega t$

① 当 $U_0 = \dfrac{U_\pi}{2}$ 且 $U_m \ll U_\pi$ 时，将工作点选定在线性工作区的中心处，如图 25-4(a) 所示。

此时，可获得较高效率的线性调制，把 U 代入式(25-22)得

$$T = \sin^2 \left(\dfrac{\pi}{4} + \dfrac{\pi}{2U_\pi} U_m \sin \omega t \right) =$$

$$\dfrac{1}{2} \left[1 - \cos \left(\dfrac{\pi}{2} + \dfrac{\pi}{U_\pi} U_m \sin \omega t \right) \right] =$$

$$\dfrac{1}{2} \left[1 + \sin \left(\dfrac{\pi}{U_\pi} U_m \sin \omega t \right) \right] \tag{25-23}$$

由于 $U_m \ll U_\pi$ 时，$T \approx \dfrac{1}{2} \left[1 + \left(\dfrac{\pi U_m}{U_\pi} \right) \sin \omega t \right]$，故 $T \propto \sin \omega t$。

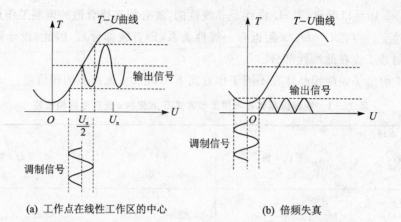

(a) 工作点在线性工作区的中心　　　　(b) 倍频失真

图 25-4　电光晶体输出信号与工作点之间的关系

这时,调制器输出的信号和调制信号虽然振幅不同,但是两者的频率和位相却是相同的,输出信号不失真,我们称为线性调制。

可以想象,如果 $U_0 = \dfrac{3U_\pi}{2}$,则两者的频率相同,但位相却是相反的。

② 当 $U_0 = 0$、$U_m \ll U_\pi$ 时,如图 25-4(b)所示,把 U 代入式(25-22),则

$$T = \sin^2\left(\dfrac{\pi}{2U_\pi}U_m \sin \omega t\right) =$$

$$\dfrac{1}{2}\left[1 - \cos\left(\dfrac{\pi}{U_\pi}U_m \sin \omega t\right)\right] \approx$$

$$\dfrac{1}{4}\left(\dfrac{\pi}{U_\pi}U_m\right)^2 \sin^2 \omega t \approx$$

$$\dfrac{1}{8}\left(\dfrac{\pi U_m}{U_\pi}\right)^2 (1 - \cos 2\omega t) \tag{25-24}$$

即 $T \propto \cos 2\omega t$。

从式(25-24)可以看出,输出信号的频率是调制信号频率的 2 倍,即产生"倍频"失真。把 $U_0 = U_\pi$ 代入式(25-22),经类似的推导,可得

$$T \approx 1 - \dfrac{1}{8}\left(\dfrac{\pi U_m}{U_\pi}\right)^2 (1 - \cos 2\omega t) \tag{25-25}$$

即 $T \propto \cos 2\omega t$,输出信号仍是"倍频"失真的信号。

③ 当 $U_m > U_\pi$ 时,调制器的工作点虽然选定在线性工作区的中心,但不满足小信号调制的要求,工作点虽然选定在了线性区,输出波形仍然是失真的。

三、实验装置与仪器

电光调制实验系统由光路和电路两大单元组成,如图 25-5 所示。其中光路系统由激光

第四部分 光学调制器原理及信号解调方法

器、起偏器 P、电光晶体（铌酸锂晶体）、检偏器（A）与光电探测器以及附加的减光器和 1/4 波片等组成，组装在精密光具座上组成电光调制器的光路系统。电路系统包括激光电源、晶体配置高压电源、交流调制信号发生、偏压与光电流指示表，以及光电探测器、光电转换电路等。

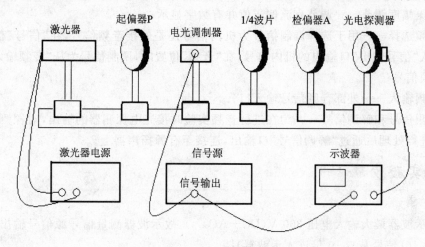

图 25-5 电光调制实验装置

信号源面板如图 25-6 所示。系统中，信号源各部分的功能如下：
① 波形选择——选择输出正弦波或方波；
② 信号输出——机内正弦波或方波晶体调制电压输出口；

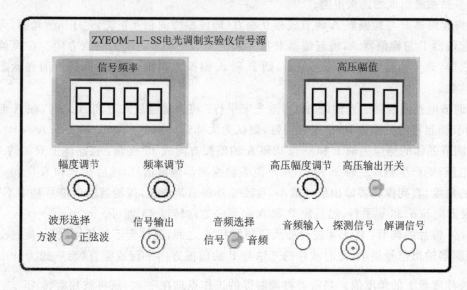

图 25-6 信号源面板

③ 幅度调节——调节输出的正弦波或方波的幅度；

④ 频率调节——调节输出的正弦波或方波的频率，频率有数字显示；

⑤ 高压输出开关——打开时，输出的交流电压叠加一个直流偏压；

⑥ 高压幅度调节——调节直流偏压值并有数字显示；

⑦ 音频选择——用于选择调制信号为机内信号还是外接音频信号，在"信号"位置时，调制信号为从"信号输出"口输出的机内信号；在"音频"位置时，调制信号为从"音频输入"口输入的外接音频信号；

⑧ 音频输入——外部音频信号输入口；

⑨ 探测信号和解调信号——为在进行音频实验时接光电探测器的输出，对探测器输入的微弱信号进行处理后通过"解调信号"口输出，连接至有源扬声器上。

四、实验步骤

注意：

① 因示波器最大输入电压 300 V($DC+AC_{P-P}$)，故示波器测量信号源信号输出通道的探头必须用×10（信号衰减 10 倍进入示波器）挡。

② 因电光调制器绝缘性能最大安全电压为 500 V，故信号源直流偏置电压最大不宜超过 400 V。

1. 仪器的连接与调整

① 参照系统组成图连接电路。

② 将起偏器 P 与检偏器 A 调节成相互垂直（即偏振方向相互正交）：打开激光器，光路中只插入起偏器 P 与检偏器 A，将起偏器 P 指针调至 90°，则偏振方向为竖直方向。在检偏器 A 后放一白屏，调节检偏器 A，使光强最小，则 P 和 A 偏振方向相互正交，即进入消光状态。记录指针读数。

③ 调节电光调制器的光轴（z 轴）与激光束平行：将调制器放入 P 和 A 之间，在 A 前放一白屏，调节调制器的三维位置，使光点最好，则认为大体调好。

④ 调节晶体的感应主轴 x' 和 y' 与 P 和 A 的偏振方向成 45°夹角：在晶体上只加约 100 V 的直流电压，则产生感应主轴 x' 和 y'，用电流表测探测器输出信号，然后使 P 和 A 向同一方向转同样的角度，直到探测器输出信号最小，且改变外加直流电压，探测器输出信号基本不变，则 P 的偏振方向与 x' 和 y' 平行，然后使 P 和 A 向同一方向转过 45°即可。

⑤ 1/4 波片的调节：将 1/4 波片插入调制器和 A 之间，晶体上不加任何电压，旋转 1/4 波片，使探测器输出信号最小，此时波片的光轴与 P 的偏振方向平行或垂直（想一想为什么？）记下此时波片度盘上的角度值。当需要将调制器的工作点选在 $\dfrac{U_\pi}{2}$ 时，就将波片旋转 45°。

2. 实验内容

(1) 测铌酸锂晶体的半波电压

测量晶体半波电压的方法有两种：

① 极值法：晶体上只加直流电压，把直流电压从小到大逐渐改变，用电流表测探测器输出电流 I，计算透射率 T，作出 $T-U$ 曲线。

② 调制法：晶体同时加直流电压与交流电压，用示波器观察电光调制现象，当出现第一次倍频现象时，继续加大电压，直到出现第二次倍频现象。出现两次倍频现象之间的电压之差即为半波电压。

用两种方法测半波电压，比较其结果。

(2) 观察电光调制现象

晶体上同时加直流电压和交流电压，将交流调制信号幅度调至最大，频率调至约 1 kHz，从小到大调节直流电压，即改变工作点，用示波器两个通道同时观察调制信号源输出的调制信号和探测器输出的调制后的信号。要特别注意调制后的信号失真最小、信号幅度最大，以及与调制信号相位基本一致的静态工作点电压和出现倍频失真时的静态工作点电压。最后调到静态工作点，改变交流调制信号的幅度与频率，观察探测器输出信号的变化。

去掉直流电压，插入 1/4 波片，旋转 1/4 波片，观察接收信号波形的变化，体会 1/4 波片对静态工作点的影响和作用。

(3) 光通信实验

将音频信号（来自收音机、录音机、CD 机、MP3、计算机等带有标准音频输出接口的音源）输入到 ZYEOM-Ⅱ-SS 信号源的"音频输入"，"音频选择"拨至"音频"，则音频信号作为调制信号加到晶体上。用 1/4 波片选择工作点在线性部分；探测器输出接入 ZYEOM-Ⅱ-SS 信号源的"探测信号"，经机内电路处理，从"解调信号"端输出音频信号。转动起偏器或检偏器或 1/4 波片，试听音量和音质的变化。

3. 实验报告

① 在坐标纸上画出 $T-U$ 曲线，并由 $T-U$ 曲线求得半波电压，计算消光比。

② 画出 $U=0$、$\dfrac{U_\pi}{2}$、U_π 时输出信号的波形并加以解释。

③ 改变直流电压时探测器输出信号与调制信号可能反相，解释其原因。

实验 26　光外差原理

光外差探测是一种对光波振幅、频率和相位调制信号的检波方法。对于光强度调制信号，只要适当选择光电探测器，都能无失真地转换为电信号。最后由电路完成检波任务，检出所需信息。而光波振幅、频率和相位的调制信号因光频太高,不能直接被光电探测器所响应。采用光外差法,光电探测器可以以输出电信号的形式检出所需信息。

光外差探测法在深空探测、空间光通信以及引力波探测等方面是很有发展前途的探测技术,目前在实时精密测量方面的应用已有显著成就。

一、实验目的

① 验证和掌握光外差探测原理;
② 训练相干探测的实验能力。

二、实验内容

① 在光学平台上调整光路,了解外差法所必需的空间配准条件,也就是参考光束和物光束空间配准与接收口径之间的关系。
② 用外差法所得到的信号可表示插入透明物体的透过光波的复振幅,也就是振幅与相位的变化。

三、基本原理

光外差探测的基本原理是基于两束光的相干。必须采用相干性好的激光器作光源,在接收信号光的同时加入参考光(本地振荡光)。参考光的频率与信号光的频率极为接近,使参考光和信号光在光电探测器的光敏面上形成拍频信号。只要光电探测器对拍频信号的响应速度足够高,就能输出电信号,检出信号光中的调制信号,如图26-1所示即为一例。

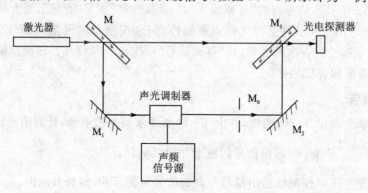

图 26-1 光外差原理图

图 26-1 中用一个激光器射出激光,经半透、半反平面镜 M 后分成两路。一路透射光再经半透、半反平面镜 M_3 后直接投向光电探测器作为参考光;另一路反射光经反射镜 M_1 偏转 90°方向后投向声光调制器。声光调制器出射光束,由光阑 M_0 选出其一级衍射光,它经反射镜 M_2 偏转方向后投向半透、半反平面镜 M_3 成为信号光。微调 M_3 使信号光和参考光几乎重

合、平行地投向光电探测器，两束光在光敏面上相干。如果这两束光偏振方向一致（或有偏振方向一致的分量），它们就形成差拍信号。声光调制器由声频信号源提供声频 ω_1 的信号加到声光调制器上。若调制器是布拉格衍射，则出射的一级衍射光就是声频信号的调制光，其光频率为 $\omega_0 + \omega_1$ 或 $\omega_0 - \omega_1$（视入射方向而定）。ω_0 为入射光频率；ω_1 可以是单一频率，也可以是小范围变化的频率 $\omega_1(t)$。

若参考光是平面光波，则可用复数表示为

$$A_L = k\exp[i(\omega_0 t + \varphi_0)] \tag{26-1}$$

式中，k 为常数；φ_0 是初始相位。

若调制器输出的调制光波为平面光波，则可用复数表示为

$$A_s = a_s \exp\{i[(\omega_0 t + \omega_1)t + \varphi_s]\} \tag{26-2}$$

式中，a_s 为信号光振幅；φ_s 为初始相位。在光电探测器光敏面上的混合光场可表示为

$$A = A_L + A_s$$

则在光敏面上的光强度可表示为

$$I \propto (A_s + A_L)(A_s^* + A_L^*) \tag{26-3}$$

式中，A_L^* 和 A_s^* 分别是 A_L 和 A_s 的共轭复数；$\propto$ 表示比例关系。

把式(26-1)和式(26-2)代入式(26-3)得

$$I \propto \{a_s^2 + k^2 + 2a_s k\cos[\omega_1 t + (\varphi_s - \phi_0)]\} \tag{26-4}$$

式(26-4)中第三项就是光电探测器能检出的调制信号，也就是送入调制器中调制入射光波的声频信号。

如果两束光的光频率相同，那么式(26-4)中第三项就没有频率项，这是光外差的特例，称为零差法。零差法可以检出调制信号的复振幅，即振幅与相位。

要获得光外差信号，两束光空间配准条件是很严格的，而声光调制器出射的衍射光之间的夹角是很小的，所以，图26-1所示实验调试较繁，我们只作演示。本实验主要做零差实验，它是目前实时干涉仪的一种原理。下面简述其实验原理。

本实验采用如图26-2所示的泰曼干涉仪的光路结构。用 He-Ne 激光器作为光源。它的输出是632.8 nm波长的线偏振光。经过扩束镜 L_1 和 L_2 把光束扩展到口径为4 cm的近似平面光波。被扩束后的光束投射到半反镜 M 上，把光束分成两路。一路经反射镜 M_1 反射且透过透明物体后代表物光束，它携带了物体透过性能的信息；另一路经反射镜 M_2 反射回来后作为参考光束。M_2 反射镜后面装有压电陶瓷。利用压电陶瓷的压电效应对光进行调制。当压电陶瓷上加有正负直流电压时，陶瓷就会伸长或缩短。在这里我们加上锯齿波电压，使陶瓷交替伸长和缩短，致使反射镜 M_2 沿着法向作位移。其位移的大小与外加电压的振幅成正比，其方向与外加电压的符号相对应。物光与参考光再次经过半反镜 M 以后，在探测器接收表面形成相干场。在接收面上用 A_L 表示参考光束的复振幅；$A_s(x,y)$ 表示物平面内某一点（坐标为(x,y)）的物光束的复振幅（因为两束光的频率认为是一致的，这里就不写频率项了），则参

考光束的复振幅 A_L 为

$$A_L = K\exp\left[i\left(\varphi_0 - \frac{2\pi}{T}t\right)\right] \tag{26-5}$$

式中,K 为比例系数;φ_0 为初始相位;T 为 M_2 位移一个光波长距离所经过的时间。物光束的复振幅 $A_s(x,y)$

$$A_s(x,y) = a_s(x,y)\exp[i\varphi_s(x,y)] \tag{26-6}$$

探测器表面上合成光场的复振幅 $A(x,y)$ 为

$$A(x,y) = A_L - A_s(x,y) \tag{26-7}$$

合成光场的光强度 $I(x,y)$ 为

$$I(x,y) \propto A(x,y)A^*(x,y) \propto \left\{K^2 + a_s^2(x,y) + 2Ka_s(x,y)\cos\left[\varphi_s(x,y) - \varphi_0 + \frac{2\pi}{T}t\right]\right\} \tag{26-8}$$

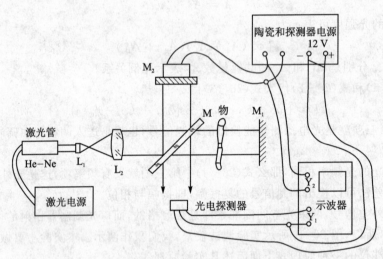

图 26-2 零差法测光波相位原理图

在探测器位置上如果放一光电探测器列阵,则每个探测器输出为余弦波电信号,即式(26-8)中的第三项。它的电信号振幅与物在此点上透过光波的振幅成正比,而此电信号的初始相位 $\varphi_s - \varphi_0$ 就是在该点两束光波的相位差。因为 φ_0 是常数,于是各探测器输出电信号初相位的差异就反映了物体各点透过光波的相位变动。物体各点的均匀性或者复振幅透过率的分布可由外差信号来表示。信号波形举例见图 26-3。

如果用单个探测器扫过观察面,或探测器不动,把物体以垂直于光路方向移动,也可得到物体多个点的测量结果。(说明一点,这里物光束光路中,光两次通过物体,所得相位差都有 2 倍的关系。)

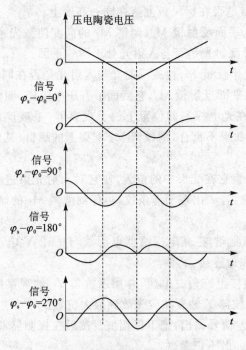

图 26-3 零差信号波形图

四、实验装置说明

① 全部装置用的零件、部件都放在稳定平台上。

② 用 He-Ne 激光器作光源。

③ 光学零件和探测器都装在磁性座上,可以在平台上移动,同时又可以锁紧。当零件放到合适位置时就可锁紧。

④ 光学零件装在二维调整架上,框架可以上下移动和转动,还可用框架上的螺钉微调镜面倾斜或垂直程度。

⑤ M_2 镜片后表面与压电陶瓷已固定好。把压电陶瓷上的线和驱动电源连接,打开电源开关就输出音频三角波电压,电压幅度可由微调电位计调节(变化范围为 60~120 V),频率也可微调。压电陶瓷是容性负载,频率低时容易加上较高的电压。

⑥ 光电探测器选用硅光电二极管,它已和放大器组件结合在一起,当接上 +12 V 电源时,即可进行探测。

五、实验步骤

① 把 He-Ne 激光管点燃,把出射光束调到合适的高度并且与平台平面平行。可把标尺

板沿光束前后移动,看光点是否在标尺板上落在同一高度上。

② 按照图 26-2 放上平面反射镜 M_1,调整 M_1 的高度使激光束落在平面反射镜的中心。调整 M_1 的调整架螺钉,看反射光是否与入射光处于同一平面。

③ 按照图 26-2 放上半反镜 M,检查反射光与入射光是否在同一平面内。

④ 按照图 26-2 放入平面反射镜 M_2,它后面带有压电陶瓷,调整 M_2 的高低,使反射镜反射的光束落 M_2 的中心。在光电探测器位置上放上观察屏(毛玻璃),转动 M_1、M_2,使两路光束在屏上会合成一个点。如果不重合,则微调 M_2 框架上的螺钉(其他镜片已调好应不再动),直至重合为止。

⑤ 加入扩束镜 L_1,调整它在光束中的位置,使它对入射光束进行扩束。此时在观察屏上应得到麦克尔逊干涉条纹。若未出现干涉条纹,再仔细微调 M_2 的倾斜度,直至出现干涉条纹为止。

⑥ 观察屏换上光电探测器,把光电探测器电源线与 +12 V 电源接通。它的输出端和地分别与双线示波器 Y_1 轴和地连接。

⑦ 把压电陶瓷供电线接上三角波电压,并用示波器 Y_2 轴观察波形。因压电陶瓷工作电压在 60~120 V 可变。示波器 Y 轴衰减应先放到最大位置。

⑧ 观察 Y_1 轴有无外差信号输出,记下振幅值。然后在探测器前面加一个聚光透镜,观察外差信号的振幅有无增加。做下记录。

⑨ 关闭 +12 V 和压电陶瓷电源。移去光电探测器,在它的位置上换上观察屏。然后按图 26-2 加入扩束镜 L_2,调节 L_2 的位置使干涉仪处于泰曼干涉仪状态。当由半反镜 M 返回到 L_2 的光束能通过 L_1 扩束镜,且 L_2 前后移动都能如此时,就说明 L_2 已与 L_1 共轴。调 L_2 前后位置到观察屏上条纹密度最稀,L_2 就到达最佳位置。然后再微调 M_1 或 M_2 调整架的螺钉,使光束达到更好的平行(也就是干涉图的中心区域尽量变大)。

⑩ 移去观察屏,换上光电探测器。打开电源观察外差信号波形及幅度,做下记录。改变压电陶瓷电压,观察外差信号波形。

⑪ 调整压电陶瓷电压使 M_2 位移一个波长。在半反镜和 M_1 之间放一块有机玻璃,作为被测物体。把有机玻璃垂直于光束方向移动,观察各点输出信号,可以得到物体的均匀性测量。当 $\varphi_s - \varphi_0$ 为四个特殊值时,波形如图 26-3 所示。以三角波作基准比较,就可知各点的相对相位。

六、实验记录及报告要求

① 干涉仪仅加入 L_1 扩束镜时,记下探测器输出信号电压幅值。

② 在前面的条件下,在探测器前面加聚光镜。记下输出信号幅值,信号是增大还是减小了?为什么?

③ 加入扩束镜 L_2,在接近平面光场时,记下探测器输出信号电压。

④ 当压电陶瓷电压由 60 V 变到最大值时,记下探测器输出信号波形(测三个值),波形有无变化？为什么？

⑤ 移动透明物体,记下三个点的波形,比较它们通过光波的相位差和振幅变化。

七、思考题

① 本实验中采用 PIN 硅光电二极管作接收器合适吗？为什么？还有哪些光电探测器适用？

② 试从实验中总结出：欲在光外差探测中得到质量好的信号,应注意哪些问题？

③ 从光外差探测的数学表达式看,它与锁相放大的表达式有相同的形式。这能否说明光外差探测同样具备相关接收的全部优点呢？

第五部分　成像器件与系统的性能测试及信号处理方法

成像器件可探测的信息量大，对于它的使用主要是对成像器件输出信号的使用。光电探测系统是探测目标的物理与几何特性的仪器装置，大多都比较复杂，在系统设计、制造与性能测试时需要了解许多参数。实际应用中，探测灵敏度、成像分辨率、温度分辨率、作用距离等都与成像器件以及系统的性能直接相关。本部分实验的主要内容是掌握成像器件的成像原理及其性能参数测试方法；对成像信号的特性以及信号处理的基本方法有基本的了解。这对于从事光电成像仪器的研究、设计和使用是有裨益的。

实验 27　CCD 转移效率的测定

电荷耦合器件(CCD)具有许多突出优点，有着广泛的应用。CCD 成像器件将光电探测与信号处理巧妙地结合在一起，并具有子扫描功能。红外 CCD 及其相应的焦平面技术是红外光电技术的重要发展方向。

可以用光注入或电注入的方式向 CCD 内注入电荷包，注入的电荷包在时钟脉冲的作用下向输出端定向移动。电荷包在 CCD 中从一个势阱向相邻势阱的移动既不是瞬时完成的，也不是全部移动的，这就对时钟脉冲的频率和总的转移次数提出了限制。

电荷包的不完全转移使得每次转移后有一些电荷滞留下来，造成了电荷转移的损失，在经过多次转移后，电荷包的损失就不可忽略了，而滞留下来的电荷又会慢慢地移出势阱，并继续在 CCD 中转移。当我们在输入端给 CCD 注入一个电脉冲时，在输出端实测的波形如图 27-1(c)所示。图 27-1(a)表示在输入端注入的电脉冲，图 27-1(b)表示在电荷完全转移时在输出端应该检测到的波形。但由于转移过程中电荷的损失，以及损失的电荷又慢慢地放出来并继续向输出端转移，实际得到的输出波形就是图 27-1(c)所示的形状。由于电荷的损失，出现的第一个主脉冲的幅度降低；又由于损失的电荷被慢慢地"吐"出来并继续向输出端转移，在主脉冲后出现了第二、第三甚至第四个幅度依次减小的脉冲。如果将输入的脉冲理解为一个 δ 冲激，则输出的包络仍为冲激响应；如果将输入视为一个点像，则输出就是这个点像的扩展。可见，当 CCD 用于信号处理时，电荷转移损失引起信号的失真(包括幅度和相位的改变)；当 CCD 用于图像处理时，电荷转移的损失就会产生图像的模糊和拖影。这就是说，转移过程的电荷损失意味着 CCD 调制传递函数 MTF 的下降。

上述 CCD 电荷转移过程中的电荷损失可以用转移损失效率 ε 来描述。ε 的定义式为

$$\varepsilon = \frac{Q_0 - Q}{Q_0} \quad (27-1)$$

式中,Q_0 为原始电荷包的电荷量;Q 为转移到下一个单元的电荷量。由定义可知,ε 表示电荷在一次转移过程中损失的电荷量占原电荷包电荷量的百分比。

也可以用转移效率 η 来描述电荷包转移的情况。η 表示在一次转移过程中转移的电荷量占原电荷量的百分比,即

$$\eta = 1 - \varepsilon \quad (27-2)$$

转移过程中的电荷损失是不断积累的,若连续经过 n 次转移,则最后得到的输出电荷量为

$$Q_n = Q_0 \eta^n = Q_0 (1-\varepsilon)^n$$

当 ε 很小时,上式可表示为

$$Q_n \approx Q_0 e^{-\varepsilon n} \quad (27-3)$$

一个实际的 CCD 器件,其电荷往往需要经过成百上千次的转移,这就要求器件的转移损失率很小。例如,当 $n > 1\,000$ 时,为了保证经过 n 次转移后的转移效率仍在 90% 以上,转移损失率 ε 必须不大于 10^{-5}。式(27-3)表明,$n\varepsilon$ 可以衡量器件的整体转移性能,称为转移损失率乘积。

在表面硅 CCD 中,产生转移失效的主要原因是界面态对自由电荷的俘获作用。界面态是指硅与二氧化硅交界面处存在的电子能级或电子状态。它们与硅表面的"悬挂键"和

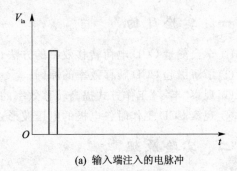

(a) 输入端注入的电脉冲

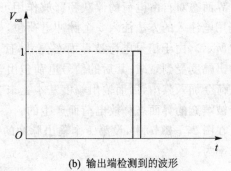

(b) 输出端检测到的波形

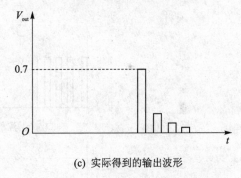

(c) 实际得到的输出波形

图 27-1 单个脉冲注入时 CCD 的输出波形

界面处的杂质、缺陷等有关。表面态可以起复合中心的作用。在表面硅 CCD 中,信号电荷沿硅和二氧化硅界面运动,如果信号电荷进入势阱之前,这些表面态是空着的,则信号电荷进入势阱后,就会有一部分电荷被表面态所俘获。而在信号电荷移入下一个电极时,这些被俘获的电子可能从表面态中释放出来,其中一部分能跟得上信号电荷转移而移入下一个电极,而有些却要落在后面,这些落在后面的电荷就造成了信号电荷损失,产生了转移失效。

在 CCD 势阱中预先注入一定的本底电荷(偏置电荷),使界面态在势阱中注入信号电荷之前就被填充,就可以有效地降低转移效率。这种方法称为 CCD 的"胖零"或"丰零"工作模式。

一、实验目的

① 学会测量 CCD 电荷转移效率的方法；
② 了解引起 CCD 转移效率的原因；
③ 观察"丰零"工作方式提高转移效率的现象；
④ 观察 CCD 工作时各电极的电压波形。

二、实验原理

界面态对自由电荷的俘获和释放作用可以通过实验清楚地看到。例如，在线阵 CCD 的输入端用电注入的方法注入 5 个脉冲电荷包，如图 27-2(a)所示，在输出端得到的信号如图 27-2(b)所示。由于信号电荷被界面态俘获，使得代表第一个输入电脉冲的电荷包受到损失，因而输出幅度受到衰减；其后的信号电荷包由于大部分界面已被填充，而且被填充的界面态释放的电荷会加入其中，因而输出幅度基本上未受到衰减。第 5 个输出脉冲后面出现了拖尾，这是由于被填充的界面态释放电荷而产生的。

在图 27-2(b)中，设第 1 个输出脉冲的幅度为 V_n，第 2 个输出脉冲的幅度为 V_o，则转移损失率为

$$\varepsilon = \frac{\ln(V_o/V_n)}{n} \tag{27-4}$$

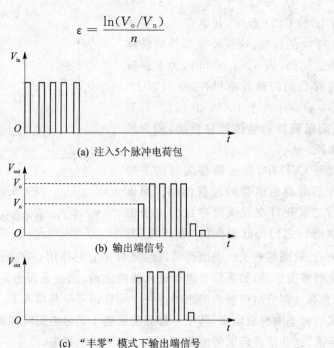

(a) 注入5个脉冲电荷包

(b) 输出端信号

(c) "丰零"模式下输出端信号

图 27-2 注入多个电脉冲时 CCD 的输出波形

式中,n 为电荷包从输入端到输出端总的转移次数。由式(27-4)即得转移效率为

$$\eta = 1 - \frac{\ln(V_o/V_n)}{n} \qquad (27-5)$$

当用光注入的方法使 CCD 工作在"丰零"模式时,CCD 的转移效率显著提高,如图 27-2 (c)所示。

三、实验装置

实验装置如图 27-3 所示。图中转移效率测试台用来产生 CCD 工作时所需的各种直流电压和脉冲电压。

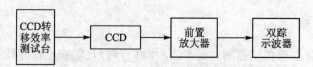

图 27-3　CCD 转移效率测量装置示意图

本实验主要仪器设备有:
① 512 元线阵列 CCD 图像传感器;
② CCD 转移效率测试台;
③ 前置放大器;
④ 双踪示波器。

四、实验内容

① 用示波器观察光积分脉冲 ϕ_p,转移控制脉冲 ϕ_{TG},复位脉冲 ϕ_R 和时钟驱动脉冲 ϕ_1、ϕ_2 的波形;记录这些脉冲的底部电平和顶部电平;描绘它们的波形图和相位之间的关系。

② 用电压表测量输入控制栅的电平,用示波器观察并记录输入二极管的电注入脉冲波形的底部电平、顶部电平;记录电注入脉冲与时钟脉冲 ϕ_1、ϕ_2 之间的相位关系。

③ 将 CCD 图像传感器的光敏元用遮光板挡住(挡光),电注入 5 个脉冲,在示波器上观察 CCD 的输出波形;测量 V_o 和 V_n 的值,按式(27-5)计算转移效率 η。

④ 适当移开遮光板,用光注入的方法注入"丰零"电荷,观察示波器上波形的变化,测量此时的 V_o 和 V_n 值,重新计算 η。

五、注意事项

① 实验时应仔细调整 CCD 的工作点。
② 实验过程中应绝对避免 CCD 的输出端对地短路,否则会损坏 CCD 图像传感器。
③ 在示波器上测量 V_o 和 V_n 的数值时,使用示波器的"A+B"挡可使读数更精确。

实验 28　CCD 相机的空间分辨率和最大作用距离的测定

CCD 相机的成像空间分辨率和作用距离是实际应用中的重要性能参数,与实际应用中能否发挥适当的效能和应用效果密切相关。

一、实验目的

① 了解 CCD 相机的基本结构和特点;
② 学习 CCD 相机的使用方法,了解它的基本性能参数。

二、实验原理

这里以线阵 CCD 图像传感器制成的 CCD 相机为例,对实验原理进行简要的说明。

CCD 相机工作时,CCD 图像传感器将景物图像分解成一个一个的像元,即像素。每一个光敏元对应着一个像元。线阵 CCD 图像传感器对景物某一行在像面上的光分布进行取样,每一个光敏元将对应的景物图像的光强进行积分,并将积分所得到的光能量转换成光生电荷,使景物图像的光强分布变为光敏元线列中对应的光生电荷分布。通过光敏元转换得到光生电荷量为

$$Q_s = K_1 \phi_s A \tau \tag{28-1}$$

式中,K_1 为光敏元响应范围内接收到的入射辐射能量转换为光生电荷的转换系数,它与光敏元的特性有关;ϕ_s 为景物在光敏元上的辐照度;A 为光敏元面积;τ 为 CCD 图像传感器工作时的光积分时间。

转移脉冲到来时,光敏元中景物的光生电荷并行地转移到 CCD 对应的存储单元中去。然后在时钟脉冲的驱动和复位脉冲的配合下,这些存储的光生电荷朝着输出端定向转移,经过 CCD 的读出结构,光生电荷转变为输出电压,以串行的方式在时域内输出幅度由光生电荷量调制、具有一定宽度的电压脉冲串,即脉冲调制信号。某一个光敏元中的光生电荷 Q_s 通过上述过程在 CCD 输出端得到输出电压(亦即相应的脉冲宽度)为

$$V_s = K_2 Q_s \tag{28-2}$$

式中,K_2 是光生电荷转换成输出电压的转换系数,它与 CCD 的转移效率和输出结构有关。

对于某台指定的 CCD 相机,A 和 τ 均可视为常数,于是有

$$V_s = K \phi_s \tag{28-3}$$

式中

$$K = K_1 K_2 A \tau$$

线列 CCD 相机借助于场扫描装置,将整幅图像按行进行分解。线阵 CCD 图像传感器按顺序对图像的每一行进行上述同样的处理,经电子线路后,在现实系统中就可以重现景物的图像。

CCD 相机的结构大致可分为四个部分:① 光学系统;② CCD 图像传感器,包括使 CCD

正常工作的直流工作点电路和时钟电路;③ 信号处理电路;④ 显示系统。图 28-1 所示为 CCD 相机的原理方框图。下面简要叙述前两部分的工作原理,后两部分和一般成像系统类似,在此不作介绍。

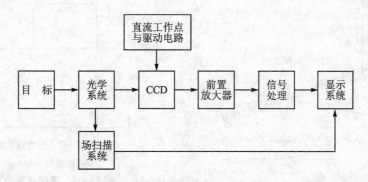

图 28-1 CCD 相机原理方框图

1. 光学系统

光学系统的示意图如图 28-2 所示。当相机对准目标时,线阵 CCD 图像传感器通过光学系统探测到目标的一个矩形长条,也就是景物的一行。CCD 的每一个光敏元相应地探测到一小块矩形面积。设光敏元在线列方向上的尺寸为 a;相邻光敏元中心距为 d;光学系统的焦距为 f;光学系统到目标的距离为 l,则 CCD 相机能够分辨的光栅的基频为

$$\nu_1 = \frac{f}{2ld} \quad (\text{mm}^{-1}) \tag{28-4}$$

式中,f 和 l 的单位为 m;d 的单位为 mm。若 ν_1 用毫弧度的倒数来表示,并记为 ν,则

$$\nu = \frac{f}{2d} \quad (\text{mrad}^{-1}) \tag{28-5}$$

CCD 相机的扫描系统由行扫描和场扫描机构组成。其行扫描是 CCD 的自扫描,由时钟驱动脉冲将 n 个存储单元中的电荷包依次转移到输出端形成电信号。n 个单元中的电荷包全部转移出去后,一次行扫描就完成了。场扫描可以用一种称为"云台"的机械转动装置来实现,如图 28-3 所示。图中,1 为相机的光学系统;2 为 CCD 图像传感器和前置放大器,3 和 4 组成云台,其中 3 是转动台,4 为基架。基架上装有电机,当电极转动时,通过齿轮带动转动台转动,转动台上的摄像头便作俯仰运动。这种场扫描方式根据相机光学系统的视场角来限制摄像头俯仰运动的范围。可以用光电控制电路来实现这一要求。例如,可以在云台的基架上安装光源,并将两只光敏二极管 A 和 B 按一定的距离安装在转动台上。控制电路主要是一个双稳态触发器,光敏二极管 A 和 B 的输出作为触发信号分别送至双稳态电路的"置 1"和"置 0"端。当光敏二极管 A 收到一束灯光而 B 没有收到时,双稳电路为"1"状态,电机正转,摄像头向下作正程扫描。当正程扫描结束时,转动台已转到适当的位置,此时,光电二极管 B 恰好接

收到光信号,双稳电路翻转,电机反转,这时为逆扫描。双稳态触发器的输出还可作为场扫描同步信号及场消隐信号使用。行同步及消隐信号则由 CCD 的时钟脉冲给出。

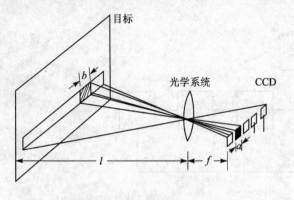

图 28-2 光学系统示意图

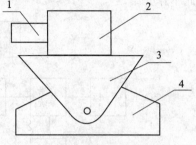

1—光学系统;2—图像传感器和前置放大器;
3—转动台;4—基架

图 28-3 摄像机头示意图

2. CCD 图像传感器

本实验使用的是 512 元线阵列 CCD 图像传感器,它是两相双列式结构。其光敏元为 MOS 结构,按线状排列。而 CCD 的存储单元(即主 CCD)分为两组,分列在线列光敏元两边,如图 28-4 所示。这种结构可以减少电荷包在 CCD 存储单元中转移的次数,以减少电荷包的转移损失,提高器件的转移效率。

为了使 CCD 摄像器件正常工作,除了在 CCD 的有关电极上建立直流工作点电压以外,还需要一组时钟脉冲电压。时钟脉冲主要有 5 个,见图 28-5,它们是:时钟驱动脉冲 ϕ_1 和 ϕ_2、光积分脉冲 ϕ_P、光敏面到 CCD 存储单元之间的转移控制门脉冲 ϕ_{TG}、复位脉冲 ϕ_R。光积分脉冲 ϕ_P 控制光敏元对图像光信号的积分时间。在 ϕ_P 的高电平期间,光敏元对图像光信号积分;ϕ_P 为低电平时,光积分作用停止,ϕ_{TG} 为高电平,转移控制门打开,光敏元中的光生电荷通过转移门转移到 CCD 对应的存储单元中。时钟驱动脉冲 ϕ_1 和 ϕ_2 交替地改变 CCD 存储单元的栅极电位,使各存储单元中的信号电荷包依次转移到输出端,经输出电容器变为信号电压输

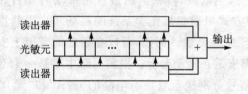

图 28-4 两相双列式线列 CCD 结构示意图

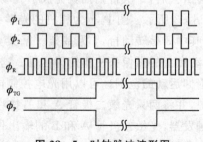

图 28-5 时钟脉冲波形图

出。ϕ_R 则在每个电荷包输出后清除输出电容器上残留的电荷,以便输出下一个电荷包。所有的时钟脉冲均由时钟脉冲发生器产生,经时钟驱动后接至 CCD 的有关电极。

三、实验内容

1. 测量 CCD 相机的空间分辨率

根据目标距离的远近调节光学系统的"距离"值;根据目标的大小调节光学系统的"光阑"。接通电源开关及各分系统开关,包括云台控制开关、显示器开关和显示电路开关。这时显示器上可以观察到目标图像。

如果图像不太清晰,可以停止云台转动,反复调节"距离"和"光阑",直至得到满意的图像为止。

本实验利用黑白测试卡测量 CCD 相机的空间分辨率。黑白测试卡由一组不同间隔的黑白条组成(也称光栅)。它既可工作于透射方式,也可工作于反射方式。用带有灯罩的灯光进行照明,灯罩的作用是避免灯光直接进入相机。照明灯电源电压可调,以适应不同照度的需要。

将黑白测试卡置于 CCD 相机的视场中,调节照明光源使光照度适中(1 000 lx 左右)。按上述操作步骤使景物目标成像在显示器上,经反复调整直至图像清晰为止。

在显示器上辨认黑白测试卡上不同间隔的条栅,确认无法观察到条栅间隔的最大值,并将这一数值换算为条栅的基频频率。若确认的最大值为 b,则条栅的基频频率为

$$\nu'_1 = \frac{1}{2b} \qquad (28-6)$$

测量目标离镜头的物距 l,确定光学系统的焦距 f 和线阵 CCD 图像传感器光敏元中心距 d,按式(28-4)计算相机的空间分辨率 ν_1,将 ν_1 值与实际测量的 ν'_1 值进行比较,说明两者之间存在差别的原因。

2. 测量 CCD 图像传感器的敏感照度和饱和照度

利用 CCD 相机可以测定 CCD 图像传感器的某些性能参数,例如敏感照度和饱和照度。

云台控制开关置于"停",使摄像头静止不动。用稳定的平行光源作为目标,置于相机视场内,使目标充满视场。接通相机电源,用示波器在前置放大器输出端观察 CCD 的输出波形。波形应为如图 28-6 所示的脉冲串,脉冲串的顶部电平固定不动,其底部电平随光源的照度而变化;

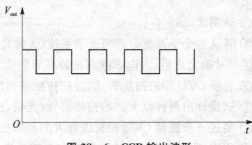

图 28-6 CCD 输出波形

若光源较强,则脉冲串底部电平较低,即脉冲的幅度较大。

逐渐加大光源的强度,输出脉冲的底部电平也逐渐下降,当光源的强度增大到某一数值时,脉冲底部电平几乎不再下降,这时可认为CCD图像传感器已经达到饱和工作状态了。

在每次变动光源强度之后,都要用照度计测量到达摄像头的光照度值,这时要尽量避免杂散光的影响,所以应当在暗室中或者在晚间进行这样的测量。将测得的光照度值和对应的CCD输出值记录下来。其中,CCD输出电平饱和时的输入照度值称为CCD图像传感器的饱和照度。

按照类似的方法降低光源强度,直至输出脉冲的底部电平位置与摄像机的镜头挡住与否无关时,输出的照度值称为CCD图像传感器的敏感照度。

将测得的输入光照度和输出电平值绘制成CCD的输入-输出特性曲线,横坐标是光照度,单位为lx;纵坐标是输出脉冲的幅度,单位为mV。在这条曲线上标出CCD图像传感器敏感照度时的输出值和饱和照度时的输出值,并标出动态范围的大小。

3. 测量CCD相机的最大观察距离

选择室外较远的景物(约数千米)作为目标,目标的几何尺寸应不小于CCD相机光敏元的视场角,即对于距离为l的目标,其线列方向的尺寸b'应满足

$$b' = \frac{al}{f} \tag{28-7}$$

这样才能够在CCD显示器上观察到它的轮廓。

将光学系统的"距离"调到无穷远,"光阑"也调至最大。接通相机电源,云台开关置于"自动",接通显示电路和显示器电源。当显示器上出现清晰的景物图像时,通过估算或其他途径确定景物离相机的距离。选择不同距离的景物用相机成像,记下能看清景物的最大距离,这就是CCD相机的最大观察距离。

四、思考题

① CCD图像传感器的成像方式与扫描成像方式有何区别?

② CCD相机在线列方向和场扫描方向的空间分辨率极限由什么因素决定?哪些因素影响较大?

③ 证明式(28-4)。

④ 若认为光学系统为理想光学系统(无像差、无衍射),当输入信号频率和CCD图像传感器几何尺寸确定之后,对电子线路的带宽有何要求?

⑤ 说明CCD相机扫描制式(自扫描加场扫描)的优缺点。

⑥ 试设计出两种以上的场扫描装置(光机、机械等)。

⑦ 要进一步提高CCD相机线列方向和场扫描方向的分辨率,可以采取哪些方法?

⑧ CCD图像传感器的饱和照度和敏感照度分别受哪些因素的限制?

⑨ 根据CCD相机的性能,论述如何扩大它的使用范围。

实验 29　行扫描装置扫描参数的测定

在光电成像系统中,扫描装置的主要作用是对目标图像进行分解,通常是以探测器的瞬时视场将目标图像分解成一个一个的像元,即像素。扫描的方式和精度对系统的分辨率和像质都有很大影响。扫描方式通常分为物方扫描和像方扫描,最主要的扫描参数是驻留时间和扫描频率。扫描装置在分解目标图像的同时,还要提供正确地重现图像所必需的同步信号和消隐信号。光机扫描是一种比较常用的扫描装置,在成像系统中占有重要的地位。本实验以一种简单的光机扫描装置为例,通过观察其中的行扫描情况来了解扫描在成像系统中的作用。

一、实验目的

① 了解光机扫描的扫描原理和扫描装置的基本结构;
② 熟悉物方扫描、像方扫描以及逐行扫描、隔行扫描的区别;
③ 掌握驻留时间及扫描效率的测试方法,理解它们的物理意义。

二、实验原理

1. 扫描的一般原理

在光电成像系统中,探测器通过光学系统探测目标的瞬时视场往往是很小的。如图 29-1 所示,若探测器为正方形,边长为 a,光学系统的焦距为 f,探测器瞬时平面视场角为 α,探测器的瞬时视场的立体角为 ω,则

$$\omega = \frac{a^2}{f^2} \tag{29-1}$$

且 ω 与 α 之间满足如下的关系式:

$$\omega = \alpha^2 \tag{29-2}$$

由式(29-1)和式(29-2)可得

$$\alpha = \frac{a}{f} \tag{29-3}$$

为了对大面积目标成像,需要将探测器的瞬时视场按一定的规律移动,这种移动的过程就称为扫描。选择适当的扫描方式,可以使探测器完整地探测到整个目标的辐射。扫描装置通常有机械扫描、光机扫描、电子扫描和固体自扫描等,其中光机扫描用得比较广泛。

光机扫描有两种基本类型,即平行光束扫描和会聚光束扫描。平行光束扫描是在会聚透镜或会聚反射镜前能改变光学系统接收光线角度的扫描方式,称为物方扫描。会聚光束扫描是在透镜或反射镜后的会聚光路中插入扫描机构使会聚光束改变光路的扫描方式,又称为像

方扫描。本实验采用物方扫描方式。利用透镜聚焦的物方扫描机构如图 29-2 所示。

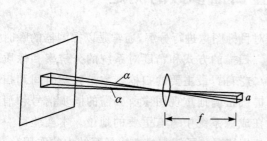

图 29-1 探测器的瞬时现场

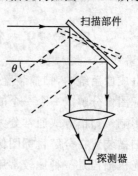

图 29-2 物方扫描

扫描部件可工作于折射方式和反射方式,通常反射式用得较多。在反射方式中又有平面反射镜和旋转多边镜鼓等,后者扫描效率比前者高许多,因而应用广泛。

常用的旋转多边形镜鼓扫描装置的示意图如图 29-3 所示。目标辐射经过旋转多边形镜鼓和平面反射镜反射后,再经凹面反射镜会聚在探测器上。当多边形镜鼓转动 θ 角时,探测器的视场转动了 2θ 角,边数为 n 的镜鼓转动一周,它的每一面都分别对目标完成一行扫描,因此共完成 n 行扫描。我们将对目标的水平方向的扫描称为行扫描,对于目标的垂直方向的扫描称为场扫描。场扫描可以通过改变反射镜面的倾斜角度来完成,例如当旋转多边镜鼓在旋转的同时使旋转轴以轴线上某点为圆心转动(摆动),这样,当镜鼓完成了一行扫描准备开始另一行扫描时,下一个反射镜面刚好向下摆动一个角度。根据摆动角度的不同,可分为逐行扫描和隔行扫描,分别如图 29-4 和图 29-5 所示。行扫描与场扫描的协同作用,便可完成对目标图像的分解成像任务。

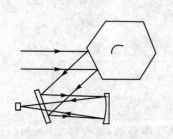

图 29-3 旋转多面镜扫描系统

图 29-4 逐行扫描

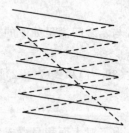

图 29-5 隔行扫描

2. 探测器驻留时间

探测器的驻留时间由探测器的瞬时视场和扫描装置的扫描速度共同决定。

扫描装置常用直流电机带动,直流电机的转速可以用外加电压方便地调节。设电机的转

速为 $m(r/s)$，电机与多边形镜鼓的转速比为 g，则扫描装置的扫描速率 S_r 为

$$S_r = \frac{2\,000\,m\pi}{ng} \quad (\text{mrad/s}) \tag{29-4}$$

式中，n 为多边形镜鼓的边数。

驻留时间 τ_d 为瞬时平面视场角 α 与扫描速率之比，即

$$\tau_d = \frac{\alpha}{S_r} \tag{29-5}$$

将式(29-3)和式(29-4)代入上式，可得

$$\tau_d = \frac{ang}{2\,000\pi mf} \quad (\text{s}) \tag{29-6}$$

式中，探测器边长 a 的单位为 mm；光学系统焦距 f 的单位为 m。

下面介绍驻留时间的另一种测量方法。将图 29-6(a)所示的等宽黑白条纹的光栅图案置于光机扫描系统的物面处，物距为 $d(\text{m})$。设探测器的边长为 $a(\text{mm})$，在物面上的投影长度为 l，光学系统的焦距为 $f(\text{m})$，则

$$l = \frac{ad}{f} \quad (\text{mm}) \tag{29-7}$$

若光栅的周期为 C，探测器输出的电信号的周期为 T，见图 29-6(b)，则

$$\tau_d = \frac{Tl}{C} = \frac{adT}{fC} \tag{29-8}$$

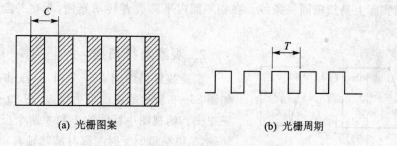

(a) 光栅图案   (b) 光栅周期

图 29-6 黑白条纹的光栅图案及周期

3. 扫描效率

扫描效率 η 取决于扫描面扫过的视场和系统的有效视场。行扫描效率 η_H 就是系统水平方向的有效视场角与镜鼓的一个面一次扫过的视场角之比，即

$$\eta_H = \frac{2W}{2\theta_f} \tag{29-9}$$

式中，$2W$ 为系统的有效视场角；$2\theta_f$ 为扫描器每一行扫过的总视场角。对于 n 面反射镜鼓，有

$$\theta_f = \frac{4\pi}{n} \tag{29-10}$$

所以
$$\eta_H = \frac{nW}{4\pi} \tag{29-11}$$

三、实验内容与装置

1. 观察逐行扫描

实验装置如图 29-7 所示。图中，1 为光源；2 为准直透镜；3 为光栅，光栅的图案为如图 29-8 所示的黑白相间的矩形条纹。扫描装置为旋转正四边形镜鼓，由直流电机通过皮带传递装置带动，镜鼓的反射面与转动轴平行。为便于观察，探测器后面接有前置放大器。

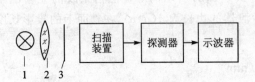

图 29-7 观察扫描实验装置示意图

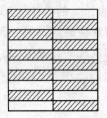

图 29-8 实验光栅

接通电源，调节像距，便可在示波器上观察到矩形波输出。由于该装置无场扫描机构，因而逐行扫描实际上是扫描同一条线。在物平面内平移或者转动光栅，观察并绘出示波器上出现的波形。

2. 观察隔行扫描

实验装置仍如图 29-7 所示，仅将扫描装置换为如图 29-9 所示的四面反射镜鼓，图 29-9 画出了它的三视图。俯视图中标明的 1 和 4 两个反射面平行于旋转轴，3 和 4 两个反射面都与旋转轴有一个夹角 ϕ，ϕ 角的方向如正视图和测试图所示。ϕ 角的大小与探测器的瞬时平面视场角相等，即

$$\phi = \alpha \tag{29-12}$$

经过前述的调整步骤在示波器上观察到稳定的输出波形，注意此时的波形与逐行扫描情况不同。画出光栅处于不同位置时的输出波形并与光栅图案进行比较，体会隔行扫描效果。

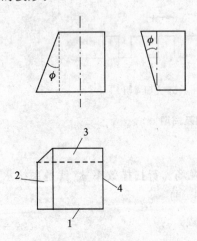

图 29-9 隔行扫描多面镜

3. 探测器驻留时间测定

因为皮带传动装置的转速比等于传动轮直径之比,所以分别测得主动轮直径 D_1 和被动轮直径 D_2 之后,便可求得变速比 g 为

$$g = \frac{D_1}{D_2} \tag{29-13}$$

由给定的系统参数 a、n 和 f,调节适当的电机转速 m,根据式(29-6)便可求得探测器的驻留时间 τ_d。

如要根据式(29-8)来测量驻留时间 τ_d,则可利用图 29-7 所示的实验装置。这时应将图 29-8 所示的光栅转动 90°。测量物距 d、光栅周期 C 和示波器上输出波形的周期 T,就可求得 τ_d。

以电机的转速 m 为参量,用上述两种方法分别测量 τ_d,测量结果填入表 29-1 中。比较这两种方法的优缺点。

表 29-1 测量结果

方法　　τ_d　　m					
方法 1					
方法 2					

4. 行扫描效率的测定

为了求得扫描效率,需要先测定系统的有效视场角。当光学系统中各元件的尺寸和相互距离都已知时,可以用作图的方法求出有效视场角。实际测定时刻采用如图 29-7 所示的装置。用位于光轴上的点光源或线光源作为目标在视场之内水平移动,观察示波器有无输出,记下示波器开始无输出的两个端点位置,则这两点对扫描装置中心点的张角就是系统的有效视场 $2W$。若扫描镜鼓的面数为 n,则可依据式(29-11)求出系统的行扫描效率。

将图 29-8 所示的光栅旋转 90° 置于光学系统视场中的物面处,设光栅水平视场角为 $2W_1$,若 $W_1 < W$,则系统对此光栅扫描时的有效行扫描效率 η_1 为

$$\eta_1 = \frac{nW_1}{4\pi} \tag{29-14}$$

若选择示波器的扫描速度比扫描装置的扫描速度慢(约 1/3),则可以在示波器上看出扫描的正程和逆程,也就可以体会扫描效率的物理意义。

四、思考题

① 光电系统对景物成像时为什么通常都必须扫描?物方扫描与像方扫描有何区别?各

有什么优缺点？

② 逐行扫描已经能够恢复图像，为什么还要研究隔行扫描？

③ 在本实验中观察逐行扫描和隔行扫描时，如果存在场扫描机构，在示波器上会看到什么样的波形？

④ 试根据式(29-11)分析提高行扫描效率的途径。扫描效率提高后可能会出现什么问题？

⑤ 探测器的驻留时间由扫描系统的哪些参数决定？减小探测器的驻留时间将受到哪些限制？

⑥ 信号处理电路的带宽与扫描装置的哪些参数有关？

⑦ 试证明本实验中采用的两种测量驻留时间的方法在本质上是一致的。

⑧ 根据思考题⑦的证明思路，自行设计出另一种测量行扫描效率的方法。

实验30　光电信号的采样和保持

光电系统的信号有连续的和脉冲的两种，均可采用模拟的或数字的处理方法。其中将连续信号变成数字信号，需要应用采样、保持方法；将脉冲信号变成连续信号，需要应用脉冲展宽方法，它的特殊情况就是脉冲峰值信号的保持。

将连续信号变成数字信号，大都可用 A/D 器件来完成。但当连续信号变化速度很快或要采集脉冲信号时，一般 A/D 器件转换速度较慢，不能达到模/数转换所需的精度。这时可在 A/D 器件前面增加一级快速采样、保持电路，便可采集到信号的瞬间值，满足模/数转换的精度要求。

一、实验目的

① 通过本实验，了解采样、保持电路的工作原理和峰值信号保持电路的原理；

② 掌握制作采样、保持电路和峰值信号保持电路的方法。

二、实验内容

① 演示一个光电信号的采样、保持电路；

② 装调一个采样、保持电路；

③ 装调峰值保持电路。

三、基本原理

采样、保持电路由模拟开关、模拟信号存储电容和缓冲放大器组成，如图 30-1 所示。采样脉冲源产生采样脉冲信号控制开关 S 通断。当开关 S 断开时，电容上的电压保持不变，在一定采样频率的采样脉冲作用下,电路的输入、输出及采样脉冲波形如图30-2所示。模拟开关一般由结型场效应管或 MOS 场效应管组成。因为它的关断电阻大,关断时电容上的电荷不易放掉、有较好的保持精度,缓冲放大器(电压跟随器)输入阻抗高、输出阻抗低,所以能保证电容上的电压不受后面负载的影响。要获得采样、保持精度高的电路,对模拟开关的参数和存储电容的质量都有很高的要求。

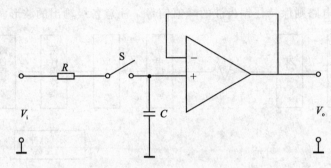

图 30-1 采样、保持电路原理

已有多种集成型采样、保持电路可供使用,只需选择集成电路和存储电容即可组装。存储电容一般应选择介质吸附效应与泄漏电阻小的电容,如聚苯乙烯电容和聚碳酸酯电容等。

峰值保持电路是采样、保持电路的特例。若电路输入电压是 $V_i(t)$,则电路输出电压 V_o 是 $V_i(t)$ 的峰值,其波形如图 30-3 所示。最简单的峰值保持电路可用二极管和电容器组成。但是二极管正向压降是随充电电流和温度变化的,电容所保持的电压值不稳定,因此,采用运算放大器组成的峰值保持电路能改善峰值检波精度。这种电路可见本实验参考资料。下面的实验电路为其中一例。

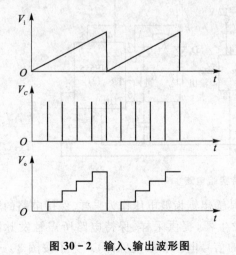

图 30-2 输入、输出波形图

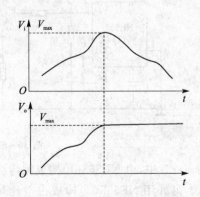

图 30-3 峰值保持电路的输入、输出波形

四、演示电路及实验电路

图 30-4 为演示电路框图。图中左半部为锯齿形光波信号源,右半部为光信号接收器。在信号源中,包括锯齿波发生器和发光管,发光管发出周期性锯齿形光波信号。在光电信号接收器中,光电探测器将光信号变为电信号,再经过放大后被采样、保持电路转变成周期性阶梯信号。而峰值保持电路则保持住锯齿波的峰值信号。注意各级输出的波形。

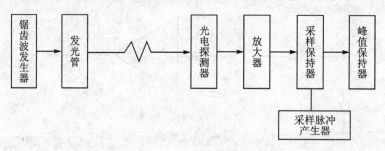

图 30-4 采样、保持实验原理

本实验内容是装调如图 30-5 所示的采样、保持实验电路和如图 30-8 所示的峰值保持实验电路。采样、保持实验电路由锯齿波发生器、触发脉冲发生器和 LF398 采样、保持集成电路组成。LF398 集成电路的内部结构图和外部连线图如图 30-6 所示。由图可以看出选择合适的存储电容 C 值(典型值为 $0.1~\mu F$)和加上适当频率的触发脉冲,就可输出采样保持电压。

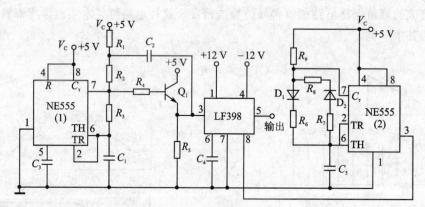

图 30-5 采样、保持实验电路

图 30-5 中,由 NE555(1) 构成锯齿波发生器,其输出锯齿波电压作为采样、保持电路的输入电压。另外用 NE555(2) 构成占空比可调脉冲发生器,提供采样、保持电路所需触发脉冲(当然,也可采用其他电路形式产生采样、保持电路的信号电压和触发脉冲)。为了按图 30-5

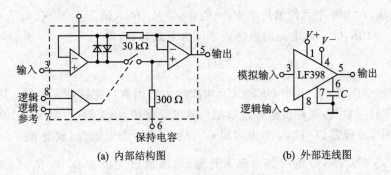

(a) 内部结构图　　　　(b) 外部连线图

图 30-6　LM398 集成电路

进行实验,下面简述一下 NE555 定时器电路的工作原理。

NE555 的内部结构原理如图 30-7 所示。在图 30-7 中,若不考虑引脚 5(即不使用引脚 5 时),当引脚 2 外加电压小于 $\frac{1}{3}V_C$(电源电压)时,比较器 II 翻转,从而导致 RS 触发器翻转,引脚 3 将输出高电平。同时晶体管 Q 截止,使引脚 7 内部开路。当引脚 6 外加电压高于 $\frac{2}{3}V_C$ 时,比较器 I 翻转,导致 RS 触发器翻回,引脚 3 将输出低电平。此时,晶体管 Q 导通,引脚 7 端内部近似接地。若引脚 5 端外加比较电压,则 NE555 在外加比较电压下工作。触发器 1 或 2 的翻转阈电平由引脚 5 端外加电压在电阻 R 上的压降决定。

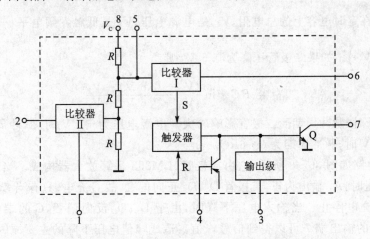

图 30-7　NE555 内部结构原理图

由 NE555 定时器组成的锯齿波发生器接法如图 30-5 中 NE555(1)所示。电容器 C_1 由电源电压(+5 V 通过 R_1、R_2 和 R_3 充电,并通过 NE555 的引脚 7 内部放电,从而在引脚 7 形成锯齿波。此锯齿波通过晶体管 Q_1 射极输出器输出,同时通过 C_2 正反馈至 R_2 上,保证在电容器 C_1 上充电电流近似不变(即不因电容 C_1 的电压升高而逐渐减小),从而获得较好的锯齿波线性斜坡电压,此电路中元件值可取 $R_1=R_2,R_2\geqslant R_5,R_3\times C_1\geqslant 5\times 10^{-6}$ s,$R_4=1$ kΩ,$R_5\geqslant$ 100 Ω,$R_1\times C_1\geqslant 10R_2C_1$。此电路的振荡频率可由下式计算,即

$$f = \frac{1}{C_1}[0.72(R_1+R_2)+0.693] \qquad (30-1)$$

采样脉冲源采用图 30-5 中 NE555(2)构成的占空因数可变脉冲发生器。因为对于模拟信号采样,取样时间愈短,取样值愈接近模拟信号的瞬间值,所以,取占空因数小的脉冲比较有利。图 30-5 中,二极管 D_1 和 D_2 为电容器 C_5 提供了两个分立的充、放电通路。当电容 C_4 上的电压低于 $\frac{1}{3}V_C$ 时,NE555 的引脚内部为开路,电源通过二极管 D_1 和 R_9、R_6 对电容 C_5 充电。当电容电压达到 $\frac{2}{3}V_C$ 时,由 NE555 的引脚 6 端控制使引脚 7 端内部接地。电容 C_5 通过二极管 D_2 和电阻 R_7、R_8 经引脚 7 端放电。当电容电压低到 $\frac{1}{3}V_C$ 时,电容重又开始充电,如此重复下去,形成振荡。在引脚 3 端输出占空因数可变的矩形脉冲,改变电阻 R_6 和 R_7,可分别输出脉冲的工作周期和截止周期。若放电回路中的电阻 R_8 等于充电回路中的电阻 R_9,$R_8=R_9$,则改变 R_6 或 R_7,可使工作周期之比在 10 000∶1 范围内变化。定时器输出高电平的周期为

$$T_{H1} = RC\ln\frac{V_C-V_1}{V_2} \qquad (30-2)$$

式中,R 是串联在定时电容上的总电阻;V_C 是电源电压;V_1 是低触发阈电平$\left(\frac{1}{3}V_C\right)$;$V_2$ 为高触发阈电平$\left(\frac{2}{3}V_C\right)$。如果二极管压降为 0.6 V,则

$$T'_{H1} = RC\cdot\ln\frac{(V_C-0.6\text{ V})-V_1}{(V_C-0.6\text{ V})-V_2} \qquad (30-3)$$

电源电压低时,脉冲周期受二极管影响较大。电源电压为 +5 V 时,脉冲周期为 $1.4RC$;电源电压为 15 V 时,脉冲周期为 $0.76RC$。

峰值保持电路如图 30-8 所示,它由二极管、LM353 运算放大器构成。当输入电压超过电容 C 的端电压时,A_1 输出为正,二极管 D_1、D_2 正向偏置,故 C 充电;只有当 C 的端电压与输入电压相等时,充电停止。当输入电压下降时,由于 D_1、D_2 反向偏置,C 的端电压可以被保持,于是,从 A_2 的输出端 7 可以得到信号峰值。造成峰值电压下降的主要原因是 A_2 的输入偏置电流和二极管 D_2 的反向电流。采用偏置电流小的运算放大器以及加 R_1 反馈,使二极管 D_2 两端的压差为零,可以减小峰值下降,获得较高精度的峰值保持输出电压。

实验中的信号源采用如图 30-2 所示的锯齿波输出电压。

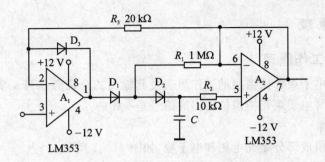

图 30-8　峰值保持实验电路

五、实验步骤

① 根据图 30-5 和图 30-8 计算出电路参数；
② 装调好采样保持电路和峰值保持电路。

六、实验报告

① 画出实验电路图，注上所取参数；
② 画出各级电路输出信号的波形、周期、电压等实验结果。

实验 31　摄像机信号的应用原理

工业摄像机通常与工业电视机结合在一起，供人们进行远距离观察或监视现场使用。但是，因为工业摄像机可以快速传送图像，所以人们还可以利用工业摄像机输出的信号配合信号处理电路，或者配合微机进行信息处理，以达到快速、实时地对被摄对象进行非接触测量、图形自动分析和识别，或对高温物体自动获取所需数据等多方面应用的目的。目前，广泛使用的工业摄像机有电子束管摄像机和 CCD 摄像机两种。CCD 摄像机结构精细，体积小，还可用于尺寸狭窄的地方，或者将摄像器件配以光纤用于医学或内窥等方面。因此，了解摄像机信号及开发其应用是很有意义的。

一、实验目的

掌握摄像机输出的全视频信号波形；了解用摄像机进行光电测量的原理。

二、实验要求

学会同步脉冲分离电路的原理，完成同步脉冲分离的实验电路，掌握 TV 信号及同步脉冲应用的某些方法。

三、基本原理

1. 摄像机的工作原理

这里简述一下电子束管摄像机的工作原理及其输出的全视频信号。实际上 CCD 摄像机输出的全电视信号与电子束管摄像机输出的信号是一样的。

(1) 摄像与显像

摄像管的主要组成部分是光电靶和电子枪,如图 31-1 所示。

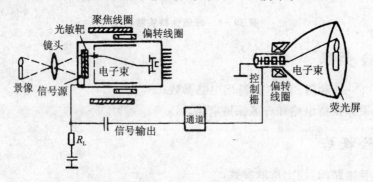

图 31-1 摄像管与显像管示意图

被摄图像通过光学系统成像于摄像管的靶面上。如果是光导型摄像管,其靶面上各点光强不同,就会对应有不同的光电导率,靶面上较强光照的像素处对应有较大的电导率,而较弱光照的像素处对应较小的电导率。摄像管中电子枪阴极发出的电子束,在电磁场作用下,以高速射向靶面,并在偏转线圈磁场作用下按一定规律扫描靶上各点。在扫到某点时,电源经摄像管阴极、靶面、信号板和负载电阻 R_L 组成回路,在负载电阻 R_L 上产生信号电流,信号电流的大小与靶面对应点的电导率呈线性关系。这就把一幅图像分解成许多像素,而每一像素所受光照强度和输出电信号呈线性的光电转换关系。

显像电视接收机是与摄像机配合的显示设备,它的核心器件是重现图像的显像管。显像管由电子枪与荧光屏组成,见图 31-1。电子束由电子枪阴极发出,受到偏转磁场和加速电场的作用,按一定规律以高速打到荧光屏。荧光屏上涂有一层荧光粉,它在电子束轰击下发光,其发光亮度与电子束所携带的能量成正比。

从摄像机输出的信号经传输之后,送到显像管的控制栅(或阴极)去调制电子束,从而改变电子所携带的能量,使受其轰击的荧光屏的发光亮度随图像信号的大小而变化,这样在荧光屏上重现出原来的图像。在这个过程中,摄像管中电子束对靶面的扫描和显像管中电子束对荧光屏的扫描是一致的(即同步的),都是从左至右、从上到下顺序扫描。图像中各像素明暗变化不是同时呈现在人们眼前,而是按扫描次序逐点呈现的,只是扫描速度足够快,由于人眼的视觉暂留作用,感到呈现一幅完整的图像。

(2) 扫描和同步信号

在摄像管和显像管外面都装有行与场两对偏转线圈,线圈中分别流过行、场锯齿波扫描电流(如图 31-2 所示),同时,产生对电子束偏转的水平与垂直两方面的偏转磁场。在这两个磁场的共同作用下,电子束就在摄像管的靶面上或显像管的荧光屏上作匀速直线扫描。

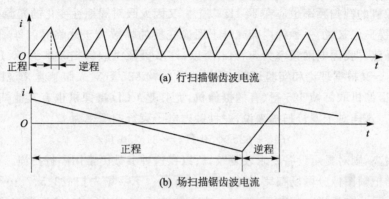

图 31-2 逐行扫描偏转线圈中电流波形图

锯齿波电流上升时期为电子束扫描时期,称为正程。行扫磁场使电子束水平方向偏转,而场扫磁场使电子束垂直方向偏转,如图 31-3(a)、(b)所示,二者共同作用如图 31-3(c)所示。扫描正程时,有图像信号的传送。

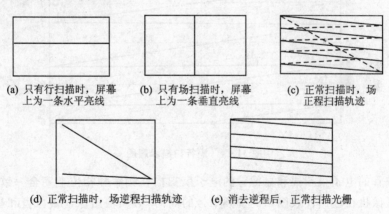

图 31-3 逐行扫描

锯齿波电流下降段为电子束回扫时期(行扫从右至左进行,场扫从下往上进行),称为逆程。为了使图像清晰,在逆程期间不传送图像信号。具体办法是在逆程期间摄像机送一个消隐脉冲到摄像管和显像管,迫使摄像管和显像管的电子束接近截止。迫使行逆程电子束截止的消隐脉冲称行消隐信号,迫使场(帧)逆程电子束截止的信号称场(帧)消隐信号。此信号波形在后面将看到。

目前,摄像机扫描方式基本上是两种:一种为逐行扫描,另一种为隔行扫描。逐行扫描是电子束从左至右、从上到下顺序地扫描,即如图 31-3(c)所示。扫完一帧图像后,电子束又回到原来起始点,重新开始新的一帧扫描。

在电影中,对活动图像以 24 帧/秒的速度拍摄时,由于人眼的视觉惰性就有连续活动的感觉,所以,摄像机的帧扫频率也应在 24 Hz 以上。又因人眼对周期性变化的光源有一个临界闪烁频率,对电视显像来说,一秒钟内荧光屏上图像变换的帧数大于此临界闪烁频率时,就没有不舒服的闪烁感。我国电网频率为 50 Hz,所以,许多摄像机取帧扫频率为 50 Hz,即扫一帧图像为 20 ms。又根据理论和实验证明,行扫线数每帧 625 行对人眼感觉来说图像已足够清晰,所以许多摄像机取每帧 625 行(有的摄像机,尤其是 CCD 摄像机也有其他帧频,每帧行数不为 625 行)。这样对于逐行扫描来说,一秒钟内电子束行扫频率为

$$f_H \approx 625 \times 50 \text{ Hz} = 31\,250 \text{ Hz}$$

若行扫频率太高,则对显示设备要求较复杂,所以在这种参数下常用隔行扫描。

隔行扫描把帧图像分两场扫完,如图 31-4 所示。第一场先扫 1、3、5、7、…行,称奇数场,如图中实线所示。在最后一行扫至一半时,电子束在垂直方向回扫,然后第二场再扫 2、4、6、8、…行,称偶数场,如图中虚线所示。利用人眼惰性,两场合成一帧,既能使清晰度高,也能使行扫频率下降。

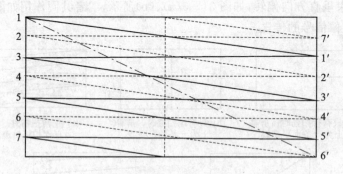

图 31-4 隔行扫描示意图

只有摄像管的电子束扫描和显像管的电子束扫描在频率和相位上完全一致,图像显示才正确。所以摄像机在输出代表图像的视频信号的同时,必须输出保证摄像管和显像管的行扫和场扫同步所需的同步信号。在行扫消隐期间,摄像机输出同步信号;在场扫消隐期间,摄像机输出场同步信号。显示器用摄像机输出的同步脉冲去触发扫描线圈,以保证二者严格同步。行、场同步脉冲是与视频信号用同一电缆输出的,所以通常是复合的同步脉冲。

(3) 全电视信号场

行同步脉冲、场同步脉冲、消隐脉冲和视频信号组成了摄像机输出的全电视信号,其波形如图 31-5 所示。图 31-5(a)为行扫描视频信号,(b)和(c)为两种不同的场同步脉冲。规定

白色电平为 10 %～12.5 %,黑色电平为 75 %,而同步脉冲电平为 100 %。

有的摄像机同步脉冲比较简单,场同步脉冲为一宽脉冲,行同步脉冲为一窄脉冲,它们处于场消隐、行消隐期间,如图 31-5(b)所示。

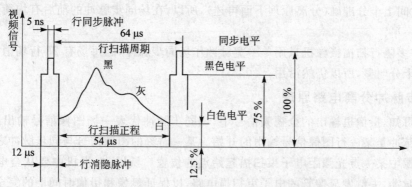

(a) 行扫描周期视频信号=摄像信号+消隐信号+同步信号

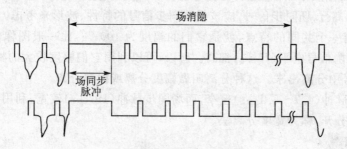

(b) 隔行扫描全电视信号

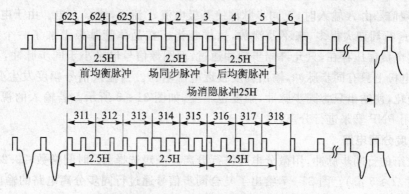

(c) 隔行扫描全电视信号(有均衡脉冲的场同步信号)

图 31-5 全电视信号

许多隔行扫描摄像机采用如图 31-5(c)所示的复合同步脉冲。场同步脉冲不是简单的宽脉冲,而在场同步脉冲中"开槽",其周期比行周期小一半,槽脉冲的上沿正好是行同步到来之时,这样行同步不间断,前几行图像信号不畸变。此外,为了使奇数场和偶数场的场同步脉冲分离后,时间上十分准确(分离原理下面再述),所以,在场同步脉冲的前后有均衡脉冲,周期为行周期的一半。

但是,许多隔行扫描摄像机只用单一宽脉冲作场同步脉冲,因每场有 25 行场消隐,对顶部图像弯曲不十分明显,所以仍然沿用。

2. 同步脉冲分离电路原理

由上面可知,摄像机输出的全视频信号中,场同步脉冲代表一场图像信号输出的开始,一行的行同步脉冲是某一行图像信号输出的开始。某一时刻的图像信号与同步脉冲之间的时间差对应于图像中某一点光强距电子束扫描起始点的位置。所以,电视机中要从全电视信号中分离出同步脉冲,去触发显像管的电子束扫描电路,以保证显像和摄像时间上的完全同步。在利用图像信号提取所需信息或利用它进行检测等情况下,也必须分离出行、场同步脉冲。

采用什么办法来分离行、场同步信号,应该根据同步信号的特性、波形来考虑。从图 31-5 可见,行、场同步信号有一个共同的特点,就是它们的幅度为 100%,比一般图像信号的电平(12.5%~75%)及消隐信号电平(75%)都高。所以,可以利用它们幅度较大的特点,把它们从图像信号及消隐信号中分离出来。这种分离叫做幅度分离或振幅分离。

另一方面,行同步脉冲($4.7 \sim 5.1~\mu s$)较窄,而场同步脉冲($192~\mu s$)较宽,利用它们宽度不同的特点,把它们彼此分开,称为宽度分离法。

(1) 振幅分离电路

振幅分离电路,如图 31-6 所示。在无信号输入时,因基极无偏流,故晶体管中没有电流流通;当视频信号由 A 输入时,正同步脉冲使基极电流 i_b 流通,给 C 充电。由于电容放电时间常数比 $64~\mu s$ 行周期大得多,来不及泄放,这样相当于在晶体管基极上加了一个自给的负偏压。由于这个负偏压存在,只允许同步脉冲通过,而图像信号电平小于同步脉冲,不能使 i_b 流通,这样集电极上只有同步脉冲,输出幅度接近电源电压。当输入信号幅度发生变化时,负偏压也相应变化,使输出只为同步脉冲,幅度也不变,如图 31-5 所示。若输入的视频信号是负极性,则可用 PNP 管来进行分离。

(2) 宽度分离电路

对于较窄的行同步脉冲,用微分电路进行分离。一般选择 RC 时间常数 $\leqslant 0.2T$(T 为行同步脉冲宽度,$T \approx 5~\mu s$)。图 31-7 给出了复合同步信号通过行同步分离电路的输出波形。

注意,由于在宽度为 $192~\mu s$ 的场同步脉冲中间开有窄槽,所以在场同步期间,行同步微分脉冲没有间断。这可保证接收机在场同步期间,行同步不至于中断。均衡脉冲的间隔为行同步间隔的一半,因此微分脉冲多了一倍。这些多余脉冲在行扫描正程中产生,所以不会影响行扫描。由于场同步脉冲较宽,可用积分电路来分离,积分电路的 RC 时间常数应大于行同步脉

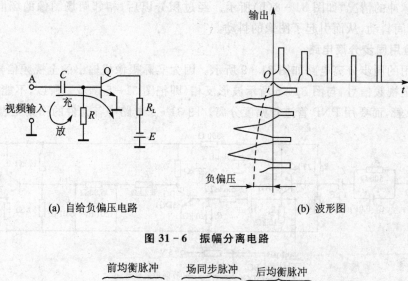

(a) 自给负偏压电路　　　　(b) 波形图

图 31-6　振幅分离电路

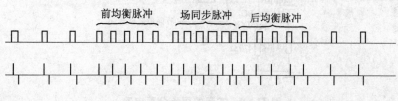

图 31-7　复合同步脉冲和宽度分离波形

冲宽度。为了使场同步脉冲输出电压幅度大一些，积分电路的 RC 时间常数应选得小一些，必须大于脉宽 5 μs，又应小于场同步脉冲宽度 192 μs，一般选用 $RC=80$ μs。这样复合同步脉冲经过积分电路后的波形如图 31-8 所示。

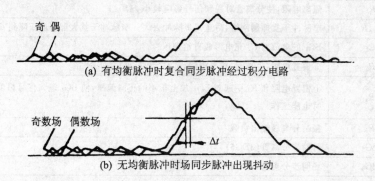

(a) 有均衡脉冲时复合同步脉冲经过积分电路

(b) 无均衡脉冲时场同步脉冲出现抖动

图 31-8　场同步脉冲分离后的波形

由于均衡脉冲周期比行周期小一半，故使奇数场和偶数场对积分电容充电脉冲数是一样的。所以，不论偶数场还是奇数场，场同步脉冲的积分波形都是一样的，如图 31-7 所示。相邻两场同步脉冲的积分波形，在经过 6 个均衡脉冲后，消除了同步的抖动，如图 31-8(a) 所示。

而对无均衡脉冲的情况,如图 31-8(b)所示。经过积分以后,相邻两场图像的场同步脉冲产生了 Δt 的时间抖动,从而引起了图像的抖动。

(3) 实验用同步分离电路

本实验用的同步分离电路如图 31-9 所示。因为实际摄像机输出的全视频信号同步脉冲是低电平即全视频信号,与图 31-5 所示波形反相(即把图 31-5 倒看),所以,不能如图 31-6 所示用 NPN 管,而要用 PNP 管进行幅度分离。图 31-9 电路中各元件的作用见表 31-1。

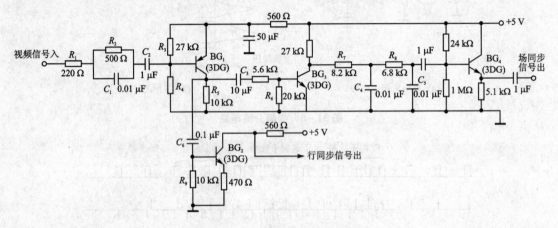

图 31-9 实际的同步分离电路

表 31-1 各元件的作用

元件	作用
BG_1	同步振幅分离管,由于输入是负向视频信号,所以采用 PNP 型管(3AG91)
R_1	隔离电阻,使分离管对视频信号影响较小
C_1、R_2	窄脉冲干扰抑制网络,防止同步脉冲丢失。窄脉冲干扰大部分电压降到 C_1 上
C_2	BG_1 的电流对 C_2 充电形成自给偏压
R_3	下偏置电阻,也是 C_2 放电电阻,$R_3 C_2 = 27\,000\ \mu s > 64\ \mu s$
R_4	上偏置电阻和 R_3 一起对 BG_1 加上很小的正向偏压,使 BG_1 输入信号幅度较小时也能工作
R_5	振幅分离级输出负载
BG_2	行同步分离管(3DG6)
BG_3	场同步分离管(3DG6)
C_3	耦合电容,给 BG_3 形成自给负偏压
R_6	与 C_3 一起形成自给负偏压 $RC \gg 64\ \mu s$
R_7、R_8、C_4、C_5	二级积分电路,第一级 $RC = 82\ \mu s$,第二级 $RC = 68\ \mu s$
C_6、R_9	耦合电路

3. TV 视频信号及同步信号应用原理

① 在屏幕上产生一标志框。若在某一行的电视信号上加一白电平或黑电平脉冲,则在屏幕上相应点会出现一白点或一黑点。如何确定点的位置,要用到场同步及行同步脉冲。从行同步脉冲延时 T 时刻,产生一标志点,则在屏幕上形成一条垂直线。经场同步延迟一个时刻,在某个行扫描正程上加上白或黑电平,则会在屏幕上产生一条横线。

在屏幕上产生一标志框,框的位置及大小均可调节,其电路原理图如图 31-10(a)所示。大家可以分析一下它的工作原理。

② 如图 31-11 所示,如用一个比较器,一端输入一个可调的直流电平,另一端输入 TV 视频信号,则在输出端可以切割出比直流电平高的视频信号。若将输出脉冲变为消隐电平或白色电平,再加到 TV 视频信号中去,则在屏幕上出现亮度超过某值(对应直流电平)的亮斑或暗斑,可看出图形的等亮线围成的亮斑或暗斑。这样,可在屏幕上观察光束的横截面以及等亮度曲线。进一步将这些脉冲加以积分,则可求出相应的面积。

四、实验装置

实验装置原理图如图 31-12 所示。摄像机 TV 视频输出接到实验装置的 TV 输入端。从 TV 输出端将视频信号接到面包板上供同步分离电路使用,同步分离电路的输出接到实验装置的行、场同步输入端,经过合成的视频信号送电视机进行显示。如果分离正确,电视机将显示标志框。框的位置和大小可通过调节面板的旋钮(也就是调节图 31-10 中的单稳电路定时电位计)获得。图 31-13 的面板数码显示出显示框的高度与宽度,或显示图 31-11 的积分值(由测量选择开关 H、B、S 选择)。

五、实验内容与步骤

内容 1:装调图 31-9 所示场行分离电路及观察部分演示实验。
步骤:
① 观察 TV 视频信号的波形,测量行同步、场同步脉冲宽度,以及行、场消隐脉冲的大小及宽度。
② 按图 31-9 在面包板上搭出同步分离电路,观察分离出的行、场同步脉冲。
③ 将分离出的行、场同步脉冲接到实验装置面板(见图 31-13)的行、场同步输入端。调节垂直水平位置及垂直水平幅度旋钮,观察屏幕上的标志框的移动及变化。同时,观察波段开关在 H、B 位置时,数码管显数的变化。
④ 将图 31-13 中转换开关搬到 S,调节阈值电平,观察屏幕上等亮度斑的变化,以及数码管显数的变化。

内容 2(加选):设计与制作标志框电路。

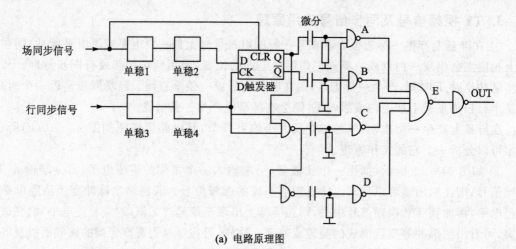

(a) 电路原理图

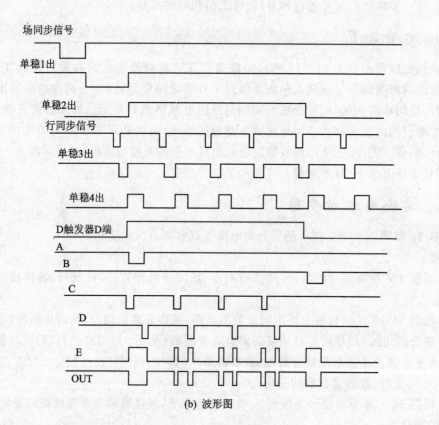

(b) 波形图

图 31-10 标志框产生电路原理图和波形图

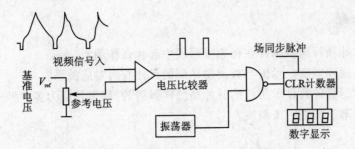

图 31-11　求等亮度线围成面积的电路原理图

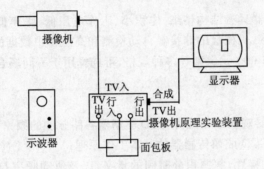

图 31-12　实验装置原理图

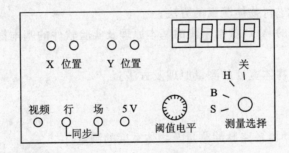

图 31-13　实验装置面板图

六、实验报告要求

① 画出所观察到的全视频脉冲波形图,并在图上注明场、行同步脉冲的脉宽,场周期,行周期,图像信号行周期,消隐电平和视频信号电平的高度。

② 画出所调电路各级输出信号的波形,并解释其原理。

③ 算出一场包括多少行。

七、思考题

① 场同步脉冲和行同步脉冲在标志框形成中起什么作用？
② 标志框高度和宽度显示值与被测物平面的尺寸有何对应关系？
③ 设想使数码管计数显示所需的脉冲是怎样得到的，频率各应为多少？
④ 如何在屏幕上产生一条斜线？

实验 32　线阵 CCD 成像传感器的原理与应用

线阵 CCD 成像传感器具有结构精细、体积小、工作电压低、噪声低、响应度高等优点。它已应用于运动图像的传感、机械量的非接触自动检测和高温场中数据的自动获取等许多方面。线阵 CCD 器件有 256～5 000 元像素等多种规格，可选择用于不同场合。

一、实验目的

① 掌握用双踪示波器观测二相线阵 CCD 驱动器各路脉冲的频率、幅度、周期和相位关系的测量方法及二相线阵 CCD 成像传感器的基本工作原理；
② 掌握 CCD 的有关特性，掌握积分时间的意义，以及驱动频率与积分时间对 CCD 输出信号的影响；
③ 定性了解 CCD 进行物体测量的方法；
④ 掌握线阵 CCD 的 A/D 数据采集的基本原理及实验软件的基本操作，熟悉各项设置和调整功能；
⑤ 掌握 CCD 测量物体宽度的测量原理及方法。

二、实验内容

二相线阵 CCD 驱动器各路脉冲测量及物体宽度的测量。

三、基本原理

CCD 是电荷耦合器件（Charge Coupled Device）的简称，它是由金属-氧化物-半导体（简称 MOS）构成的密排器件。它主要用于两个领域：一是用于信息存储和信息处理；二是用于摄像装置。这里介绍摄像用的黑白两相线阵 CCD。

1. 黑白两相线阵 CCD 结构简述

黑白两相线阵 CCD 有多种规格，实际上大同小异。这里以实验所用 TCD1200D 型 2 160 像素的 CCD 为例进行简述，结构示意图如图 32－1 所示。

它包括摄像机构、两个 CCD 模拟移位寄存器、输出机构和采样保持电路四部分。摄像机

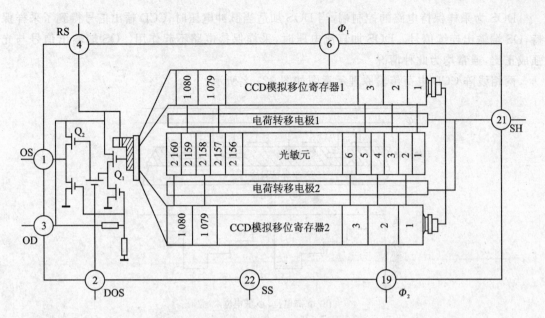

图 32-1　TCD1200D 结构示意图

构也称摄像区,它具有 2 160 个光敏元和电荷转移电极,实际上为 2 160 个 MOS 电容,电荷转移电极为 MOS 电容的栅极,通过电荷转移电极给栅极加脉冲电压。光敏元起光电转换作用,MOS 电容起暂存转换的电荷和向 CCD 模拟移位寄存器转移电荷包的作用。将 2 160 个 MOS 电容的奇数位分别与 CCD 模拟移位寄存器 1 相连,偶数位分别与 CCD 模拟移位寄存器 2 相连。

CCD 模拟移位寄存器也是由一系列 MOS 电容组成的。移位寄存器 1 和 2 各密排 1 080 个,它们对光不敏感,Φ_1、Φ_2 为 MOS 电容的栅极,通过 Φ_1、Φ_2 为外部加脉冲电压。

电荷转移电极 SH 为摄像区 MOS 电容的控制电极,外加周期性脉冲电压。在脉冲电压低电平期间,摄像机构中的 MOS 电容形成势阱,暂存光敏元转换的电荷,建立起一个与图像明暗成比例的电荷图像。高电平期间,摄像区的 MOS 电容中的电荷同时读出到 CCD 模拟移位寄存器的 MOS 电容中,奇数位信号转移到移位寄存器 1,偶数位信号转移到移位寄存器 2。在下一个周期的低电平期间,摄像区的 MOS 电容摄取第二帧图像;与此同时,CCD 转移寄存器的 MOS 电容中的电荷,在 Φ_1、Φ_2 脉冲电压的作用下,两个移位寄存器中的电荷包以奇、偶序号交替的方式逐个移位到输出机构中,恢复了摄像时的次序。

由场效应管 Q_1、Q_2 构成的两个源极跟随器构成输出机构,将来自 CCD 移位寄存器携带图像信息的电荷包以电压的形式送到器件外,OS 是输出电极。

输出机构接有复位电极 RS,接到 Q_1 的栅极。每当前一个电荷包输出完毕,下一个电荷包尚未输出之前,RS 上应出现复位脉冲,将前一个电荷包抽走,使 Q_1 栅极复原,准备接收下一个电荷包。

DOS为采样保持电路的控制端,当DOS加适当脉冲电压时,CCD输出信号得到了采样保持,OS端输出连续信号。DOS加直流电压时,采样保持电路不起作用。OS端输出信号与光强成正比,通常均为此种情况。

两相线阵CCD电荷传输原理示意图如图32-2所示。

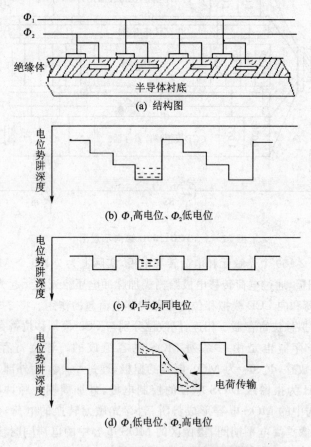

图32-2 两相线阵CCD电荷传输原理示意图

每一相有两个电极(即原理中的一个CCD移位寄存器的MOS电容在实际中用两个),这两个电极与半导体衬底间的绝缘体厚度不同,在同一外加电压下产生两个不同深度的势阱,绝缘体薄的MOS电容比绝缘体厚的MOS电容势阱深,只要不是过多的电荷引入,电荷总是存于右边那个势阱。图32-2(b)显示了位相相差180°的驱动脉冲Φ_1为高电位、Φ_2为低电位时MOS电容的势阱深度及电荷存储情况。图32-2(c)表示Φ_1和Φ_2电位相等时的情况,这时电荷还不能移动;图32-2(d)显示了Φ_1为低电位、Φ_2为高电位时的情况,这时电荷流入Φ_2相的势阱。当Φ_1和Φ_2电位再相等时停止流动。

电荷传输机理证明,电荷从一个势阱传输到下一个势阱需要一定的时间,且电荷传输随时间的变化遵循指数衰减规律,只有由 Φ_1 和 Φ_2 的频率所确定的电荷传输时间大于或等于电荷传输所需要的时间,电荷才能全部传输。但在实际应用中,从工作速率考虑,由频率所确定的电荷传输时间往往小于电荷本身传输所需要的时间。这就是说,电荷的转移效率与驱动频率有关。驱动频率越低,输出信号越强。积分时间为光电转换的时间,显然,积分时间越长,光敏区的 MOS 电容存储的电荷越多,相应的输出信号越强。

2. 驱动脉冲及时序要求

要使 CCD 器件正常工作,至少要在 SH、Φ_1、Φ_2、RS 电极上加四路脉冲电压。这四路脉冲的周期和时序要满足图 32-3 所示的要求,图中 U_O 为 CCD 输出信号。

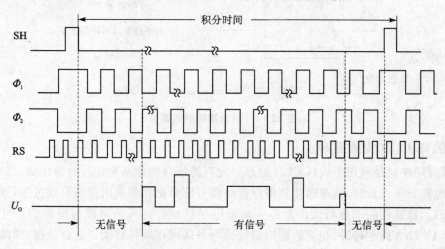

图 32-3 CCD 驱动信号时序要求

SH 为电荷转移电极控制脉冲。SH 为低电平时处于"采光期",进行摄像,摄像区的 MOS 电容对光生电子进行积累;SH 为高电平时,摄像区积累的光生电子按奇偶顺序移向两侧的移位寄存器中,时间很短,所以 SH 脉冲的周期决定了器件采光时间的长短。SH 脉冲的周期称为积分时间。

Φ_1、Φ_2 为加在移位寄存器 MOS 电容上的脉冲,称为驱动频率。在 SH 脉冲的一个周期里,两侧的移位寄存器在 Φ_1、Φ_2 驱动脉冲的作用下,把上一周期转移来的电荷包逐个依次输出到器件外。每当 Φ_1 或 Φ_2 高电平时就输出一个电荷包,按奇偶顺序移位,Φ_1 移奇数位,Φ_2 移偶数位。因此,Φ_1、Φ_2 的位相必须相反。

驱动频率的大小要适当,因为电荷的传输是从一个势阱依次传到下一势阱,需要一定的时间,Φ_1、Φ_2 的周期若小于这一时间,势阱的电荷不能全部输出,则影响输出信号的幅度和精度;驱动频率太大会使噪声增大。

SH 和 Φ_1、Φ_2 必须满足:SH 的周期等于或稍大于(2 160/2)个 Φ_1、Φ_2 脉冲周期,小于时

则电荷包不能全部输出,会影响下个周期输出信号的精确度;太大会影响器件的速率。

RS 脉冲为复位脉冲,其频率为 Φ_1、Φ_2 脉冲频率的 2 倍。

以上四个脉冲除频率要满足要求外,脉冲波形也有一定要求,尤其是 SH、Φ_1、Φ_2 脉冲之间的关系,当 SH 为高电平时,Φ_1 必须同时为高电平,且 Φ_1 必须比 SH 提前上升;当 SH 为低电平时,Φ_1 必须同时为低电平,且 Φ_1 必须比 SH 迟后下降。如图 32-4 所示,用模拟示波器是很难测出这些时间的。

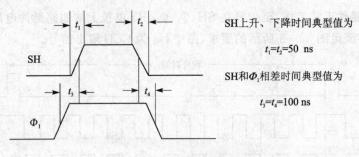

图 32-4 驱动脉冲波形要求

3. 线阵 CCD 传感原理

实际应用中就是利用了线阵 CCD 的感光元对光信号的敏感来进行的。比如,当有物体挡住 CCD 的部分感光元时,电荷转移到寄存器时就有部分寄存器的电荷没有或过少,这样,当信号被传出后,被遮住的部分看到的就是一块低电平区域。区域的宽度与物体的尺寸有关系。当物体沿 CCD 方向平移时,相应的输出信号低电平区域也同样移动。这就是说,线阵 CCD 能够很好地反映物体的尺寸和位移特征。当给予适当的标定后,就能很精确地测量物体的尺寸和移动速度,这就是 CCD 作为传感器的原理。

如图 32-5 所示,若尺寸为 L 的被测物体 ab 置于成像镜头的物面,线阵 CCD 的感光面置于成像镜头的像面,则在 CCD 的感光面上形成物体倒立的像 ba,CCD 感光面上光强分布发生变化,从而输出电信号强度发生变化,理想的反映光强分布的电信号曲线应如图 32-5 中实线所示。根据这个曲线,可以测得物体 ab 经成像镜头在像面的尺寸 L',若已知光学放大倍数 f,就可以计算物体的尺寸 L。这是成像法。

也可采用简单的透射法,如图 32-6 所示,均匀的平行光垂直入射 CCD 感光面,将宽为 L 的物体放入光路,则 CCD 感光面接收到光,从而 CCD 输出信号将发生变化,理想情况如图 32-6 实线所示。但由于入射光非平行性和直边衍射等因素的影响,实际输出信号的强度变化如虚线所示,不能唯一确定 L'。要实际进行定量测量,必须对 CCD 输出信号进行处理。

其处理方法就是对虚线所示输出信号进行所谓"二值化处理"。图 32-7 是硬件固定阈值二值化处理电路及处理结果。

比较放大器的正相输入端接 CCD 的输出信号 U_0,反相输入端接一电位器,通过此电位器

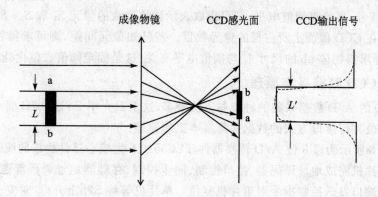

图 32-5 CCD 成像法测物

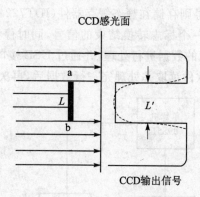

图 32-6 CCD 透射法测物

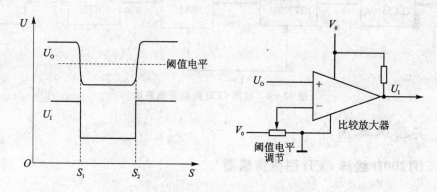

图 32-7 固定阈值二值化处理电路及结果

调节反相输入端的电平,此电平称为阈值电平。只有当 U_O 大于阈值电平时,放大器才有输出信号 U_I。U_I 称为二值化输出信号,可用示波器观察。

硬件二值化过程只能定性观察,若要定量测量,则需通过软件来实现。由 USB 数据采集

电路采集 U_0 信号,再给出阈值电平,则可提取表示物体边缘的像元 S_1 和 S_2,S_1 和 S_2 的差值即为被测物体在 CCD 像面上所占据的像元数目。若已知像元间距,则可求得物体 ab 的尺寸 L'。显然,这样求得物体 ab 的尺寸 L' 与阈值电平有关,这是固定阈值二值化处理的缺点。

4. 线阵 CCD 数据采集原理

线阵 CCD 的 A/D 数据采集的种类和方法很多,这里只介绍 ZY12207C 型 CCD 原理实验仪所采用的 8 位并行接口方式的数据采集基本工作原理。

如图 32-8 所示为以 8 位 A/D 转换器件 TLC5510A 为核心器件构成的线阵 CCD 数据采集系统。以单片机完成地址译码器、接口控制、同步控制、存储器地址译码等逻辑功能。计算机软件通过向端口发送控制指令对单片机复位。单片机等待 SH 上升沿(对应于 CCD 第一个有效输出信号)触发 A/D 开始工作,A/D 器件则通过 RS 信号完成对每个像元的同步采样。A/D 转换输出的 8 位数字信号则存储在静态缓存器件(IDT72241)中,当一帧像元的数据转换完成后,单片机(U29)会生成一个标志转换结束的信号,同时停止 A/D 转换器和存储器的工作。单片机(U23)将此帧像元的数据进行处理,并通过 USB 接口芯片将采集信号送给计算机软件进行相关显示处理。当软件读取并处理完一行数据后,再次发送复位指令循环上述过程。

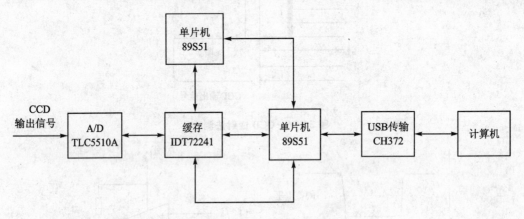

图 32-8 线阵 CCD 数据采集系统

四、实验仪器简介

1. TCD1200D 线阵 CCD 图像传感器

特性如下:
- 像敏单元数目:2 160 像元。
- 像敏单元大小:14 μm×14 μm×14 μm(相邻像元中心距 14 μm)。
- 光敏区域:采用高灵敏度 PN 结作为光敏单元。
- 时钟:二相(5 V)。

- 内部电路:包含采样保持电路,输出预放大电路。
- 封装形式:22 脚 DIP 封装。

引脚图如图 32-9 所示。

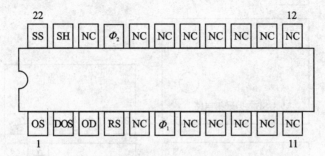

Φ_1—时钟 1;OS—信号输出;Φ_2—时钟 2;DOS—补偿输出;
SH—转移控制栅;OD—电源;RS—复位栅;SS—地;NC—空脚

图 32-9 引脚图

工作条件如表 32-1 所列。

表 32-1 工作条件

特 性		符 号	最小值	典型值	最大值	单 位
时钟脉冲电压	高电平	V_Φ	5~15	5	5.5	V
	低电平		0	0.2	0.5	
转移脉冲电压	高电平	V_{SH}	5~15	5	5.5	V
	低电平		0	0.2	0.5	
复位脉冲电压	高电平	V_{RS}	5~15	5	5.5	V
	低电平		0	0.2	0.5	
电源电压		V_{OD}	11.4	12	13	V
时钟脉冲频率		f_Φ	0.1	0.5	1.0	MHz
复位脉冲频率		f_{RS}	0.2	1.0	2.0	MHz

2. ZY12207C 型 CCD 原理实验箱

板面布置如图 32-10 所示。
仪器由 6 部分组成:
① CCD 驱动产生及调节电路:产生 CCD 驱动所需的各种驱动脉冲。
② 积分时间驱动频率测试电路:
- 调整 SH 脉冲的周期,按"积分时间",DS1 轮番显示 0、1、2、3。对应不同的 SH 脉冲周期,0 对应最小周期,3 对应最大周期。

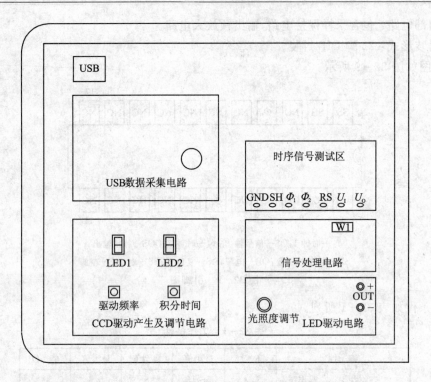

图 32－10　ZY12207C 型 CCD 原理及应用实验箱面板布置

● 调整时钟脉冲频率和复位脉冲频率，按"驱动频率"，DS2 轮番显示 0、1、2、3，对应不同的时钟频率，0 对应最大频率，3 对应最小频率。

为保证 SH 脉冲的周期等于或稍大于 $(2\,160/2)$ 个 Φ_1、Φ_2 脉冲周期，调整时钟脉冲频率时，SH 脉冲的周期随之变化；而调整 SH 脉冲周期时，时钟脉冲周期不变。

③ 信号处理电路：用硬件对 CCD 输出信号进行二值化处理，W_1 电位器可调整阈值电平。

④ 时序信号测试区：转移脉冲 SH，时钟脉冲 Φ_1、Φ_2，复位脉冲 RS，CCD 输出 U_0，二值化处理后信号 U_1 的输出引出端。

⑤ USB 数据采集电路：CCD 输出与计算机接口电路，目的是通过软件对 CCD 输出信号进行二值化处理。

⑥ 光源与 CCD 暗箱：包含光源和 CCD 传感器，光源用实验箱上的 0～12 V 电源驱动，光强度可调，CCD 传感器用电缆接入实验箱上的"CCD"接口。

五、实验步骤

① 连接好光源线和 CCD 信号线，选择相应的驱动频率和积分时间，用双踪示波器，一通

道测 SH 信号,二通道测 U_0 信号。用 SH 信号作为触发信号,调整光源驱动,使 U_0 信号较为圆滑。

② 用双踪示波器分别测试 SH 与 Φ_1,SH 与 Φ_2,Φ_1 与 Φ_2,RS 与 Φ_1、Φ_2,RS 与 SH,可以清楚地观察到它们之间的关系,这是 CCD 正常工作的必要条件。调整驱动频率和积分时间,观察它们的变化。

③ 调整驱动频率和积分时间,可以看到波形发生了明显的变化,频率以及 V_{pp} 都发生了变化,甚至出现波形的波谷丢失的情况。这是由于当驱动频率发生变化时,积分时间同样发生了变化,由于感光器件的过度曝光,使得所有的寄存器都是满电荷状态,输出信号显示为一直流电平。此时调节 LED 驱动电路,减小光源的照度即可恢复原波形信号。当频率过低时,可以发现,无论怎么调节光源,始终无输出信号,这也很好地反映了 CCD 器件的频率特性。

④ 用双踪示波器的一通道测试 SH 信号,二通道测试 U_0 信号;用 SH 信号作为触发信号,将物片放入插孔内,可以看到波形中出现了一条波谷,这就是物体宽度在波形上的直观反映。

⑤ 用双踪示波器的一通道测试 U_0 信号,二通道测试 U_1 信号,对比两路信号,即完成硬件二值化的过程。调节阈值电平,可以更加清晰地观察二值化前后的变化。

⑥ 用 USB 连接线连接实验箱与计算机,安装完成驱动程序后,运行实验软件,设置相关的显示像元等参数,完成物体宽度的精确测量。

六、实验报告要求

① 记录实验中 SH 与 Φ_1,SH 与 Φ_2,Φ_1 与 Φ_2,RS 与 Φ_1、Φ_2,RS 与 SH 的波形,看是否满足 CCD 驱动脉冲要求。
② 画出 CCD 输出信号的波形及幅度。
③ 记录 U_1 和 U_0 信号波形,分析二值化实现原理。
④ 记录物体宽度测量结果。

七、思考题

① 综合测量结果,画出 HS、Φ_1、Φ_2、RS 的波形,说明时序和相位的关系,进而说明 TCD1200D 的基本工作原理。
② 在本实验中,CCD 驱动信号频率最好取多少?高些或低些会有什么影响?太高或太低将会如何?
③ 查阅有关的芯片资料,结合实验原理介绍的信号控制流程,试编写数据 A/D 转换和 USB 控制程序。

实验33　二维光强分布的立体显示

二维光强分布的立体显示可用来形象地观察和研究干涉图、衍射图和激光光束中的光强分布情况。

一、实验目的

① 通过实验演示,开阔眼界,进一步了解摄像机输出信号;
② 了解用示波器立体显示二维光强分布的原理。

二、实验内容

装调出二维光强分布立体显示所需的电路。

三、基本原理

在"摄像机信号的应用原理"实验中,我们已经知道摄像机能把一幅二维光强分布图像以全视频信号的形式逐行依次输出。视频信号的大小正比于图像的光强。如果在示波器上要以图像信号电压的高低立体显示出对应的二维图像的光强分布,则需要达到如下三个要求:

① 摄像机输出的全视频信号从示波器的 Y 轴输入,而示波器 X 方向扫描周期应接近视频信号中行扫信号周期。

② 为了得到立体显示,示波器 Y 方向显示的每行信号应该不重叠,而是第一行、第二行、第三行……依次分开,如图 33-1 所示。图中虚线表示每一行扫的轨迹,实线表示每行图像信号。信号的高度与图像中的光强成正比。这些显示信号强弱的亮线,因人眼视觉暂留作用而使人感到同时重叠在显示屏上,给人以立体的感觉。但是仅此立体感还不够强,假如图像是如图 33-2 所示的均匀光,此时,在示波器屏上将显示出如图 33-3 所示的波形。波形中每一行的矩形波信号重叠在一起,所以还要有下一个要求。

③ 示波器 X 轴扫描的起始点应该相对于视频中的行同步信号,逐行左移(或右移)微小时间间隔,于是,显示信号波形如图 33-4(a)或图 33-4(b)所示,得到较强的立体感。

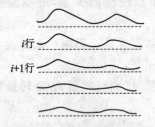

图 33-1　视频信号中显示的行信号

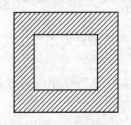

图 33-2　均匀光强分布的矩形亮斑

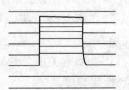

图 33-3　矩形光斑的信号

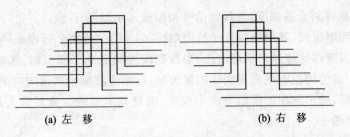

图 33-4　图像信号立体显示波形

为了获得上述显示效果,需要在示波器 Y 轴输入的全视频信号中再叠加一个锯齿波电压,使每行视频信号显示时,在 Y 方向隔开微小距离。加入锯齿波电压后。示波器行扫轨迹如图 33-5 所示。图中实线为实际行扫轨迹,与真实水平线相比,略向下倾斜。锯齿波电压的周期应接近图像信号的场周期。另外,利用全视频信号的行同步脉冲的延迟脉冲作 X 扫描的外触发信号,以实现每行信号显示的起点有微小左移(或右移),实现图形的侧转。

根据以上要求,可得出实现二维光强分布立体显示的电路方框图,如图 33-6 所示。

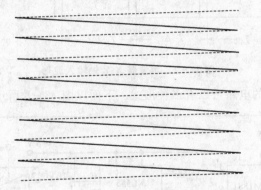

图 33-5　Y 方向加慢变化锯齿波信号

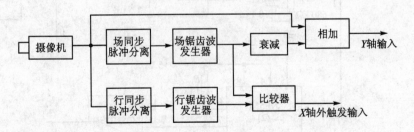

图 33-6　二维光强分布立体显示电路方框图

在图 33-6 中,摄像机输出的视频信号经场、行同步脉冲分离后,得到场同步脉冲和行同步脉冲输出。场同步脉冲触发锯齿波发生器,得到锯齿波输出,其周期接近于场周期

(≤20 ms)，经衰减得到合适幅度，与视频信号相加送入示波器 Y 轴。另由行同步脉冲触发行锯齿波发生器得到锯齿波，其周期接近于行周期(≤64 μs)。这两个锯齿波同时送到比较器进行比较。用场锯齿波作比较器的阈值电压，当行锯齿波幅度高于阈值时，比较器就翻转；低于阈值时，就返回。因为阈值电压是慢变化的锯齿波，行锯齿波高于阈值的时刻对每一行都在移动。比较器翻转后，输出脉冲的周期有微小改变，满足显示要求。最后输入示波器 Y 轴和 X 轴的信号波形，如图 33-7 所示。

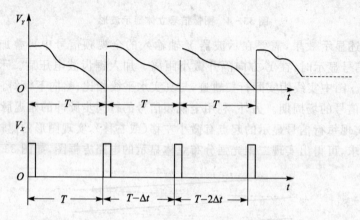

图 33-7　示波器 X、Y 轴输入波形

实现 33-6 方框图的电路可以有多种形式。下面以图 33-8 所示为例作一说明。

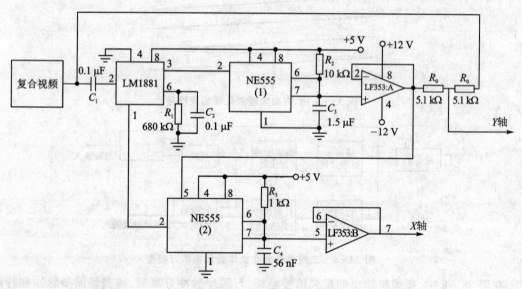

图 33-8　实验电路

图 33-8 所示电路中，LM1881 为单片集成同步分离电路。其 3 脚输出为场同步脉冲，并触发 NE555(1) 形成场锯齿波，与视频信号叠加后形成 Y 轴扫描信号。其 2 脚输出为行同步脉冲，触发 NE555(2) 形成行锯齿波，并由场锯齿波控制其比较电压，所以得到的行锯齿波周期是渐变的，它作为触发信号输入示波器的 X 轴。

行、场锯齿波的周期应等于或略小于行、场同步周期。场锯齿波周期可用公式 $T = \frac{2}{3} R_2 C_3$ 来计算。行锯齿波电路中电容充电的最高电压是引脚 5 的外加电压 V_5（而不是 $\frac{2}{3} E$），故其周期公式为

$$T = \frac{V_5}{E} R_3 C_4 \qquad (33-1)$$

四、实验步骤

① 设计出全部电路，确定参数；
② 连接摄像机和示波器，调试出全部电路；
③ 用示波器立体显示激光干涉图的二维光强分布。

五、实验报告

① 画出设计电路图（注明参数）；
② 记下实验结果，画出各级信号波形；
③ 对结果进行讨论。

六、思考题

如果一个光电倍增管或四象限光电二极管，需要立体显示其光敏面上各点响应度的均匀性，试拟定其实验方案。

实验 34　图像的数据采集

数字图像处理技术在国防、医学以及工业检测等领域中得到了广泛的应用。在数字图像处理过程中，首先要解决的就是图像数据的获取。本实验将介绍一种常用的图像数据采集技术。

一、实验目的

通过实验了解图像采集原理，学习制作一般简易图像数据采集器。

二、实验要求

预习实验基本原理,设计出图像数据采集实验中所需电路,并制作静态图像数据采集器。

三、基本原理

图像采集通常是以 TV 摄像机作为图像摄取部件,将其输出的视频信号采样,并经 A/D 转换得到数字信号,如图 34-1 所示。一幅二维黑白数字图像的大小,一般用采样的像素点来表示,如 256(行)×256(列)×8(灰度)。

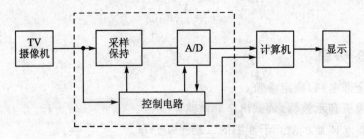

图 34-1 图像采集结构图

图 34-1 中虚线所围部分为图像采集器,它的功能是将模拟信号转换为数字信号。由于图像信号频带宽,并加有同步、消隐信号,因而这样的模/数转换系统要比一般的模/数转换系统复杂。通常在制作图像采集器时常需考虑以下几个问题:

① A/D 转换速度。常规摄像机的输出信号频率带宽都有几兆赫。由采样定理可知,要正确重现图像信号,采样保持及 A/D 转换的频率要达 10 MHz 或更高。

② 数字图像信号缓冲区。由 A/D 转换得到的数字信号存放于何处,以及如何存放,都直接与采集器的性能、成本相关。计算机内存与外设数据交换通常是两种方式:一是 CPU 通过接口进行,这种方式简便,但速度慢,一次传送都要十几个微秒左右;二是直接数据存储方式(DMA),像 Intel8237-2 DMAC 芯片,可以按 1.6 MB/s 的速度传送数据,但仍不能满足视频图像采集的要求。所以一般视频图像采集器大都有自己的数字图像缓冲区,也叫帧存储器,如图 34-2 所示。

视频信号先经采样保持(S/H)、A/D 存入帧存储器,然后由计算机读入内存,处理后输出。图中采样控制器、存储器读/写、存储器地址这些单元都是依视频信号中的同步信号,在特定时刻送给相应的器件。这样的系统由于使用了高速 A/D,以及需要自建帧存储器,所以造价较高。

下面介绍一种早期人们使用的静态图像采集方法,如图 34-3 所示。使采集器按每个电视扫描行采样一个像素点,每帧取一列数据,后一帧的取样时间较前帧后移一个像素点,逐列取样,每次后移一个像素点,这样就可完成整幅图像的采集。由于每个扫描行只采集一个像

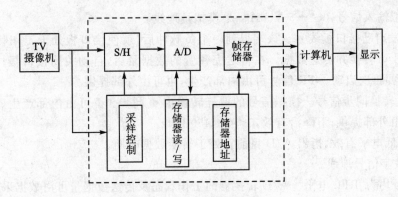

图 34-2 图像采集原理

素,故每一像素的采样和 A/D 转换都有较充裕的时间(一个扫描行为 64 ps),就可避免使用价格较贵的高速 A/D。使用普通 A/D 转换器,也容易与计算机的 I/O 速度相匹配,将 A/D 转换数据直接放入计算机内存,省去了自建帧存储器,但这种方法的缺点是使采样一幅图像的时间增加到数秒,因此只能用于输入静态图像。随着半导体技术的迅猛发展,其速度可达 15 MHz,为图像的实时处理提供了可行的解决方案。

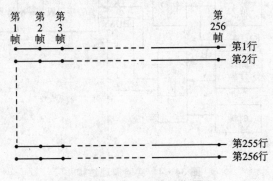

图 34-3 静态图像采集原理

四、实验装置

① TV 摄像机;

② 计算机;

③ 20 MHz 双踪示波器;

④ A/D 接口板及数据采集软件。

其中 A/D 接口板,有一个 8 位 A/D 转换器,转换时间小于 1.2 μs。与数据采集软件配合使用,可以将 A/D 转换数据送入计算机的指定内存,传送速度最高为 450 KB/s。该 A/D 接口板可直接插入计算机的扩展槽内。A/D 转换的控制信号通过九线扁平电缆提供。

A_{in}：模拟输入信号，0～+5 V。A_{GND}：模拟量地线。

TR：触发启动接口板线号。该端得到一个负脉冲后，就使接口板处于工作状态，A/D 按所给同步信号 Φ 转换并传送数据。在传送完预置的数据量后，自动关闭接口板；若还需传送新的数据，就要再次启动。TR 信号可由内部产生，也可由外部提供。

Φ：A/D 转换同步信号。模拟信号的取样转换由 Φ 同步。Φ 可由内部产生（固定频率为 450 kHz）或由外部提供；下降沿有效，$0 < \Phi \leqslant 450$ kHz。

BUSY：低电平有效，指出 A/D 目前正处于转换数据时期。

D_{GND}：数字信号地线。

以上信号均为 TTL 电平。A/D 转换器的工作状态及传送数据量可由数据采集软件程序设定，传送的数据量在 256 B～64 KB 之间。

五、实验步骤

制作一静态图像采集器（见图 34-4 虚线部分），并显示输出。

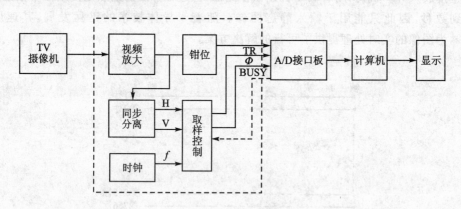

图 34-4　实验原理结构

TV 摄像给出的视频信号在 1 V 左右，A/D 接口板的输入在 0～5 V 的范围，这就需要进行视频信号放大。钳位电路是将高于 5 V（或低于 0 V）的同步信号截去，保证接在 A/D 接口板的输入端 A_{in} 上，信号在 0～5 V 之间。A/D 接口板可以根据 TR、Φ 信号，将 A_{in} 端的模拟信号转换为 8 位数字信号，并自动存入计算机内存。由于 A/D 转换的时间是受 TR、Φ 控制，这就需要自己制作一个脉冲信号发生电路，脉冲产生规律如图 34-5 所示。① 在开始时，发生一负脉冲给 TR，使 A/D 接口板处于工作状态；② 根据行同步信号产生 Φ_0，每行给出一个转换脉冲信号 Φ，要严格定时在采样点上；③ 根据场同步信号（注意奇、偶场），每一帧后，使 Φ 的脉冲信号较前次信号后移一个像素。由于取样控制脉冲受行、场同步信号控制，这就需要一个行、场同步分离电路，得到行同步信号和场同步信号，并把它们转换为 TTL 电平。制作基准时钟电路，一个周期代表一个像素。可用计数来确定场同步后每一行（每一帧）同步所需延时的间隔,也就是取样点的位置。改变时钟的频率,就可得到每行 128 或 256、512 个像素点。

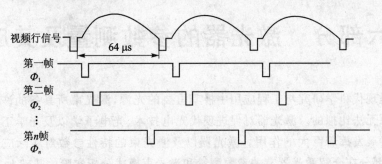

图 34-5　采样同步信号

六、报告要求

① 画出实验中使用的电路图,并与原先设计比较,写出不同之处。
② 结合思考题,讨论实验结果。

七、思考题

① 图 34-2 中 A/D 转换速度为 15 MHz,S/H 是否可省去?
② 在该 A/D 接口板的性能基础上,要提高数字图像采集速度,应从哪几个方面着手?

第六部分 激光器的参数测量及其应用

激光器是现代科学研究与工程应用中极其重要的光源,激光束所具备的许多特性是自然光和其他光源无法比拟的。激光器对促进现代光电技术、光电子学以及光学工程科学研究和工程技术的发展发挥着巨大的作用。激光器以及激光束的特性参数对实际应用有着重要影响。因此,本部分在介绍激光器有关参数测量和激光束模式分析实验的基础上,介绍激光器在干涉测量、信息获取以及信息存储方面的应用实验。

实验 35 He-Ne 激光器的增益系数测量

本实验以 He-Ne 激光器为例,说明激光器的增益系数测量方法。

一、实验目的

① 了解激光器的结构、特性、工作条件和工作原理;
② 掌握外腔式激光器调整的原理和技巧;
③ 验证谐振腔理论和相关理论;
④ 利用可变输出镜法测量激光器增益系数。

二、实验原理

在半内腔式 He-Ne 激光器内放一玻璃平板分光片(见图 35-1),该分光片与谐振腔轴线成某交角。在满足振荡条件时,分光片两边有一定功率的激光输出。

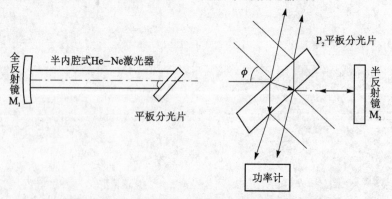

图 35-1 可变输出镜法测量激光器透射率原理图

分光片每个表面对光的反射率 R_ϕ 是入射角 ϕ 的函数。由菲涅耳公式得到

$$R_\phi = \frac{\tan^2\left(\phi - \arcsin\dfrac{\sin\phi}{n}\right)}{\tan^2\left(\phi + \arcsin\dfrac{\sin\phi}{n}\right)} \qquad (35-1)$$

实验用的平板分光片材料为 K_1 玻璃,其折射率 $n=1.52$。

不考虑分光片本身的吸收和散射,且在较大入射角的斜入射情况下,平行平面玻璃的两面之间将产生激光的多次反射和透射(见图 35-2),总反射系数为

$$\begin{aligned} R_{\text{total}} &= R_\phi + R_\phi(1-R_\phi)^2 + R_\phi^3(1-R_\phi)^2 + R_\phi^5(1-R_\phi)^2 + \cdots = \\ &\quad 2R_\phi(1 - R_\phi + R_\phi^2 - R_\phi^3 + R_\phi^4 - R_\phi^5 + \cdots) = \\ &\quad \frac{2R_\phi}{1+R_\phi} \end{aligned} \qquad (35-2)$$

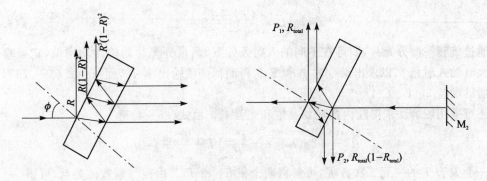

图 35-2 激光束发生多次反射与透射的图示

激光在腔内来回一次,在分光片两表面所反射的光强与入射光强之比称为分光片的输出率 T,即

$$T = |R_{\text{total}} + R_{\text{total}}(1-R_{\text{total}})| = \frac{4R_\phi}{(1+R_\phi)^2} = 1 - \left(\frac{1-R_\phi}{1+R_\phi}\right)^2 \qquad (35-3)$$

分光片的输出率可视为激光器输出窗的透射率。若将入射角 ϕ 连续地变化,则该分光片将起一个反射率可变的平面耦合输出镜的作用。

现定义 α 为激光腔除输出率之外往返一次的光学损耗,称内损耗;令 L 为激活介质的长度;g_0 为小信号增益系数,P_{out} 为耦合输出功率,P_s 为饱和功率。移动半反射镜可改变激光器的腔长。理论分析表明:当 He-Ne 激光管较长时,其纵模间隔的宽度会小于由碰撞加宽等因素引起的均匀加宽宽度,此时其增益饱和。可以用均匀加宽方法来近似处理,则激光输出功率为

$$P_{\text{out}} = P_s T \left(\frac{2g_0 L}{\alpha + T} - 1 \right) \tag{35-4}$$

当 T 为最佳输出率 T_{opt} 时，P_{out} 最大。由 $\dfrac{dP_{\text{out}}}{dT}=0$ 得

$$T_{\text{opt}} = [\alpha(2g_0 L)]^{\frac{1}{2}} - \alpha \tag{35-5}$$

旋转分光片，增加输出率 T，使腔内总损耗 $\alpha + T$ 增加。定义激光刚熄灭时的输出率为阈值输出率 T_g，则式(35-4)为

$$T_g P_s \left(\frac{2g_0 L}{\alpha + T_g} - 1 \right) = 0$$

即

$$2g_0 L = \alpha + T_g \tag{35-6}$$

联解式(35-5)和式(35-6)，得

$$2g_0 L = \frac{(T_g - T_{\text{opt}})^2}{T_g - 2T_{\text{opt}}} \tag{35-7}$$

通过旋转平面分光片，即可在不同的入射条件下，测量分光片的输出功率值，记录输出功率最大时的入射角 ϕ，以求出最佳输出率 T_{opt}，再测得阈值输出率 T_g，便可由式(35-7)得到该激光器的增益 $2g_0 L$。

还可采用图解法求得腔内损耗 α 及饱和光强 I_s。由式(35-4)得

$$T^2 - \left(2g_0 L - \alpha - \frac{P_{\text{out}}}{P_s} \right) T + \frac{P_{\text{out}} \alpha}{P_s} = 0 \tag{35-8}$$

这是一个关于 T 的一元二次方程，可解得两个根 T_1 和 T_2。由根与系数的关系，可得

$$T_1 + T_2 = 2g_0 L - \alpha - \frac{P_{\text{out}}}{P_s} \tag{35-9}$$

$$T_1 T_2 = \frac{P_{\text{out}} \alpha}{P_s} \tag{35-10}$$

再由式(35-9)和式(35-10)联解，又得

$$T_1 T_2 + \alpha(T_1 + T_2) - \alpha(2g_0 L - \alpha) = 0 \tag{35-11a}$$

或

$$T_1 + T_2 + \frac{1}{\alpha} T_1 T_2 - (2g_0 L - \alpha) = 0 \tag{35-11b}$$

可以看出，式(35-11)是关于 $T_1 + T_2$ 与 $T_1 T_2$ 的直线方程。因此用 $T_1 + T_2$ 对 $T_1 T_2$ 作图(见图35-3)，再根据直线的斜率 K_2 可决定损耗 α，由直线截距可以求出增益系数 g_0。

$$\alpha = 1/K_2$$

令 $T_1 T_2 = 0$，得 $T_1 + T_2$ 轴上的截距为 $2g_0 L - \alpha$。从式(35-10)还可得到

$$P_{\text{out}} = \frac{P_s}{\alpha} T_1 T_2 = K_2 T_1 T_2 P_s \tag{35-12}$$

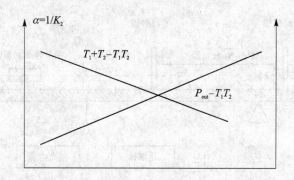

图 35-3 T_1+T_2 和 P_{out} 与 T_1T_2 的关系

于是,用 P_{out} 对 T_1T_2 作图,从直线斜率可求得饱和功率 P_s,再根据式(35-13)便可得到饱和光强 I_s:

$$I_s = \frac{1.26 P_s}{\pi \omega_0^2} \qquad (35-13)$$

式中,ω_0 为高斯光束光腰半径。

相对于每一个输出功率 P_{out},均可在最佳透射率两侧找到所对应的两个输出率 T_1 和 T_2。对于稳定平凹腔,在平面镜上光斑半径为

$$\omega_{s1} = \sqrt{\frac{\lambda}{\pi}} [L(R-L)]^{\frac{1}{4}} \qquad (35-14)$$

式中,L 为腔长,R 为凹镜曲率半径。

三、实验仪器

光学实验导轨 1 个; 小孔屏 1 个;
激光准直光源 1 个; 二维反射镜架 1 台;
半内腔式 He-Ne 激光管 1 只; 分光片(增益测量组件)1 个;
激光电源 1 个; 激光管调整架 1 台。
激光功率计 1 台;

四、实验步骤

本实验的核心是 He-Ne 激光器,采用的是一种半内腔式结构。激光器的一个全反射镜与毛细管、储气套等做成一体,并将全反射镜与毛细管调至垂直;而另一个半反射镜则被安装在一个精密二维调整架上,可灵活移动。

1. 激光器的调整

实验装置如图 35-4 所示。设备的调试主要是调整 He-Ne 激光器中半反射镜的相对位

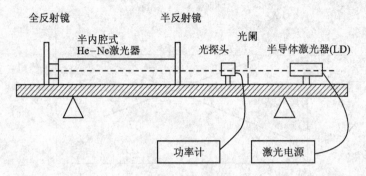

图 35-4 实验装置图

置关系,只有当谐振腔的两个反射镜与激光器毛细管垂直时,激光才有可能产生。本实验采用 LD 激光作为基准,用自准直的方法使激光谐振腔达到谐振,产生 He-Ne 激光。其调整过程如下:

① 打开激光器及功率指示计电源,LD 发出激光。

② 松开激光管调整架上的调整螺钉,使激光管处于自由悬挂状态。

③ 调整 LD 的高度和方向,同时调整小孔屏的高度和位置,使通过小孔的 LD 激光束可打在 He-Ne 激光管的布儒斯特窗中心区域。

④ 将 He-Ne 激光器的半反射镜连同二维精密调整架放置在 He-Ne 激光器前的滑块上,调整反射镜架的高度使激光大致打在反射镜的中心位置上,锁紧反射镜架。

⑤ 前后滑动半反射镜,并注意光斑在半反射镜上的位置,反复调整 LD 和小孔屏(光阑)的方向和位置,以使半反射镜在前后滑动的过程中光斑始终位于半反射镜膜片的中心区域,这时 LD 激光束基本上与导轨平行。以下的实验操作中将以这条激光束为基准来调整谐振腔,即在实验过程中这个基准不应再变动。

⑥ 取下 He-Ne 激光器半反射镜,这时 LD 激光束又会落在 He-Ne 激光器的布儒斯特窗上,通过激光器的玻璃外壳会看到这束 LD 激光是否进入了毛细管(这时 He-Ne 激光器光源应处于"关"状态,以便于观察)。调整布儒斯特窗这端的二维调整架,使 LD 光束进入毛细管,这时应在小孔屏上可以看见从 He-Ne 激光器的另一个反射镜反射回来的光,一般为圆环形。调整设备尽量使圆环形明亮。

⑦ 调整 He-Ne 激光器全反射镜的二维调整架,小孔屏上的反射光的强度和形状也随之变化,尽量使这个环形光斑变小、变强并成为一个亮点。

⑧ 反复调整 He-Ne 激光器前后的两个二维调整架,使反射到小孔屏的亮点尽可能对称、明亮,并重合于小孔,此时可认为毛细管基本与 LD 激光束(基准)相重合,全反射镜与 LD 激光束垂直。

⑨ 将步骤⑥中取下的半反射镜重新放回到导轨上,调整高度使 LD 光斑落在膜片中心

位置。

⑩ 调整半反射镜架上的两个精密调整螺钉,使该半反射镜反射回小孔屏上的光斑落于小孔中心。

⑪ 用脱脂棉和丙酮擦拭布儒斯特窗。

⑫ 打开 He-Ne 激光电源,调整电流到 5.5 mA 左右(不可过大,以免损坏激光管和电源),这时应有 He-Ne 激光输出;如没有,仔细调整半反射镜架上的两个精密调整螺钉,直到有 He-Ne 激光输出为止。

⑬ 将功率计探头放入光路,探测 He-Ne 激光器的输出功率。反复仔细地调整半反射镜上的两个精密调整螺钉,以使功率达到最大。

调整激光器时的注意事项如下:

① 绝对避免激光束直射人眼,只能从侧面观察激光散斑。

② 激光管阳极有几千伏的高压,注意不要碰触电极。

③ 激光器的膜片是非常易损的光学元件,绝对避免触、摸、碰、刮。

2. 测量腔长与激光功率、横模、束腰、发散角的关系

① 用功率指示计测量其最大功率。用显示屏在距全反射端一定距离(2~3 m)处观察光斑的大小和形状。光斑的大小反映了发散角的大小,光斑的形状即为激光的横模。观察半反射镜上的光斑(束腰)大小。

② 松开半反射镜架滑块上的螺钉,移动反射镜,在适当位置重新锁紧,以改变谐振腔的腔长和腔型。重复 1 中⑨、⑩、⑫的必要步骤,重复 2 中①的测量和观察,以了解、掌握这些参数的变化规律。

3. 激光增益的测量

① 将半反射镜放在布儒斯特窗前 10 cm 处,调出激光。

② 将分光片表面擦净,放入旋转平台上的镜片架并插入腔外光路,用功率指示计监测功率。

③ 调整两个水平调整螺钉和旋转平台,使激光功率最大。

④ 将分光片表面擦净,放入旋转平台上的镜片架并插入腔内光路,仔细调整激光谐振腔和分光片,使分光片转轴与激光束和布儒斯特窗法线相垂直,使输出功率达到最大。

⑤ 仔细调整旋转平台,使激光正好消失,这时损耗与激光增益相当。

⑥ 连同滑块一起取下分光片,放置在腔外光路中,测出损耗,即得到需要的激光增益。

五、思考题

① 将分光片旋转到与激光束相垂直的位置上,并读出转台的角度读数,此时反射镜入射角 $\phi=0$。注意观察在入射角等于或近于零时激光强度有什么变化,为什么会发生这种变化?

怎样确定分光片与激光束相垂直的确切位置？

② 讨论在垂直入射和近于垂直入射时所观察到的现象并解释之。

实验 36　He－Ne 激光器的模式分析

激光器的谐振腔具有无数个固有的、分立的谐振频率。不同的谐振模式具有不同的光场分布。光腔的模式可以分解为纵模和横模，它们分别代表光腔模式的纵向光场分布和横向光场分布。纵模主要决定光的频率特性，横模主要决定激光束的方向性。

一、实验目的

① 观察 He－Ne 激光器的输出频谱；

② 了解 F－P 扫描干涉仪的结构和性能，掌握它的使用方法，测量干涉仪的性能指标；

③ 利用 F－P 扫描干涉仪测量 He－Ne 激光的纵模间距和横模间距。

二、实验原理

1. He－Ne 激光器的模式结构

用模指数 m、n、q 可标示它们不同的模式。由无源谐振腔理论得到 m、n、q 模式的频率为

$$\nu_{mnq} = \frac{c}{4\mu L}\left\{2q + \frac{2}{\pi}(m+n+1)\arccos\left[\left(1-\frac{L}{R_1}\right)\left(1-\frac{L}{R_2}\right)\right]\right\} \quad (36-1)$$

式中，μ 为介质折射率；c 为真空中的光速；L 为腔长；R_1 和 R_2 分别为谐振腔两反射镜的曲率半径；q 为纵模指数，一般为很大的正整数；m、n 为横模指数，一般为 $0,1,2,\cdots$。当 $m=n=0$ 时为基横模，其对应光场分布在光腔轴线上的振幅最大，从中心到边缘振幅逐渐减小；当 m 或 $n \neq 0$ 时，称为高阶横模。

不同阶横模（m、n 不同）对应不同的横向（垂直于谐振腔轴线方向）光强和频率分布，从光斑图样可以了解不同阶横模之间强度分布的差异，图 36－1 为强度分布的实例。但不同阶横模所对应的振荡频率亦有差异，人们正是利用它来分析横模结构的。

TEM₀₀　　　　TEM₁₀　　　　TEM₁₁

图 36－1　横模光斑举例

由式 (36－1) 可知，当 m、n 相同时，即对于同一阶横模，相邻纵模间隔是等间距的，其频率差为

$$\nu_{mn(q+1)} - \nu_{mnq} = \frac{c}{2\mu L} \tag{36-2}$$

对于纵模阶次相同的模式,横模阶次越高,谐振频率越高,不同阶横模间的频率间隔为

$$\nu_{m'n'q'} - \nu_{mnq} = \frac{c}{4\mu L}\left\{(\Delta m + \Delta n)\frac{2}{\pi}\arccos\left[\left(1-\frac{L}{R_1}\right)\left(1-\frac{L}{R_2}\right)\right]\right\} \tag{36-3}$$

式中,$\Delta m = m' - m$,$\Delta n = n' - n$。

当 $L = R_1 = R_2$ 时,谐振腔为共焦腔,如图 36-2 所示。这时,不同阶横模间隔为

$$\Delta\nu_{mn,m'n'} = \frac{c}{4\mu L}(\Delta m + \Delta n) \tag{36-4}$$

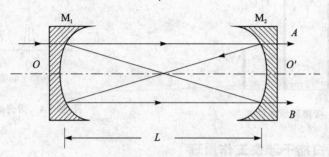

图 36-2 共焦腔结构示意图

对不同纵模(即 q 值不同),虽对应不同的纵向(沿腔轴线方向)光强分布,但由于不同纵模光强分布差异极小,从光斑图样无法分辨,只能根据不同纵模对应不同频率来分析激光束的纵模结构。

设对于某个纵模,其频率为

$$\nu_q = \frac{c}{2\mu L}q \tag{36-5}$$

则不同纵模间的频率差为

$$\Delta\nu_{q,q+\Delta q} = \frac{c}{2\mu L}\Delta q \tag{36-6}$$

从式(36-4)可知,当横模阶数(Δm 或 Δn)变化 2 时,两相邻横模间频率差将等于 $\frac{c}{2\mu L}$;另外,从式(36-6)可见,这时两相邻纵模间频率差等于 $\frac{c}{2\mu L}$,即这时共焦腔的横模和纵模发生了简并,其简并情况如图 36-3 所示。

由于各种因素可能引起谱线加宽,故使激光介质的增益系数有一频率分布,如图 36-4(a)所示,该曲线称为增益曲线。He-Ne 激光器是以多普勒增宽为主的激光器,只有频率落在工作物质增益曲线范围内并满足激光器阈值条件的那些模式才能形成激光,如图 36-4(b)所示。例如 300 mm 的 He-Ne 激光管的输出光中可出现 3 个频率(ν_{q-1}、ν_q、ν_{q+1}),即出现 3 个

纵模。

显然 L 越大，$\Delta\nu_q$ 越小，因而同样的荧光线宽中可出现的纵模数越多。

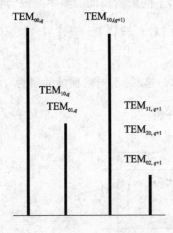

图 36-3 横模和纵模的简并

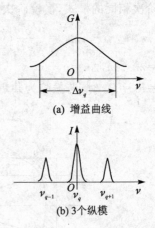

(a) 增益曲线

(b) 3个纵模

图 36-4 激光的纵模

2. 共焦球面扫描干涉仪工作原理

本实验所用共焦球面扫描干涉仪是由两块镀有高反射膜且曲率半径相同的凹面反射镜组成的，它们共轴放置，其间的距离等于它们的曲率半径 $L=R_1=R_2$，构成一共焦系统。当波长为 λ 的光束入射到干涉仪内时，在干涉仪内走 X 形路径，如图 36-2 所示。光经过 4 次反射后与原入射光重合，其光程差 $\Delta=4L$，光线每走一个来回经过一次点 A 或点 B，就有一部分光强透射出去，形成透射光束，如果透射的相邻两束光程差是波长的整数倍，即满足 $4L=K\lambda$（K 为整数），则透射光束相干叠加产生光强极大值。

当固定干涉仪的腔长和介质的折射率时，其透射光波长是分立的。如果改变干涉仪的腔长和介质的折射率，则可改变其透射光波长。本实验中使用的扫描干涉仪是通过连续改变腔长而实现对透射光波长扫描的。干涉仪的一个反射镜 M_1 固定不动，另一个反射镜 M_2 与一个压电陶瓷环相连，压电陶瓷环在 oo' 方向上的长度变化量与所加电压成正比。设在某电压作用下，压电陶瓷环长度微小的变化使干涉仪腔长由 L 变为 L'，透射光波长变为 λ'，则当 $4L'=K\lambda'$ 时，透射光束将产生干涉极大值。如果用锯齿电压加在压电陶瓷环上，则干涉仪的腔长将产生连续的周期变化，透射光波长也将产生相应的连续变化。

实验装置图如图 36-5 所示，用光电二极管接收透过干涉仪的光信号，其输出的电信号经放大后送到示波器 Y 轴输入端，同时将驱动压电陶瓷环的锯齿电压送到示波器的 X 轴输入端，则示波器的横向扫描与干涉仪的腔长扫描同步，示波器的横向坐标是干涉仪的频率变化，在示波器的荧光屏上就可以得到激光模式的频率谱。共焦球面干涉仪的透射谱如图 36-6 所示。

第六部分 激光器的参数测量及其应用

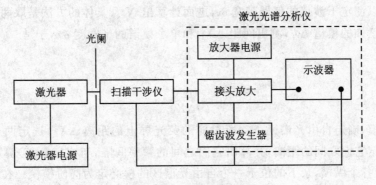

图 36-5 实验装置图

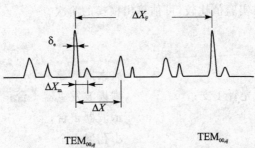

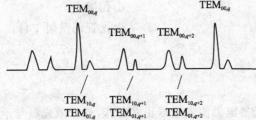

图 36-6 示波器上显示的激光频谱

像其他干涉仪一样,共焦球面扫描干涉仪有以下几个重要性能指标。

(1) 自由光谱区 $\Delta\nu_F$

表示扫描干涉仪腔长变化 1/4 波长(相邻透射峰的波长差)时所对应的透射波长或频率的变化量,它决定了扫描干涉仪能够测量的不发生干涉级次重叠的最大波长差或频率差,即

$$\Delta\nu_F = \frac{c}{4\mu L} \quad \text{或} \quad \Delta\lambda_F = \frac{\lambda^2}{4\mu L} \tag{36-7}$$

(2) 有效精细常数 N_e

表征自由光谱范围内能分辨的最大谱线数目。

$$N_e = \frac{\Delta\nu_F}{\delta\nu} \tag{36-8}$$

式中,$\delta\nu$ 是仪器带宽(横的频率半宽),代表干涉仪透射谱线的半宽度。

本实验可以测定干涉仪的仪器带宽 $\delta \nu$，进而计算出 N_e。具体的方法是取两个相距比较近而且频率间隔已知的模谱 $\Delta \nu_1$，测出间距 ΔX_1 和单个模谱的半宽度 δx，于是

$$\delta \nu = \frac{\delta x}{\Delta X_1} \Delta \nu_1 \qquad (36-9)$$

$$\Delta \nu = \frac{\Delta X}{\Delta X_F} \Delta \nu_F \qquad (36-10)$$

鉴别纵横模，确定自由光谱区 $\Delta \nu_F$ 所对应的荧光屏上的距离 ΔX_F，选定两个较大而相邻的透射谱线测定它们之间的距离，并算出它们之间的频率间隔，与式(36-6)算出的纵模间隔比较，从而确定各个纵模，余下的位于一个自由光谱区的模必定为高阶横模。在确定它们的阶次时，首先测出横模频率间隔与纵模频率间隔之比，然后由式(36-3)和式(36-6)算出 $\Delta \nu_{mn,m'n'}$ 和 $\Delta \nu_{q,q+\Delta q}$ 之比，与实验值比较，可估算出横模的阶次。

三、实验仪器

光学实验导轨 1 个；
半内腔式 He-Ne 激光管 1 支；
激光电源 1 个；
扫描干涉仪 1 台；
光电接收器 1 台；
放大器 1 个；

放大器电源 1 个；
锯齿波发生器 1 台；
示波器 1 台；
小孔屏 1 个；
激光管调整架 1 台。

四、实验步骤

① 接通 He-Ne 激光器电源使激光器正常工作，进行激光器与干涉仪的初步准直工作。
② 熟悉激光光谱分析仪各旋钮的作用。
③ 用一支已知腔长(纵模间隔已知)的 He-Ne 激光器标定扫描干涉仪的自由光谱范围。
④ 测出 ΔX_F、ΔX_1、… 和 δx，计算干涉仪的有效精细常数 N_e。
⑤ 利用扫描干涉仪分析两支激光管输出激光的模式，区别哪些谱线属于同一纵模，哪些谱线属于不同横模，分别测出纵模间距和横模间距，并与理论值比较。

实验 37　迈克尔逊干涉仪和马赫-曾德干涉仪

迈克尔逊干涉仪和马赫-曾德干涉仪既是两种最基本又是最典型的干涉仪。现代光电信息技术的许多实验都是以这两种干涉仪的光路为基础的。通过对迈克尔逊干涉仪和马赫-曾德干涉仪的各个元部件的搭建、调节和使用，既可以初步训练光路调整技巧，又可以测量一些相关参数，如实验台的防震性能、激光器的相干长度等，还可以为进一步的实验光路搭建奠定

一定的基础。同时,细心品味这两种干涉仪光路的巧妙设计和在精确测量方面的多种应用,可以对光学实验方案设计有新的思索和探究。

一、实验目的

① 熟悉两种干涉仪的工作原理,并通过自己搭建光路,掌握两种干涉仪光路的调整方法;
② 观察双光束干涉现象并据此观察光学平台防震性能对干涉条纹的影响;
③ 改变干涉仪两光臂之一的长度,测量所用激光器的相干长度。

二、实验原理

1. 迈克尔逊干涉仪

迈克尔逊干涉仪是用分振幅法产生双光束干涉的仪器。它由两个彼此垂直的平面镜和一个半反射半透射分束镜组成,分束镜等分两反光镜 M_1 和 M_2 的夹角,其工作原理示意图如图 37-1 所示。激光光源 S 发出的光束,经分束镜 BS 分解为振幅相等的反射光 O_1 和透射光 O_2;光束 O_1 经平面反射镜 M_1 反射后折回再透过分束镜 BS 到扩束镜 L;光束 O_2 通过与 BS 厚度、角度和折射率均一致的补偿板 G 后入射到平面反射镜 M_2,然后经 M_2 反射折回通过 G 到分束镜 BS,BS 上的半反射膜将光部分地反射到扩束镜 L。由于 O_1 和 O_2 是相干光,因此在平面 P 处发生干涉形成干涉图样。由于补偿镜 G 的存在,系统的两光臂可以在近似相等时,通过调节补偿镜的角度,使光束 O_1 和 O_2 的光程差为零。

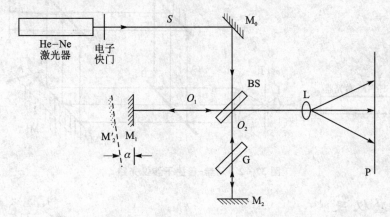

图 37-1　迈克尔逊干涉仪的光路设置

沿光轴移动反射镜 M_1 或 M_2,可以调节两光路的光程差,以获得最佳的条纹对比度;调节反射镜 M_1 或 M_2,使其作水平旋转,可改变干涉条纹的疏密。干涉条纹可看成是由 M_2 对分束镜 BS 所成的虚像 M_2' 和反射镜 M_1 形成的空气隙产生的。由于入射的是未经扩束的细激光束,且光学元件是由实验者在实验台上自行摆放的,很难保证反射镜 M_1 和 M_2 绝对垂直,即

M_1 和 M_2 间有一定倾角,故得到的干涉条纹是等厚条纹。它是一组平行等距的直线条纹,条纹间距为 $\frac{\lambda}{2\alpha}$,其中 α 为 M_1 与 M_2' 间的夹角,此角度很小。

2. 马赫-曾德干涉仪

马赫-曾德干涉仪的光路如图 37-2 所示,它是一种呈四边形光路分布的干涉仪。激光束经扩束镜 L_0 和准直镜 L_1 组成的聚焦系统产生平行光,此平行光束在半反射半透射分束镜 BS_1 上被分成两束,各自被平面反射镜 M_1 和 M_2 反射后,重新聚集在半透射半反射分束镜 BS_2 上,分别经透射、反射构成叠合的相干光束。一般在使用时,首先把其中一块分束镜稍微倾斜,使视场内出现为数不多的几个直条纹。然后在其中任一支光路中插入被测介质,从干涉条纹的变化来判断其光学性质,即光路 2 的平面波面 M_2 与光路 1 在光路 2 中的虚平面波面 M_1' 形成等厚干涉,在平面 P 处观察到明暗相间的干涉条纹图。若 M_2 上的点到 M_1' 的垂直距离为 h,则两光束的相位差为

$$\delta = \frac{2\pi}{\lambda} nh \tag{37-1}$$

马赫-曾德干涉仪的特点是两光束分得很开,光束只经过被测介质一次,而迈克尔逊干涉仪中光束将来回两次通过被测介质,因此马赫-曾德干涉仪特别适用于研究被测介质相关状态的变化(如折射率、密度等)。

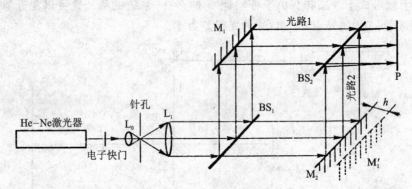

图 37-2 马赫-曾德干涉仪光路

三、实验仪器

He-Ne 激光器(40 mW 左右)1 台;
电子快门 1 个;
扩束镜 1 个;
分束镜 2 个;
反射镜 3 个;

φ50 准直镜 1 个;
干板架 1 个;
观察白屏 1 个;
米尺(公用)1 把。

四、实验步骤

1. 迈克尔逊干涉仪光路的设置

① 按图 37-1 搭建迈克尔逊干涉仪光路,由于使用激光作为光源,因此光路中不必放置补偿镜 G。从分束镜位置开始,确定两光束的光程基本相等。

注意应使光束的光轴与台面平行,且两细激光束 O_1、O_2 叠合良好。这里的关键并不是分束镜 BS 的角度与入射光束和反射光束严格成 $45°$,角度严格确定不太容易,关键是两反射镜 M_1 和 M_2 需严格垂直于其入射光束,使反射光束沿原入射方向反射,这样就能保证细激光束 O_1、O_2 最终能够良好地叠合。

② 在光路中置入扩束镜 L,使其光轴与叠合后的细激光束重合。在屏 P 上观察等厚干涉条纹。稍微旋转 M_1 或 M_2,将两光束在水平方向稍微分开和合拢,观察垂直方向平行条纹间距的变化。

③ 固定光路中各光学元件,用手轻压光学平台台面,观察干涉条纹的变化;再用手轻敲光学平台台面,观察干涉条纹的跳动,并从恢复时间来估计防震台的稳定性。

④ 在 M_1 或 M_2 的光路中插入一块普通玻璃,玻璃面与细光束垂直。慢慢转动玻璃,观察并解释条纹的移动;再将玻璃转动一定的角度,记录条纹的移动数目,估计玻璃的厚度。

⑤ 固定 M_1,记录下 M_2 的初始位置,将 M_2 沿光束方向向后逐渐移动一段距离,观察干涉条纹对比度的变化,直到屏 P 上的条纹消失。测量 M_2 的当前位置,并与 M_2 的初始位置比较,确定所用激光器的相干长度。

2. 马赫-曾德干涉仪光路

① 根据图 37-2 搭建马赫-曾德干涉仪光路。注意,先不加入准直透镜和扩束镜,而是用细激光束调节光路,使两细光束呈一小角度会聚到屏 P 上,分束镜和反射镜尽量在中心区域通过细激光束;再加入准直透镜 L_1,注意使细激光束透过准直透镜的光轴;最后加入扩束镜 L_0,调节前后位置获得平行光输出。为了滤去扩束镜上的尘埃等脏物所引起的衍射光,可以在扩束镜的焦点处安置一针孔滤波器。

② 类似迈克尔逊干涉仪的观察,微调节 M_2 的角度,在光路中插入平板玻璃,轻敲或掷压台面,在平面 P 上观察相应的干涉条纹的变化和疏密特性。注意与迈克尔逊干涉仪的结果相对照。

五、思考题

① 在迈克尔逊干涉仪光路中插入一片玻璃,若玻璃表面有一定的起伏,干涉条纹将有哪些变化,能否据此计算其平整度?

② 能否用马赫-曾德干涉仪测量激光器的相干长度,为什么?

实验 38　光纤全息照相

传统的全息照相,其工作范围通常被限制在光学实验防震台上,拍摄系统对于抗震条件要求苛刻。如果在全息照相光路中采用光纤来传导激光束,以提供照明物光波和参考光波,那么这样的光路系统便称为光纤全息照相系统。与普通全息照相系统相比,它具有以下优点:

① 光学元件数目大大减少,甚至不用一个光学透镜或反射镜,使系统更为紧凑,调整方便,操作简单,灵活性大。

② 光纤具有传输损耗低、细小柔韧、耐腐蚀、电气绝缘性能优越和不受电磁干扰等优点,适用于复杂结构、封闭结构、远距离,以及危险、具有腐蚀性等恶劣环境中的全息探测。例如在内窥条件下对物体(机械内部零件、水下物体等)进行全息记录和分析。

③ 光纤可以使光线传播方向自由地弯曲前进,对系统稳定性的要求也没有传统全息术中常规元件那么严格,甚至可以脱离全息防震台。

因此光纤全息术可以具有传统全息术所不具备的特殊作用。本实验简要介绍光纤全息照相的基本原理、器件选择和实现方法。

一、实验目的

① 掌握光纤全息照相原理和实现方法;
② 了解光纤全息照相系统中各元器件选择的原则。

二、实验原理

1. 光纤全息照相原理

光纤是由玻璃或塑料制成的细丝,分为内外两层,如图 38-1 所示。内层称为纤芯,外层称为包层。纤芯直径为 4~100 μm,包层直径在 3~10 mm 之间。纤芯材料的折射率 n_1 较包层材料的折射率 n_2 略高,且两层之间形成了良好的光学界面。当光线从光纤一端以适当的角度 θ 射入纤芯,满足条件

$$\sin\theta > n_2/n_1 \tag{38-1}$$

时,将在纤芯与包层之间产生多次全反射而传播到另一端。实际上传输光信息时,将许多根光纤聚集在一起构成纤维束,称为传光束。如果使其中各根光纤在两端的排列顺序完全相同,就构成了能传递图像的传像束(见图 38-2)。传像束中每根光纤分别传递一个像元,整个图像就被这些光纤分解后传递到另一端。

图 38-3 所示为光纤全息照相的一种实验光路。由激光器发出的相干光经分束镜 BS 分为两束,再分别由透镜聚焦后注入两根光纤。其中一根光纤尾部出来的光线经扩束或直接作为物光照射到物体 O 上;从另一根光纤尾部出来的光线经扩束或直接作为参考光 R 照射到全

息记录材料 H 上。同时,全息记录材料也吸收光纤束 B 传来的从被摄物体 O 上射出的物光。物光与参考光在全息记录材料上叠加便形成了干涉条纹,经显影、定影处理后即得到一张全息图。将此全息图底片置回原光路中,并用参考光照射时,则在物光位置形成物体的全息虚像,在物光的共轭位置形成全息实像。以上就是光纤全息照相的记录和重现过程。

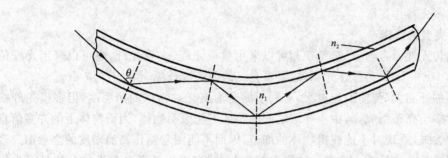

图 38-1　光学纤维

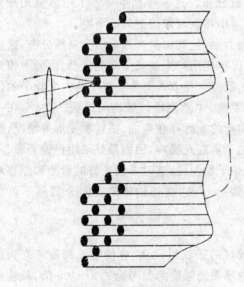

图 38-2　光纤传输像

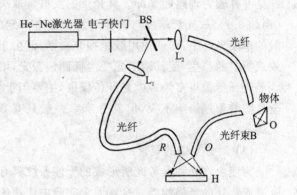

图 38-3　光纤全息照相的一种实验光路

2. 器件选择

(1) 对激光器的要求

与普通全息照相术相对应,光纤全息术中的激光器既可采用连续波激光器,也可采用脉冲激光器。在不使光纤产生光学非线性效应的前提下,激光器的功率应越大越好。为提高激光器的时间和空间相干性,光纤全息照相中采用的连续波激光器应选用单横模、多纵模的 He-Ne 激光器或 Ar^+ 激光器。

脉冲光纤全息由于激光能量大、曝光时间短（例如 20 ns），不需要附加位相稳定系统，并能拍摄运动物体瞬间的情景。为了有较好的相干性，一般选用单横模、多纵模的红宝石激光器。由于脉冲激光器输出的峰值光功率很高，易在光纤中引起非线性效应，从而使选定频率上耦合的光能反而减小，聚束难度增大，难以采用芯径较细的单模光纤，故在光纤全息照相系统中一般选用连续波激光器作光源。

(2) 光纤类型的选择

就光纤的传光性而言，光纤全息照相可以采用单模光纤、多模光纤，也可以采用光纤传像束。因通常以 He-Ne 激光器作光源，故要求光纤的截止波长 λ_c 不大于 0.7 μm。

多模光纤的纤芯大，传输的能量大，有利于提高输出光对物体的照明度，但多模光纤端面的辐射光由很多小亮斑组成，其中小亮斑之间的暗区不能照明物体，因而物体上的许多信息会在记录过程中丢失，重现时不能获得物体的细节，因而不能用它制作高清晰度的全息图。改善这一现象的措施是在光纤端面增置一块漫射板。此外，多模光纤是消偏振的。这是因为每一导模有各自的偏振态，它们在辐射图样的亮点中随机分布。这一特性也导致了用多模光纤传输照明光时所制作的全息图，其干涉条纹的对比度减小和重现像衍射效率下降。

单模光纤的传输模式单纯，能量集中，抗干扰能力强，且其出射光强近似为高斯分布，这种辐射光可用于直接照明，而不用像普通全息光路中那样使用扩束镜或空间滤波器，因此单模光纤是一种较为理想的光纤。其光束的发散量取决于数值孔径 NA。通常 NA 是一个较小的值（例如 0.1），故光纤端面与被照明物体应有一定的距离，才能使物体被均匀照明。此外，在一般的单模光纤中，即便使用线偏振光激励，但由于实际的光纤存在弯曲、扭转和变形等情况，导致双折射的产生，使其输出光变为椭圆偏振光，增加了本底光噪声，因而最好采用保偏光纤。

光纤传像束多为多模光纤传像束，主要用于传导干涉图样，这时多模光纤的弯曲和漂移对全息图的重现影响不大，但其分辨率一般只有 30 线/mm，这就使物体的空间分辨率不可能太高。

(3) 对分束镜的要求

为使由物光和参考光所形成的干涉条纹具有较好的条纹对比度，应使物光和参考光到达全息底片处的光强相当。这就要求实验中使用的物照明光强度为参考光的 2～100 倍，最佳状态是物照明光和参考光在入纤前的分束比大约为 10∶1。这可视干版的大小、物体的大小和物到干版的距离而定。

(4) 耦合透镜

激光耦合到光纤中的效率应尽可能高。光可以经过一个显微物镜聚焦后进入光纤。经显微透镜聚焦后的高斯激光束应大约比光纤芯径大 10 %。对于焦距为 f 的透镜，它前面的光束直径为

$$D = 3.65\lambda f/\pi d \qquad (38-2)$$

式中，λ 为激光波长，d 为纤芯直径。为了保证高效率耦合，还需要保持光纤端面的洁净和

平整。

三、实验仪器

He-Ne 激光器(40 mW 左右)1 台；
电子快门 1 个；
连续分束镜 1 个；
聚焦显微透镜及支架 2 个；
单模光纤(1~2 m)2 根；

多模光纤(1~2 m)2 根；
光纤传像束 1 根；
全息干版架 1 个；
被摄物体 1 个；
全息干版若干小块。

四、实验步骤

1. 选择实验用光纤，并进行光纤的端面处理

光纤端面的平整性以及端面与光轴的垂直度对耦合效率的影响很大，入射端面处理得好，可以减小反射损失，使光源输出光有效地进入光纤。光纤出射端的光洁度和平整性影响到输出辐射光斑的图样。对于加工良好的单模纤芯端面，出射光是类似高斯球面波的均匀光斑；否则，出射光四散，降低照明效率。端面的处理可以用研磨的方法，也可将光纤按一定的曲率弯曲，使其上部受拉应力，而下部受压应力，用金钢刀在上面划一痕迹，按一定的曲率拉断。一种简易的方法是把光纤端部包层剥去一层，将纤芯烧融，用镊子将端部轻轻夹断，得到一光亮规则的端面。

2. 实验光路的选择

为了作对比，实验中可安排两种光路。实验光路之一如图 38-4 所示，用单模或多模光纤均匀照明物体，参考光要求较高的光束质量，故需要由单模光纤传输。所用的单模光纤 $NA \approx 0.1$，$n_1 = 1.45$，$\lambda_c = 0.7~\mu m$。取两路光纤的长度相等(1~2 m)。实验光路之二如图 38-3 所示，增加了传像光纤束。这种光路的优越性在于可拍摄远离全息实验台的物体及其形变情况，并可实现全息内窥(即拍摄物体内部情景)。

3. 制作全息图

① 首先按图 38-4 进行拍摄。参考光选取工作波长为 $0.6328~\mu m$ 的单模石英光纤传导；照明物光用多模光纤传导，其数值孔径较单模光纤稍大，易于得到较高的耦合效率。采用天津 I 型干版，以 35°物、参夹角，曝光 2~5 s，底片经显影、定影、漂白等处理后，便可获得较满意的全息图。

② 改用图 38-3 进行拍摄。曝光时间因使用传像束而加长，在 60~100 s 范围内效果较好。注意：光纤元件数目的增加将导致拍摄难度的增大，因为这时每一元件都因耦合而使光强减弱和整个系统稳定性降低，因此在较长的曝光时间内，整个拍摄系统的稳定性非常重要。此外，为了能在记录平面处得到强度相当的物光和参考光，应取物照明光和参考光在入纤前的

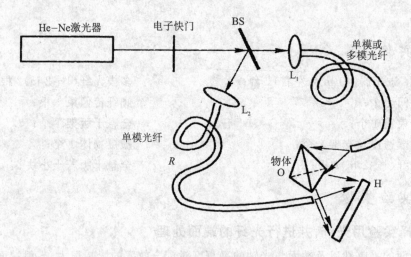

图 38-4 光纤全息照相的另一种实验光路

光束比大约为 10∶1。

③ 观察实验结果。将上述拍摄的两个全息图置于原光路中,遮挡掉物光,在原参考光照明下重现,观察实验结果,并进行对比分析。

五、思考题

迄今进行的光纤全息实验所得到的全息图,其衍射效率和重现像的分辨率都较低。

影响光纤全息图衍射效率的主要因素有:
① 光纤输出光的偏振特性;
② 光纤的种类(单模光纤、多纤光束)。

影响光纤全息图重现像分辨率的主要原因有:
① 参考光使用光纤传输;
② 多模光纤输出光的散斑场;
③ 光纤传像束的自身分辨率。

此外,光纤的色散、激光器的频率漂移对光纤传输光的影响等,都对光纤全息图的像质带来不良影响。

实验39 全息高密度信息存储

全息信息存储与目前常用的光盘存储及磁盘存储技术相比较,具有下列独特的优点:
① 存储密度高。它既能在二维平面上存储信息,也能在三维空间内进行立体存储,还能使很多信息多重叠加。因此,全息存储器可以作为一种海量高密度存储器。

② 全息图信息冗余度大。与按位存储的光盘及磁盘不同,全息图以分布式的方式存储信息,每一信息位都存储在全息图的整个表面或整个体积中,因此,信息冗余度大。全息图片上的尘埃和划痕等局部缺陷对存储的影响小,也不会引起信息的丢失。

③ 全息图本身具有成像功能,因此,即使不用透镜也能写入和读出信息,并且用于记录全息图的材料不仅具有抗干扰能力强和保存时间久等优点,而且能批量生产,价格也比较低。

④ 全息图还可方便地进行信息加密存储,增加了信息存储的安全性。

此外,全息存储器也有可能用作联想记忆功能的存储器(即光全息联想存储器),能与计算机联机实现图文原件的自动检索,数据读取速率高,并且可并行读取;而且,全息数据库可以用无惯性的光束偏转(例如声光偏转器)来寻址,这样就避免了磁盘和光盘存储中必需的机电式读/写头,因此数据传输速率和存取速率可以很高。

一、实验目的

① 掌握应用傅里叶变换全息图进行图文信息高密度存储的原理和光路设计,并做出相应的实验结果;

② 分析实验光路中对各光学元件的要求,从而加深对光路设计的理解。

二、实验原理

1. 全息高密度、大容量存储基本原理

全息照相对信息的大容量、高密度存储是利用傅里叶变换全息图,把要存储的图文信息制作成直径约为 1 mm 的点全息图,排成点阵形式。由现代光学原理可知,透镜具有傅里叶变换性质,当物体置于透镜的前焦面上时,在透镜的后焦面上就得到物光波的傅里叶变换频谱,形成谱点,其线径约为 1 mm;如果再引入参考光到频谱面上与之干涉,便可在该平面记录下物光波的傅里叶变换全息图。其基本光路原理图如图 39-1 所示。He-Ne 激光器发出的激光束经分束镜 BS 分成两束,一束作为物体的照明光(物光 O),另一束作为参考光 R。物光经扩束—准直后,照明待存储的图像或文字(物),经图文资料衍射的光波由透镜 L_3 做傅里叶变换,在记录介质面 H(透镜的 L_3 后焦面处)与参考光 R 相干涉,形成傅里叶变换点全息图。这些按页面方式存储的点全息图可以排成二维或三维阵列存储在记录介质上,也可以像 CD 唱片的旋转轨迹那样,排列存储在圆盘上。当记录介质乳剂层很薄时,记录的是平面全息图;当记录介质乳剂层较厚时,在感光乳剂中可记录层状干涉条纹,形成体积全息图。

2. 高密度、大容量全息存储的记录方式

在全息存储中,既要考虑高的存储密度,又要使重现像可以分离,互不干扰,故常常采用以下两种记录方式:

① 空间叠加多重记录。在全息图底片乳胶层的同一体积空间,一边改变参考光的入射

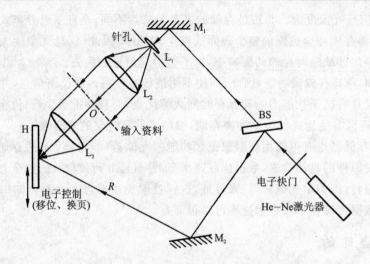

图 39-1 全息高密度存储原理图

角,一边顺次将许多信息重叠曝光,进行多重记录。重现时,只须采用细激光束逐点照明各个点全息图,在其后适当距离的屏幕上观察,通过改变重现照明光的入射角就能读取所记录的各种信息。

② 空间分离多重记录。把待存储的图文信息单独地记录在乳胶层一个一个微小面积元上(即前述点全息图),然后空间不相重叠地移动全息图片,于是又记录下了另一个点全息图。如此继续不断地移位,便实现了信息的点阵式多重记录。信息的读取是通过改变再现光入射点的位置来实现的。

计算表明,光学全息存储的信息容量要比磁盘存储高几个数量级,而体全息存储的存储密度又比平面全息图的大得多:用平面全息图存储信息时,理论存储密度一般可达 10^6 bit/mm^2,而体全息图的存储密度却可高达 10^{13} bit/cm^3。

三、实验仪器

He-Ne 激光器(40 mW 左右)1 台;　　　　扩束镜 1 个;
电子快门 1 个;　　　　　　　　　　　　 分束镜 1 个;
反射镜 2 个;　　　　　　　　　　　　　 ϕ100 准直镜 1 个;
针孔滤波器 1 个;　　　　　　　　　　　 带移位器的干版架 1 个;
ϕ100 傅里叶变换透镜 1 个;　　　　　　 待存储的图文资料玻璃板若干块;
可变光阑 2 个;　　　　　　　　　　　　 普通干版架 1 个;
观察屏 1 个;　　　　　　　　　　　　　 全息干版若干小块。

四、实验步骤

① 首先准备几份实验用的存储资料原稿,它们可以是图像、文字资料等,然后将其制成透明片,并分别贴在洁净的玻璃板上。

② 布置实验光路。按图39-1选择适当的光学部件布置实验光路。扩束镜L_1与准直镜L_2构成共焦系统,在其共焦点上可安置针孔滤波器。准直镜L_2与变换透镜L_3的口径要适当选大些,使其通过的光束直径略大于待存储资料原稿的对角线。为了充分利用光能,L_2和L_3还应选用相对孔径大的透镜。为了便于记录全息存储点阵,全息干版应安装在沿竖直和水平方向都可移动的移位器上。调整光路时,应先把H放在L后焦面上,然后向后移动造成一定离焦量(离焦量大小为$(0.01\sim0.03)f_3'$),离焦的目的在于使物光束在H上的光强分布均匀,从而避免造成记录的非线性。参考光束R的光轴与物光束的光轴在H上应相交,两者的夹角控制在30°~45°之间。还应使参考光斑与物光斑在H上重合,参考光斑直径应大于选定的点全息图直径,以便全部覆盖整个物光斑。

③ 记录全息图点阵。按照上述光路布置,每沿垂直或水平方向移动干板架适当距离(例如3~5 mm),记录一个点全息图,如此反复操作,可将多张资料原稿记录成全息图点阵,本实验至少要求记录3×3个点阵。记录过程中,为了避免全息干版玻璃面反射光的有害影响,可在玻璃面上贴一张经清水浸泡过的黑纸。最后经显影、定影和漂白、烘干等处理后,即得到所需要的高密度存储全息图。

④ 重现。将处理后的全息图片放回到干版架,挡住物光束,用原参考光束作为重现光束,逐一移动干版架使参考光束照明每个点全息图,在全息图片后面一定位置用毛玻璃即可接收到各个点全息图中所存储的原稿的放大像。为使重现像清晰,应仔细调整移位器,使重现光束准确覆盖。

五、注意事项

① 本实验成败的关键在于适度离焦的物光斑和细束参考光斑必须在H面上重合,否则不能获得干涉效应。

② 由于所记录的全息图属于点阵全息图,光强很集中,因而曝光时间应很短,一般在1~2 s即可。曝光时间过长将破坏乳胶层。

③ 当存储资料为文字时,由于提供的文字信号是二进制的,且只需勾画出字迹来即可,因此,对光路的要求不高,光路中不加针孔滤波器也行;但在存储灰度图像时,要求加针孔滤波器,且光路必须洁净,否则重现图像上要引起相干噪声斑纹。

实验40 白光散斑摄影测量方法

当用非相干的白光照明具有颗粒状反射率分布的物体表面时,由其散射的光场强度也在空间形成复杂的颗粒状结构的分布,这种光强结构分布通常称为白光散斑。当物表面状态发生变化时,白光散斑场的分布也将发生变化,物表面的状态信息就表现在散斑场的变化之中。利用白光照明产生的这种散斑场变化来测量物体位移或形变的方法,称为白光散斑摄影测量术。

为了实现白光散斑摄影测量,被测物面应具有颗粒状的反射率分布。为此,对于那些不具备这种条件的被测物面,必须进行处理以产生这种"颗粒状"特性,这个过程称为物体表面的散斑化。因此,白光散斑又被称为"人造"散斑。最常用的表面散斑化方法就是在物体表面涂敷一层某种白光反射涂料。

本实验介绍采用环形孔径的二次曝光白光散斑摄影术,可用以测量物体的位移。该方法的特点是:测试灵敏度高且灵敏度调节范围宽,不需采用激光光源,能用于现场对实物进行测试。

一、实验目的

① 掌握白光散斑产生的机理,以及采用环形孔径的二次曝光白光散斑图测试物体位移的方法;

② 初步领会白光光学信息处理的原理和方法,并掌握白光信息处理系统的实验技巧。

二、实验原理

图 40-1 是采用环形孔径的白光散斑摄影光学系统原理图。图中 S_0 是扩展多色(白光)光源,L_0 是短焦距会聚透镜;σ 是小孔屏;M 是反射镜;O 是待测物面;A 是环形孔径,紧贴于成像透镜 L 的前面,其内、外径分别是 d 和 D;I 是像面;d_i 是像距。整个成像系统从光源 S_0 开始,经会聚透镜 L_0 会聚后,再经小孔 σ 减小光源尺寸,得到一个相干性好、强度适合的点光源,又经由反射镜 M 反射后,使得光束能直接照射物面,扩大物面的相干区域。物面漫反射的光通过环形孔径 A,最后由透镜 L 成像在 I 处。采用二次曝光法(物体位移发生在两次曝光之间)以获屏白光散斑摄影干涉图样。

由于物面使用非相干光照明,故此成像系统是对光强度进行线性变换,且有

$$I_i(x,y) = I_o(x,y) * h_1(x,y) \qquad (40-1)$$

式中,$I_i(x,y)$ 为像面光强分布;$I_o(x,y)$ 为物面光强分布;$h_1(x,y)$ 称为强度点扩展函数,为相干系统中点扩展函数的模的平方。根据傅里叶光学原理,对式(40-1)做傅里叶变换,应用傅里叶变换卷积定理,并对零空间频率归一化,得

$$G_{I_i}(f_x,f_y) = G_{I_o}(f_x,f_y) H_0(f_x,f_y) \qquad (40-2)$$

式中,$G_{I_i}(f_x,f_y)$、$G_{I_o}(f_x,f_y)$、$H_0(f_x,f_y)$ 分别表示像强度、物强度和强度点扩展函数的归一化频谱,其中 $H_0(f_x,f_y)$ 可写成

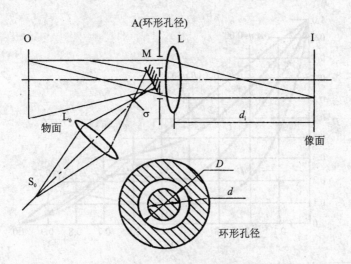

图 40-1 原理光路

$$H_0(f_x, f_y) = \frac{F\{h_I(x,y)\}}{F\{h_I(x,y)\}}\bigg|_{\substack{f_x=0 \\ f_y=0}} \quad (40-3)$$

$H_0(f_x, f_y)$ 称为衍射受限非相干系统的光学传递函数，表征该非相干光学系统传递频谱的能力，它与光学系统的结构参数有密切关系。图 40-2 给出了内、外径之比为 η 的环形孔径的光学传递函数与规范化空间频率的关系曲线。图中曲线 A、B、C 和 D 分别表示 $\eta=0.00$、0.25、0.50 和 0.75 四种情况。其中 $\rho=\sqrt{f_x^2+r_y^2}$，$\rho_0=D/(2\lambda d_i)$ 为相干系统的截止频率（D 为环形孔径的外径，d_i 为像距），$2\rho_0$ 为非相干系统的截止频率。因此，对于非相干成像系统存在一个截止频率，高于截止频率的成分不能通过透镜。成像系统的相对孔径越大，空间截止频率越高，测量灵敏度就越高。由图 40-2 显然可见，利用环形孔径记录白光散斑图，在仅考虑衍射效应时，高频成分有明显提高，而低频成分有较大降低，从而提高了测量灵敏度调节范围。

拍得的二次曝光散斑图底片采用全场分析法进行处理。若将其置于图 40-3 所示的全场分析法光路系统的输入平面上，用激光平行光束照明，则经变换透镜系统后，像面上的光强分布可写成

$$I(x,y) = 4I_1(x,y)\cos^2(\delta/2) \quad (40-4)$$

而

$$\delta = \frac{2\pi}{\lambda f} \boldsymbol{l} \cdot \boldsymbol{r} \quad (40-5)$$

式中，$I_1(x,y)$ 为单曝光散斑图的光强分布；$\boldsymbol{r}$ 为频谱面上的位置矢量，$\boldsymbol{l}$ 为散斑图上像点的位移矢量，并且有

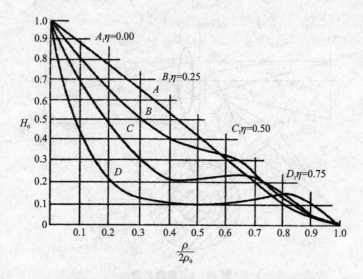

图 40-2 光学传递函数与规范化空间频率的关系曲线

$$l \cdot r = \begin{cases} n\lambda f(n=0, \pm 1, \pm 2, \cdots) & \text{对应亮条纹} \\ \left(n+\dfrac{1}{2}\right)\lambda f(n=0, \pm 1, \pm 2, \cdots) & \text{对应暗条纹} \end{cases} \tag{40-6}$$

这些条纹分布在散斑图上,构成位移矢量 l 在 r 方向投影的等值线族。

若位移是均匀的(刚性位移),则由式(40-6)有

$$l = \frac{n\lambda f}{r_l} = \frac{\lambda f}{\dfrac{r_l}{n}} \tag{40-7}$$

由此得到垂直于位移矢量的一族直线条纹,条纹间距等于 $\dfrac{r_l}{n}$,而位移量值为 $L = \dfrac{l}{M}$。此处 M 为成像放大率。

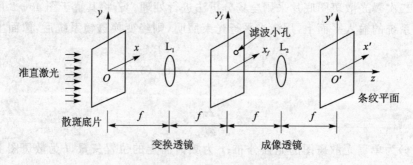

图 40-3 全场分析法光路

若物体位移是非均匀的(发生形变),则一般在频谱面上看不到干涉条纹。这时需要在频谱面上安置一个滤波小孔(见图40-3)。当滤波小孔位于$(x_{f_0},0)$时,则在像面上凡是位移分量为

$$L_x = \frac{n\lambda f}{Mx_{f_0}} \quad (n = 0, \pm 1, \pm 2, \cdots) \tag{40-8}$$

的点均出现亮条纹,由此得到水平位移相等的点的轨迹。当滤波小孔位于$(0,y_{f_0})$时,则像面上凡是位移分量为

$$L_y = \frac{n\lambda f}{My_{f_0}} \quad (n = 0, \pm 1, \pm 2, \cdots) \tag{40-9}$$

的点均出现亮条纹,由此得到竖直位移相等的点的轨迹。滤波小孔位于频谱面上任意位置时,可类似进行分析。

三、实验仪器

白光光源(150 W 钨卤素灯)1 台;　　　光屏 1 个;
小孔光阑 1 个;　　　　　　　　　　　干版架 3 个;
聚焦透镜 1 个;　　　　　　　　　　　带掩模(物体)的毛玻璃 1 块;
准直透镜 1 个;　　　　　　　　　　　可微移的平台 1 个;
成像透镜 1 个;　　　　　　　　　　　米尺 1 把;
孔屏 1 个;　　　　　　　　　　　　　全息干版若干小块。
环形孔径 1~3 个;

四、实验步骤

1. 选择待测物体

为了提高散斑条纹的对比度,物面的粗糙度一定要合适。若物面太光滑,则造成物面无足够的位相差产生完整的相消干涉,并使物面的空间频域变窄,从而降低散斑条纹的对比度;相反,物面太粗糙,光程差大于相干长度,使非相干成分增加,从而也降低散斑条纹的对比度。建议在实验中采用毛玻璃作待测物面,其粗糙程度正好适合实验测量。或选用600#金相砂皮随机打毛物面,效果也很好。

2. 制作环形孔径

根据实验所用透镜孔径,制作环形孔径。可在一平整度好的玻璃板上贴环形黑纸进行制作,其内外径可各控制在 36 mm 和 48 mm(即 $\eta=0.75$)。环形孔径还可按外径相同,内径、外径比 η 不同设置几种情况,以验证系统测试灵敏度与环形孔径设置的关系。

3. 布置光路

由于白光光源需要经过小孔减小光源尺寸以提高其空间相干性,出射光强一般较弱,如采

用如图 40-1 所示的反射光路，物光强度将会很暗，故实验中建议采用透射光路，并采用透光性好的毛玻璃上加入掩模作为物体 O，如图 40-4 所示。

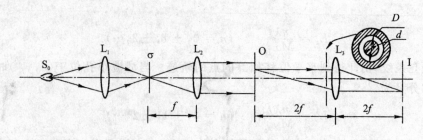

图 40-4 实验光路

布置光路时应注意以下事项：

① 光学噪声的屏蔽：本实验是使用经小孔 σ 后的光进行拍摄的，由于所用的白光光源功率较大，在光源处容易产生大量的噪声光，故实验中需要将噪声控制在有效的范围内。这可在白光光源旁设置黑罩来完成。

② 物体需放置在一可微移的平台上，平台的移动由固定于其上的测微螺旋控制并提供读数。

③ 实验中对成像透镜 L_3 可设置不同物距、像距比，研究不同成像放大率对实验结果的影响。

④ 光路准直：为了使光路系统中各光学元件严格遵循共轴等高，需要先用细激光束来辅助准直光路。调整光路遵循由后向前（先 L_3，再 L_2，最后 L_1）调整的原则，先设置好 3 个透镜后，再放置物面、像面以及小孔屏，最后放置白光光源。根据像面上的光强，在保持小孔足够小的情况下，适当调节小孔的大小。

4. 实验操作

首先对测微螺旋按预定方向转动一下，以避免由螺纹间隙带来的回差；记下转动后的初始读数，进行第一次曝光。再对测微螺旋旋动 20～40 μm（最好事先演练一下）。静止后，再进行第二次曝光。将二次曝光后的干版做显影、定影和漂白处理，再记下测微螺旋旋动后的读数。计算两次曝光之间的读数差。

5. 数据采集和处理

将已处理好的二次曝光白光散斑图底片置于如图 40-3 所示的输入面，对于上述刚性位移，可在频谱面上观察到条纹图样。测出条纹间隔 Δt 和透镜焦距 f，便可由公式 $L=\dfrac{\lambda f}{M\Delta t}$ 算出位移量，位移方向与条纹取向垂直。将最后算得的结果与在测微螺旋上的两次读数之差值进行比较。

根据具体的实验课时安排，对 2～3 个不同环形孔板，重复 4、5 步的操作，即在不同位移下实验 2~3 次,并将每次实验算出的结果与测微螺旋两次的读数差进行比较。图 40-5 是根据由实验采集的数据,对 3 组不同环形孔径下拍得的散斑条纹图样照片,供参考。

(a) $L=0.51$ mm　　(b) $L=0.23$ mm　　(c) $L=0.12$ mm

图 40-5　在频谱面上拍得的二次曝光白光散斑条纹图样照片

五、讨 论

① 若某组环形孔径的环宽与另一组相等,而 η 值比另一组大,则两者所得到的结果将如何?为什么?

② 根据实验,再现条纹的清晰程度与环形孔径宽度有什么关系?为什么?

第七部分 光电技术设计性与综合应用实验

本部分实验是对学过的知识的综合运用,遵循现代教育的"行为主义→认知主义→构建主义"的教学理念,由实验训练到实验设计,由简单实验到复杂实验,组织一些设计性和综合性实验的例子,进行较完整的系统实验,同时也可作为演示实验。

实验 41 光电报警系统设计

光电报警系统是一种重要的监视系统,目前种类繁多,有对飞机、导弹等军事目标入侵进行的报警系统,也有对机场、重要设施或危禁区域防范进行报警的系统。一般来说,被动报警系统的保密性好,但是设备比较复杂;而主动报警系统可以利用特定的调制编码规律,达到一定的保密效果,设备比较简单。

一、实验目的

① 练习自拟简单的光电报警系统设计实验;
② 对影响光电探测性能的各种参数进行探讨,以求最大限度地发挥系统的探测能力。

二、实验内容

① 自拟简单的红外光电报警系统;
② 对影响光电探测性能的各种参数进行探讨,以求最大限度地发挥系统的探测能力。

三、实验原理

本实验半自拟一个简单的主动报警系统,由如图 41-1 所示的四个部分组成。

发射系统包括调制电源和红外发光二极管,发射红外调制光。在发射系统和接收系统之间有红外光束警戒线,当警戒线被阻挡时,接收系统发出指示信号,此信号经放大,驱动报警电路发出报警信号。

下面对各部分电路各举一个简单的例子,也可选用于系统中。

1. 发射系统

用 NE555 定时器构成多谐振荡器作调制电源,BT401 作为红外发射管。

NE555 内部结构原理如图 41-2 所示。若不用引脚 5,则当引脚 2 外加电压小于 $\frac{1}{3}V_c$(电

图 41-1 半自拟主动报警系统结构示意图

源电压)时,比较器 2 翻转,导致 RS 触发器翻转,引脚 3 输出高电平;同时,晶体管 Q 截止,使引脚 7 内部开路。当引脚 6 外加电压高于 $\frac{2}{3}V_c$ 时,比较器 1 翻转,导致 RS 触发器翻回,引脚 3 输出低电平;同时,晶体管 Q 导通,使引脚 7 内部近似接地。若引脚 5 外加比较电压,则 NE555 在外加比较电压下工作。比较器 1 或比较器 2 的翻转阈电平由引脚 5 外加比较电压在电阻 R 上的分压决定。

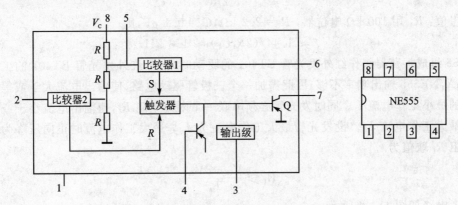

图 41-2 NE555 内部结构

图 41-3 给出了由 NE555 构成占空比可调的多谐振荡器的参考电路。

电容器 C_1 由电源电压 V_{CC} 通过 R_2、D 充电,A 点电压按指数规律上升,由于二极管 D 的作用,电流不经过 R_1,因此其充电时间常数为 R_2C_1。

当 A 点电压低于 $(1/3)V_{CC}$ 时,引脚 3 输出电压 V_o 为高电平,引脚 7 内部开路,直到当 A 点电压上升到 $(2/3)V_{CC}$ 时,引脚 3 输出电压 V_o 为低电平,同时引脚 7 近似接地,电容器 C_1 通过 R_1 至引脚 7 放电,由于二极管 D 反向电阻很大,放电时间常数为 R_1C_1。直到当 A 点电压下降到 $(1/3)V_{CC}$ 时,3 脚输出电压 V_o 又为高电平,同时引脚 7 内部又开路,电容器 C_1 又由电源电压 V_{CC} 通过 R_2、D 充电。

调整 R_1 或 R_2 的电阻值可以调整占空比。当 $R_1=R_2=R$ 时,输出为方波信号。其输出频

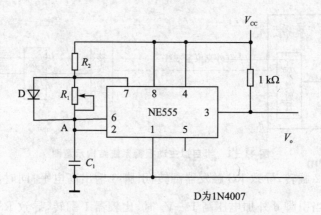

图 41-3 由 NE555 构成的占空比可调的多谐振荡器

率为

$$f = \frac{1}{2RC} \tag{41-1}$$

参考值：R_1 用 100 kΩ 电位器，$R_2 = 2.2$ kΩ，$C_1 = 0.1$ μF，则

$$f \approx 1.44/(2R_1C_1) \approx 1.3 \text{ kHz} \tag{41-2}$$

用 NE555 组成振荡器来作红外发光管 BT401 的驱动时，由于红外发光管 BT401 的工作电流约 30 mA，NE555 输出功率不够，因此需加一个三极管驱动电路，使输出电流大于或等于红外发光管的最小工作电流 I_f。同时发光管必须串联一个限流电阻 R_f，使输出电流小于或等于发光管的最大工作电流 I_m。设发光管最大工作电流为 I_m，最大工作电流时正向压降为 V_m，则限流电阻 R_f 取值为

$$R_f \geq \frac{V_{CC} - V_m}{I_m} \tag{41-3}$$

参考电路如图 41-4 所示。

2. 接收系统和放大电路

电路如图 41-5 所示，用 2CU2B 光敏二极管作为接收系统，$\frac{1}{2}$ LF353 构成放大电路。光敏二极管是一种光伏探测器，当入射光强度发生变化时，通过二极管的电流随之变化，于是二极管的端电压也发生变化。从阻抗的角度看，当入射光强度发生变化时，二极管的阻抗发生变化，光强度越大，阻抗越小。

放大器为两级，前一个 $\frac{1}{2}$ LF353 构成主放大器，将光敏二极管接入同向输入端，且将光敏二极管所产生的电流变化信

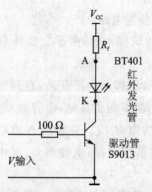

图 41-4 红外发光管驱动电路

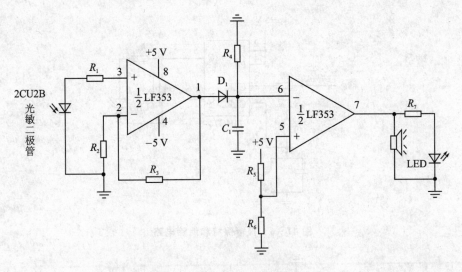

图 41 – 5 接收和放大电路

号放大。后一个 $\frac{1}{2}$ LF353 构成比较放大器，比较放大器的反向输入端引脚 6 加来自主放大器的信号电压。当光线未阻断时，从主放大器来的交流信号经二极管 D_1 检波，再经 R_4、C_1 低通滤波器后得到直流电压。比较放大器的同向输入端引脚 5 加某一固定偏置电压，其值要小于或接近反向输入端引脚 6 电位，则放大器引脚 7 输出电压近似为零。当红外光束被阻断时，主放大器没有信号输出，从而比较放大器只有同向输入端加的正电压，输出为高电位，则比较放大器输出电位的变化指示了光线是否阻断。当然可以如图 41 – 5 所示，在比较放大器的输出端接报警电路（如 LED 和扬声器），当红外光束被阻断时，LED 亮，扬声器发声报警。

3. 报警保持和消除电路

将报警电路直接接比较放大器的输出端有缺点：当光线又未阻断时，报警信号立即消失，报警不能维持。最好加一个报警保持和消除电路，即使光线被阻断很短时间，一旦报警，则维持下去；当不需要报警时，人为消除。下面给出用双 D 触发器 74HC74 实现此功能的参考电路图，如图 41 – 6 所示。

根据 74HC74 的功能表，CLK 为低电位时，Q 为低电位，只要 CLK 有个电位上升，则 Q 为高电位，即使 CLK 再为低电位，也能保持高电位。将 CLK 端通过电阻 R_9 接入比较放大器的输出，将 LED 和扬声器接 Q 端，则可实现当红外光束被阻断时报警和维持。当不需要报警时，按一下 S_1 使 CLR 为低电位，则 Q 又为低电位且保持，报警消除。

接收系统和报警部分电路如图 41 – 7 所示。

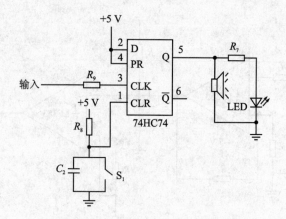

图 41-6 报警保持和消除电路

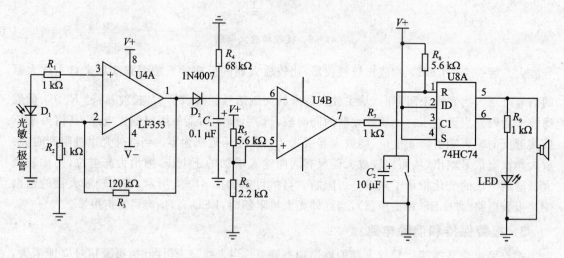

图 41-7 接收和报警部分电路

四、实验提供仪器及相关器件

① 红外发射二极管 BT401 1 只；
② 光敏二极管 2CU2B 1 只；
③ 连接导线 60 根；
④ 直流稳压电源 1 个；
⑤ 光电报警系统设计模板 1 块。

光电报警系统设计模板备有 +5 V、-5 V 直流稳压电源，只要从外部插入 +5 V 电源，则 +5 V 和 -5 V 孔就有电压，为光电报警系统设计提供电压，其中 NE555、LF353、74HC74 所需工作电压可以在实验预习时接好。

本实验模板还配有时钟集成电路 NE555、双运算放大器 LF353、触发器 74HC74 和三极管 9013,供电路设计时使用,它们的已接器件如图 41-7 所示。还备有各类参数的电阻、电容,以及 10 kΩ、100 kΩ 的电位器和设计过程中可能用到的元器件,放在面板上,供设计者选用。

五、实验步骤

① 用 NE555 设计一占空比可调的方波振荡器,作为红外发射二极管的调制电源,画出电路图,标明器件参数。

② 根据电路图从模板上选择器件,用导线组成电路,用示波器从 NE555 的引脚 3 观测输出波形应为方波,并测量输出电压峰-峰值;调节 100 kΩ 电位器使占空比为 50%。

③ 将该实验中的三部分电路连接成一个完整的系统电路。

④ 用红外发射二极管组成发射系统,在发射和接收系统之间有红光束警戒线。当警戒线被阻断时,接收系统发出警报信号。要求系统在给定器件的条件下作用距离尽可能远。

⑤ 恢复警戒线后,按一下 S_1,则报警信号消除。

六、实验报告要求

① 画出所做实验完整的电路图,标明器件参数,并画出各级输出波形。

② 简述整体电路系统的工作原理。

③ 分析影响作用距离的原因,提出提高作用距离的措施。

七、思考题

① 为了提高作用距离,光源调制频率和占空比应如何取值?

② 当拦截光束的目标运动较快或较慢时,接收电路和电路参数应如何考虑才能保证正常报警?

实验 42　尼柯夫盘扫描成像

尼柯夫(Nipkow)盘扫描成像是一种简单的光机扫描红外成像方法,早期人们就是用这种方法观察"热图像"的。这种扫描成像的方法虽然已被其他一些先进方法所代替,但是用它说明光机扫描成像原理却具有直观易理解的特点,对学生建立光机扫描成像中的诸多概念颇有好处,并且较之昂贵的热像仪,在实验室建立这样的装置花钱不多,极易实现。因此,从教学的观点来看,尼柯夫盘扫描成像的方法仍不失其时代意义。

一、实验目的

① 了解尼柯夫盘扫描成像原理；
② 掌握尼柯夫盘的设计制作方法；
③ 调试尼柯夫盘成像系统并观察目标的"热图像"。

二、实验原理

尼柯夫成像系统的组成如图 42-1 所示。由光学系统将目标的热分布成像在尼柯夫盘上，电机带动尼柯夫盘匀速转动，则尼柯夫盘上的扫描孔依次对像面进行扫描。穿过扫描孔的红外辐射经探测器透镜会聚到 PbS 探测器上，并由其转换成与辐射强度成正比的视频电信号。这一信号经放大处理后送到示波器的阴极（如 SB-14 示波器的 Z 轴）用以调制电子束的强弱。与此同时，由小灯泡发出的可见光分别通过行同步孔和场同步孔照射到两个光敏三极管上，使行触发和场触发电路产生行同步脉冲和帧同步脉冲，将它们分别加到行时基电路和场时基电路，然后将行、场时基电路产生的行、场锯齿波接到示波器的 X、Y 轴，从而在示波器上便得到了"热图像"的定位扫描线。当各部分工作正常时，示波器上便可显示出目标的"热图像"。

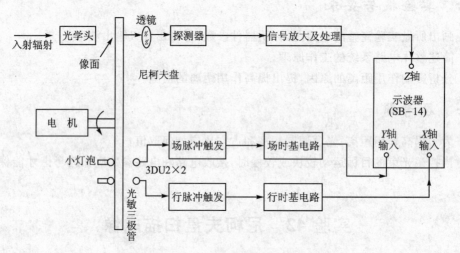

图 42-1 尼柯夫成像系统组成框图

尼柯夫盘的结构如图 42-2 所示。盘由厚度为 3 mm、直径为 190 mm 的黑色有机玻璃制成。在半径为 84.5 mm 与 70 mm 的圆环上，30 个扫描孔均匀地分布在一螺旋线上，孔间夹角为 120°，相邻两孔的径向差距为 0.5 mm。在半径为 54 mm 的圆周上对应扫描孔的方位均匀地分布着 30 个行同步孔。在半径为 46 mm 的圆周上有一场同步孔，它的方位可与任一行同步孔相同。

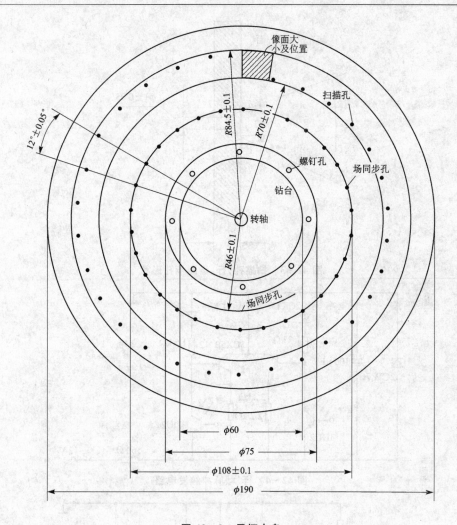

图 42-2 尼柯夫盘

扫描孔、行同步孔、场同步孔的形状和尺寸如图 42-3 所示。

本系统的电子线路主要包括：行、帧脉冲触发电路，行时基电路，帧时基电路，PbS 偏置电路和前置放大电路，中间放大器电路，黑色电平钳位电路，电平控制及输出级电路，载波发生器电路，130 V 稳压电源电路。它们分别如图 42-4 至图 42-12 所示。

还有 −12 V 稳压电源及 30 V 稳压电源，均可用三端稳压块制作，不再画出其电路。另外直流电机和小灯泡系采用一般的可调压直流稳压电源供电。

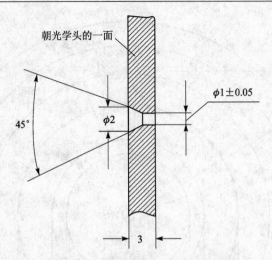

图 42-3 扫描孔,行、场同步孔形状

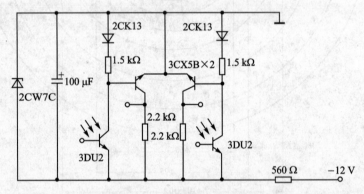

图 42-4 行、帧脉冲触发电路

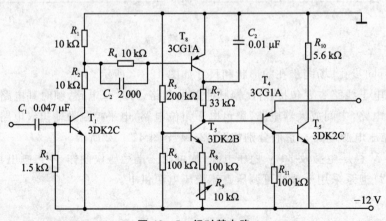

图 42-5 行时基电路

第七部分 光电技术设计性与综合应用实验

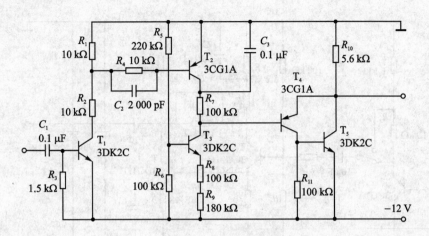

图 42-6 帧时基电路

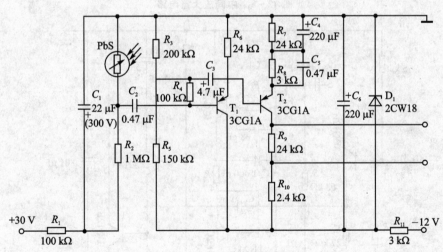

注：电阻额定功率均为 $\frac{1}{2}$ W。

图 42-7 PbS 偏置电路和前置放大器电路

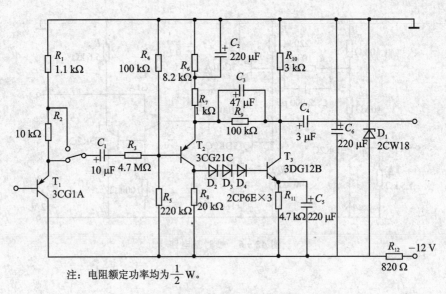

注：电阻额定功率均为 $\frac{1}{2}$ W。

图 42-8 中间放大器电路

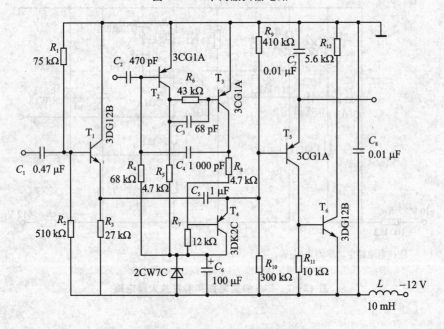

图 42-9 黑色电平钳位电路

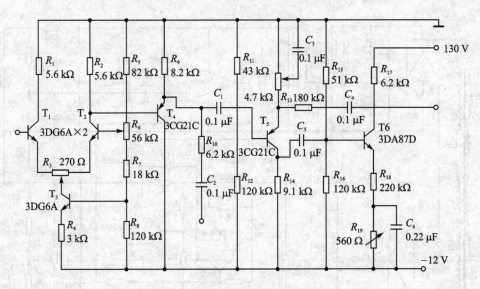

图 42-10 电平控制及输出级电路

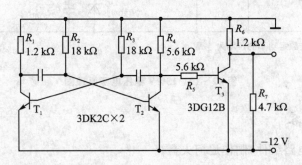

图 42-11 载波发生器电路

三、实验仪器和设备

① 1.5 m 光具座 1 套；

② 红外锗透镜 2 套；

③ PbS 红外探测器（包括前放）1 套；

④ SB-14 示波器（或类似功能示波器）1 台；

⑤ SBD6B 示波器（或类似功能示波器）1 台；

⑥ 直流电机 1 台；

⑦ 元器件请按电路中的要求自筹。

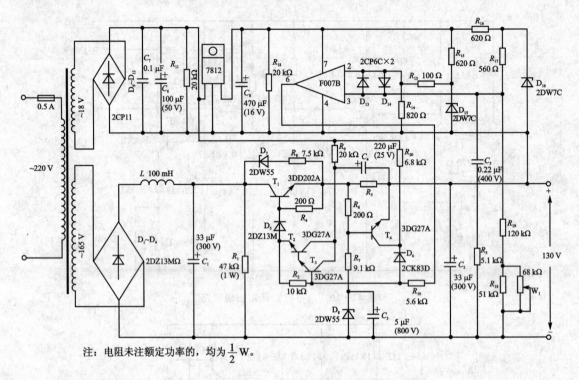

图 42-12　130 V 稳压电源原理图

四、实验内容

① 按图装调各电路组件,制作尼柯夫盘。

② 将温度可调的热目标(例如电炉铁、白炽灯泡)、光学透镜、光阑、尼柯夫盘、红外探测器按序安装在光具座上。

③ 调整光路,使目标成像在尼柯夫盘半径为 84.5 mm 与 70 mm 的圆环上,且像面尺寸不得大于环形宽度,即 14.5 mm×14.5 mm;探测器透镜应尽量靠近尼柯夫盘,以不妨碍尼柯夫盘转动为原则;探测器灵敏面应位于探测器透镜的焦点上。

④ 调整同步电路。用 SBD6B 示波器(或类似功能示波器)观察行、场时基电路输出的锯齿波,并调整电机转速,使行锯齿波周期为 3 ms,场锯齿波周期为 90 ms。最后调节 SB-14 示波器(或类似功能示波器)有关旋钮,直到显示屏上课清晰地看到 30 根扫描线。

⑤ 调整视频电路。用数字万用表测量 PbS 探测器的动态电阻,其动态变化范围应在 100 Ω 以上;用 SBD6B 示波器(或类似功能示波器)观察前置放大器输出的视频信号波形,其幅值应为 10 mV 量级;然后观察主放大器的输出波形,其幅值范围应为 30~90 V,这时 SB-14 示波器(或类似功能示波器)上可观察到目标的"热图像"。

五、思考题

① 尼柯夫盘扫描成像系统的场频、行频与电机的转速有何关系？
② 改变电机转动方向，显示屏上的目标热像将作何变化？
③ 为什么扫描孔要按螺旋线规律分布，改变它们的分布规律，增加或减少扫描孔的数目对图像有何影响？

实验 43　金属(钨)电子逸出功的测定

金属电子逸出功的测定实验是近代物理和光电子学中的一个重要实验。该实验采用的理查逊直线法，是一种较为巧妙的实验方法。在数据处理方面有比较多的基本训练，如用光测高温计测量温度，既和课堂讲授的热辐射理论相结合，又学习了高温的测量方法；对热电子发射的研究，在技术上可以合理地选择热电子发射材料，在物理概念上可以使我们更深入地了解热电子发射的基本规律。通过本实验，不仅要测定金属电子逸出功的数值，更要注意本实验的数据处理方法和高温测量方法。

一、实验目的

① 深入认识热电子发射的基本规律；
② 了解光测高温计的原理和学习光测高温计的使用方法；
③ 学习理查逊直线法的数据处理方法。

二、实验原理

1. 理查逊-杜什曼(Richardson-Dushman)公式

描述热电子发射的理查逊-杜什曼公式为

$$I = AST^2 e^{-\frac{e\varphi}{kT}} \tag{43-1}$$

式中，I 为热电子发射的电流(A)；T 为发射热电子的热阴极的热力学温度(K)；$e\varphi$ 为阴极材料的电子逸出功(eV)；k 为玻耳兹曼常数(1.38×10^{-23} J·K^{-1})；A 为常数；S 为阴极的有效发射面积(m^2)(测量发射面积时，必须注意热膨胀和发射体的表面一般都是凹凸不平的等问题)。

根据式(43-1)，原则上只要测定了 I、T、A 和 S 等量后，就可以得出阴极材料的电子逸出功 $e\varphi$。但因 A 和 S 这两个量难以直接测定，在实际测量中需采用下述的理查逊直线法，可以避开该两量的测量。

2. 理查逊直线法

将式(43-1)两边除以 T^2，再取对数得

$$\lg \frac{I}{T^2} = \lg AS - 3.15 \times 10^{22} e\varphi \frac{1}{T} = \lg AS - 5.03 \times 10^3 \varphi \frac{1}{T} \quad (43-2)$$

由式(43-2)可见，$\lg \frac{I}{T^2}$ 与 $\frac{1}{T}$ 呈线性关系。如以 $\lg \frac{I}{T^2}$ 为纵坐标，以 $\frac{1}{T}$ 为横坐标作图，则从直线的斜率可以求出电子逸出功 $e\varphi$，或逸出电位 φ。

采用理查逊直线法可以不必求 A 和 S 的值，直接从 I 和 T 得出逸出功 $e\varphi$ 或逸出电位 φ。A 和 S 值的影响，只是使直线发生平行移动。

3. 用外延法求零场电流 I

理查逊-杜什曼公式中的电流 I 应是纯粹的热电子发射电流，即加速电场为零时的电流，称零场电流。但为了维持阴极发射的热电子能连续不断地飞向阳极，必须在阳极和阴极间加一个加速电场 E_a。然而，E_a 的存在助长了热电子发射，称为肖特基(Schottky)效应。根据肖特基的研究，在加速电场 E_a 的作用下，热电子发射电流（阳极电流）I_a 与 E_a 有如下关系：

$$I_a = Ie^{\frac{0.440\sqrt{E_a}}{T}} \quad (43-3)$$

式中，E_a 以 $V \cdot m^{-1}$ 为单位。对式(43-3)取对数得

$$\lg I_a = \lg I + \frac{0.191}{T}\sqrt{E_a} \quad (43-4)$$

当电极的形状一定，且不考虑空间电荷的影响时，电场强度 E_a 与极板间的电位差（加速电压或称阳极电压）U_a 成正比，设比例系数为 a，则

$$\lg I_a = \lg I + \frac{0.191\sqrt{a}}{T}\sqrt{U_a} \quad (43-5)$$

显然，在管子结构和温度 T 一定时，$\lg I_a$ 和 $\sqrt{U_a}$ 呈线性关系。如以 $\lg I_a$ 为纵坐标，以 $\sqrt{U_a}$ 为横坐标作图，直线的延长线与纵坐标轴的交点即为 $\lg I$，由此即可求得在一定温度 T 时的零场电流 I。

从以上讨论可见，测定电子逸出功的过程是：首先测定以被测材料为阴极（灯丝）的二极管的阴极温度 T、阳极电压 U_a 和阳极电流 I_a，根据式(43-5)作图，求出零场电流 I。再根据式(43-2)作图，求出逸出功 $e\varphi$。

三、实验仪器

① 逸出功测定仪（包括理想真空电子二极管、光测高温计）。把被测材料制成理想真空二极管的阴极。可选用东南大学物理系制作的 WF-2A 或 WF-2B 型的电子逸出功测量仪。
② 电流表(1 A，监视灯丝电流 I_f)。
③ 电压表(150 V，测量阳极电压 U_a)。
④ 微安表(1 000 μA，测量阳极电流 I_a)。
实验时，电流表、电压表和微安表与理想真空二极管的测量电路如图43-1(a)所示。

图 43-1(b)是理想真空电子二极管的结构。

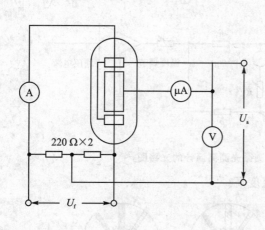
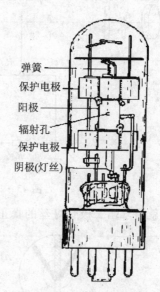

(a) 测量电路图　　　　　　　　(b) 理想真空电子二极管的结构

图 43-1　测量电路图及理想真空二极管的结构

⑤ 测定仪中的理想真空电子二极管。这里所说的理想真空电子二极管的"理想"二字有两层含义：一是把电极设计成能够严格地进行分析的几何形状，如设计成同轴圆柱系统最为适宜；二是把待测的阴极发射面积限制在温度均匀区内且无边缘效应的理想状态。为了避免阴极的冷端效应（两端温度较低）和边缘电场不均匀等边缘效应，在阳极两端各装一个保护电极。两保护电极在管内连在一起后引出管外，但和阳极绝缘，使用时保护电极虽和阳极加相同的电压，但其电流并不在阳极电流中测量。在阳极上还开有一个小孔（辐射孔），便于用光测高温计测量阴极温度。

⑥ 测定仪中的测微光测高温计。一般的光测高温计适合于测量大面积的被测对象，不适合于本实验中的被测对象钨丝阴极温度的测量，因此用测微光测高温计。该高温计能将被测对象钨丝进行足够的放大，它的光路如图 43-2 所示。

由图 43-2 可见，测微光测高温计主要包括四个部分，即成像部分、亮度比较部分、亮度观察部分和温度显示部分。此外还有一个调焦装置。

使用时先调节目镜，对高温计灯泡的灯丝进行聚焦。再调节聚焦装置，改变待测物体（理想真空电子二极管灯丝）和测微显微镜之间的相对距离，使物成像于高温计灯泡灯丝所在的平面上。在目镜中看到待测物与灯泡灯丝相交，如图 43-3 所示。调节温度调节电位器电阻 R，改变灯泡灯丝的电流，当灯泡灯丝和待测物两者的亮度相同，即两者在相交处相湮没时，通过预先校正好的非平衡电桥指示电表 G，即可读出二极管灯丝的亮度温度 T_L。利用后面的

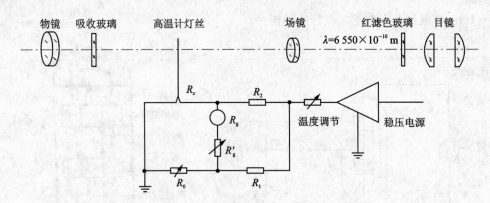

图43-2 测微光测高温计的光路图

式(43-6)就可求出二极管灯丝的真正温度 T。

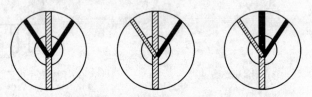

图43-3 待测物与灯泡灯丝相交

四、实验步骤

① 熟悉仪器装置,连接好电流表、电压表和微安表,接通电源预热10分钟。

② 光测高温计的定标。用如图43-4所示的方法校准。先调节标准灯(钨带灯)的电流,根据厂方提供的电流和温度的对应关系,确定标准灯的温度。以此标准温度调整非平衡电桥的调整电阻 R_0 和 R_g',前者使光测高温计在1 600 K时指零,后者使其在2 100 K时指满度。

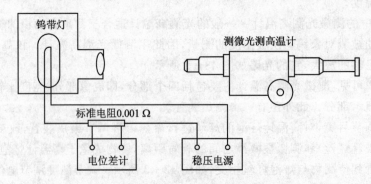

图43-4 光测高温计的定标

③ 调节光测高温计和理想真空二极管,使光测高温计灯丝和理想真空二极管灯丝都成像清晰,并在视场中央相交。

④ 使二极管灯丝电流 I_f 在 0.55～0.75 A,每间隔 0.05 A 进行一次测量。

⑤ 对每一灯丝电流进行多次温度测量以减小偶然误差,记录数据于表 43-1,求出灯丝温度 T。

⑥ 对应于每一灯丝电流在阳极上加 25 V、36 V、49 V、64 V、…、144 V 诸电压,各测出一组阳极电流 I_a,记录数据于表 43-2,并换算成表 43-3。

⑦ 根据表 43-3 数据,作 $\lg I_a - \sqrt{U_a}$ 图(见图 43-5),求出截距 $\lg I$,即可得到在不同灯丝温度时的零场电流 I,并换算成表 43-4。

⑧ 根据表 43-4 数据,作 $\lg \frac{1}{T^2} - \frac{1}{T}$ 图(见图 43-6),从直线斜率求出钨的逸出功 $e\varphi$。

表 43-1 在不同灯丝电流时测得的温度值

I_f/A \ No \ T_L/K	1	2	3	4	5	6	7	8	9	10
0.55	1 693	1 687	1 693	1 692	1 700	1 696	1 698	1 702	1 695	1 809
0.60	1 782	1 768	1 773	1 777	1 774	1 778	1 772	1 782	1 776	1 901
0.65	1 830	1 843	1 836	1 839	1 843	1 847	1 834	1 850	1 840	1 975
0.70	1 915	1 908	1 908	1 913	1 915	1 911	1 920	1 917	1 913	2 059
0.75	1 980	1 986	1 984	1 971	1 981	1 982	1 975	1 975	1 979	2 136

表 43-2 在不同灯丝电流和阳极电压时测得的阳极电流值

I_f/A \ $10^6 \cdot I_d$/A \ U_a/V	25	36	49	64	81	100	121	144
0.55	7.9	8.0	8.1	8.2	8.3	8.4	8.6	8.7
0.60	30.8	31.4	32.0	32.4	32.9	33.3	33.7	34.2
0.65	102.4	104.6	106.2	107.7	109.2	110.5	112.2	113.8
0.70	319	319	324	329	333	338	342	347
0.75	851	872	891	908	922	933	945	958

表 43-3 表 43-1 和表 43-2 数据的换算值

lg I_a \ $\sqrt{U_a}$ $10^{-1} \cdot T/K$	5	6	7	8	9	10	11	12
181	−5.10	−5.10	−5.09	−5.09	−5.08	−5.08	−5.07	−5.07
190	−4.51	−4.50	−4.49	−4.49	−4.48	−4.48	−4.47	−4.47
198	−3.99	−3.98	−3.97	−3.97	−3.96	−3.96	−3.95	−3.94
206	−3.50	−3.50	−3.49	−3.48	−3.48	−3.47	−3.47	−3.46
214	−3.07	−3.06	−3.05	−3.04	−3.04	−3.03	−3.02	−3.02

表 43-4 在不同灯丝温度时的零场电流值及其换算值

$10^{-1} \cdot T/K$	181	190	198	206	214
lg I	−5.12	−4.54	−4.03	−3.52	−3.10
lg $\dfrac{I}{T^2}$	−11.63	−11.10	−10.62	−10.15	−9.76
$10^4 \cdot \dfrac{1}{T}$	5.53	5.26	5.06	4.86	4.68

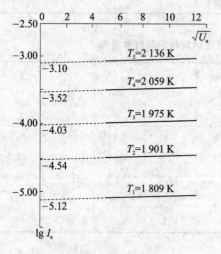

图 43-5 lg I_a - $\sqrt{U_a}$ 图

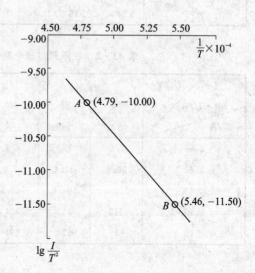

图 43-6 lg $\dfrac{1}{T^2}$ - $\dfrac{1}{T}$ 图

五、实验数据举例

设表 43-1 和表 43-2 是实际测得的数据,最后从图 43-6 求出直线斜率 $m=-2.24\times 10^4$,求得金属钨的逸出功为 $e\varphi=4.45$ eV,金属钨逸出功的公认值为 $e\varphi=4.54$ eV。

实验 44　光电定向

光电定向是指用光电系统测定目标的方向。这是光学雷达和光学制导的重要组成部分,也可用于线切割机床等民品中。光电定向方式有扫描式、调制盘式和四象限式三种,前两种用于连续信号工作方式,后一种用于脉冲信号工作方式。本实验是四象限式光电定向实验。

一、实验目的

① 通过本实验了解单脉冲定向原理;
② 了解四象限光电二极管的性能;
③ 训练装调光电探测系统的能力。

二、实验内容

用四象限管探测器作为接收器,设计装调窄脉冲光信号的放大电路、展宽电路及和差电路。最后,测出系统输出信号与方向偏差的关系。

三、实验原理

1. 单脉冲定向原理

利用单脉冲光信号确定目标方向的原理有以下四种:和差式、对差式、和差比幅式和对数相减式。

(1) 和差式

这种定向方式是参考单脉冲雷达原理提出来的,其原理如图 44-1 和图 44-2 所示。

在图 44-1 中,光学系统与四象限管组成测量目标方位的直角坐标系。四象限管是将 4 个性能相同的光电二极管 A、B、C、D 按照直角坐标排列成四个象限做在同一芯片上,故称为四象限管,如图 44-2 所示。四个象限之间的间隔称为"死区"。在可见光和近红外波段,光电探测器目前广泛采用硅光电池和硅光电二极管。光电探测器在有光照射时产生电信号。

四象限管的分界限与直角坐标系的 x、y 轴重合,其"十"字形交点与光学系统的光轴重合。光学系统接收光脉冲后把目标成像于四象限管上。二维方向上目标的方位定向原理如图 44-3 所示。

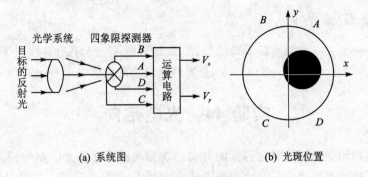

(a) 系统图　　　　　　　　　　(b) 光斑位置

图 44-1　四象限管与光学系统组成直角坐标系

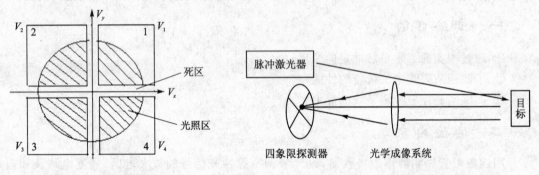

图 44-2　四象限探测器示意图　　　　图 44-3　定向原理示意图

脉冲激光器发出脉冲宽度极窄而功率很高的激光脉冲,照射远处目标,目标对光脉冲发生漫反射,反射回来的光由光电接收系统接收。来自远方的光信号可以近似视为平行光波,所以在光学系统的焦平面上成像为艾里斑。在实际的定向系统中,四象限管通常不放在光学系统的焦平面上,而是放在焦平面附近(焦平面之前或之后),使四象限探测器的位置略有离焦,于是,四象限管得到的目标像近似为图形光斑。当目标成像在光轴上时,圆形光斑中心与四象限探测器中心重合。当光轴对准目标时,因四象限探测器中四个探测器件受照的光斑面积相同,输出相等的脉冲电压,表示目标方位偏离值 $x=0, y=0$。当光轴未对准目标时,目标像的圆形光斑的位置在四象限探测器上相应地有偏移,光斑中心偏离光轴,如图 44-1(b)所示,四个探测器件受照的光斑面积不同,输出不相等的脉冲电压。对四个探测器输出的信号进行运算处理,就可以知道目标在直角坐标系中用电压 V_x 和 V_y 表示的方位。目标方位偏离光轴越远,输出方位误差信号也越大。设图 44-1(b)中光斑半径为 r,中心坐标为 (x_1, y_1),为分析方便起见,认为光斑得到均匀辐射功率,总功率为 P。在各象限探测器上得到的扇形光斑面积是光斑总面积的一部分。若设各象限上的光斑面积占总光斑面积的百分比为 A、B、C、D,则由求扇形面积公式可推得下述关系:

$$(A-B)+(C-D) = \frac{2x_1}{\pi r}\sqrt{1-\frac{x_1^2}{r^2}} + \frac{2}{\pi}\arcsin\left(\frac{x_1}{r}\right) \quad (44-1)$$

当 $\frac{x_1}{r} \ll 1$ 时,有

$$A - B - C + D \approx \frac{4x_1}{\pi r} \quad (44-2)$$

即

$$x_1 = \frac{\pi r}{4}(A - B - C + D) \quad (44-3)$$

同理可得

$$y_1 = \frac{\pi r}{4}(A + B - C - D) \quad (44-4)$$

可见,只要能测出 A、B、C、D 和 r,就可以求得目标的直角坐标 (x_1, y_1)。在实际系统中可以测得的量是各象限的光功率信号。若光电二极管的材料是均匀的,则各象限的光功率与各象限的光斑面积成正比。四象限管各象限的输出信号也与各象限上的光斑面积成正比。采用如图 44-4 所示的信号处理电路可以实现和差定向的原理。

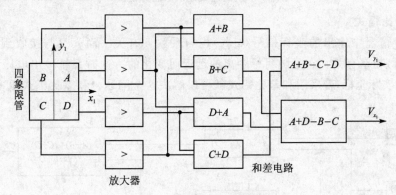

图 44-4 和差式原理示意图

系统输出信号为

$$V_{x_1} = KP[(A+D)-(B+C)] \quad (44-5)$$
$$V_{y_1} = KP[(A+B)-(C+D)] \quad (44-6)$$

对应于光斑圆心坐标:

$$\left.\begin{array}{l} x_1 = k[(A+D)-(B+C)] \\ y_1 = k[(A+B)-(C+D)] \end{array}\right\} \quad (44-7)$$

式中,$k = \frac{\pi r}{4}KP$,K 为常数,与系统参数有关。

(2) 对差式

将图 44-4 的坐标系旋转 45°，取成图 44-5 的情形。于是得

$$\left.\begin{array}{l} x_2 = x_1\cos 45° + y_1\sin 45° = \sqrt{2}k(A-C) \\ y_2 = -x_1\sin 45° + y_1\cos 45° = \sqrt{2}k(B-D) \end{array}\right\} \quad (44-8)$$

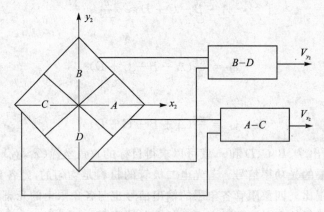

图 44-5　对差式定向原理方框图

(3) 和差比幅式

上述两种情况中输出的坐标信号 (x,y) 均与系数 k 有关。而 k 又与接收到的目标辐射（或反射、散射）功率有关。它是随目标距离的远近而变化的。这时系统输出电压 V_x、V_y 并不能代表目标的实际坐标，若采用和差比幅式就可以解决这个问题。和差比幅式原理如图 44-6 所示。

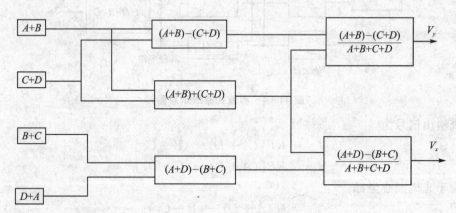

图 44-6　和差比幅式原理示意图

对应于光斑圆心坐标：

$$\left.\begin{aligned}x_3 &= \frac{k(A+D-B-C)}{k(A+B+C+D)} = \frac{A+D-B-C}{A+B+C+D} \\ y_3 &= \frac{k(A+B-C-D)}{k(A+B+C+D)} = \frac{A+B-C-D}{A+B+C+D}\end{aligned}\right\} \quad (44-9)$$

可见上式右端中就不包含系数 k，与系统接收到目标辐射功率的大小无关，所以定向精度很高。

(4) 对数相减式

在目标信号变化很大的情况下，可以采用对数相减式定向的方法，如图 44-7 所示。坐标信号为

$$\left.\begin{aligned}x_4 &= \lg k(A-B) - \lg k(C-D) = \lg(A-B) - \lg(C-D) \\ y_4 &= \lg k(A-D) - \lg k(C-B) = \lg(A-D) - \lg(C-B)\end{aligned}\right\} \quad (44-10)$$

可见，坐标信号中也不存在系数 k，同样消除了接收到的功率变化的影响。

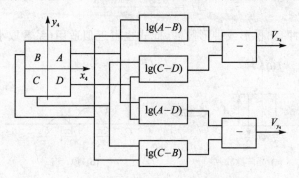

图 44-7 对数相减式定向原理方框图

当定向误差很小时，可以得到以下近似关系：

$$\left.\begin{aligned}x_4 &= \lg(A-B) - \lg(C-D) \approx A-B-C+D \\ y_4 &= \lg(A-D) - \lg(C-B) \approx A+B-C-D\end{aligned}\right\} \quad (44-11)$$

上式关系就是和差式关系。因此，在定向误差很小时，对数相减式实际上就是和差式。

采用对数放大器和相减电路可实现对数相减式，其原理图如图 44-7 所示。

2. 光电定向信号处理电路

(1) 四象限管的偏置与放大电路

单脉冲定向系统中，光脉冲通常由激光产生，其脉冲宽度一般为几十纳秒量级，也可做得更窄。而重复频率比较低，一般为几十赫兹。这种信号要用来指示或控制就需要放大与展宽。

使用光电二极管接收快速光脉冲时，为了得到好的线性响应，应尽量减小结电容和分布电容对响应速度的影响，通常偏置电路的负载电阻 R_L 不能取得太大。四象限管的偏置电路如图 44-8 所示，D_1、D_2、D_3、D_4 分别为四象限管的四个光电二极管。

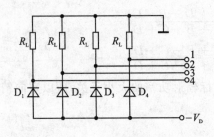

图 44-8 四象限偏置电路

光电二极管输出信号幅值通常比较小,必须经过高倍率放大后才能用来进行显示和控制。重复频率极低的窄脉冲可按照单脉冲进行傅里叶变换得到其频谱。例如,脉冲宽度为 τ 的矩形脉冲 $f(t)$,其振幅频谱为

$$F(\omega) = \frac{2A}{\omega}\left|\sin\frac{\omega\tau}{2}\right| \qquad (44-12)$$

由图 44-9 可以看出,脉冲愈窄,其能量分布在愈宽的频谱范围内。所以要使窄脉冲放大而不失真,放大器需要有很宽范围的频率响应,即需要采用宽带放大器。长期实验结果表明,对于单个脉冲要保持其峰值线性放大不畸变,放大器的通频带带宽应取

$$\Delta f = \frac{0.35 \sim 0.45}{\tau} \qquad (44-13)$$

对于其他形状脉冲,如梯形或钟形脉冲,此式也可近似适用(系数取小值)。

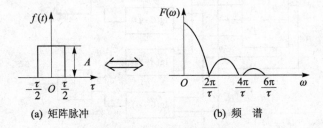

图 44-9 矩阵脉冲及其频谱

例如:LF357 宽带集成运算放大器具有的增益带宽乘积为 20 MHz。其开环增益与频率的关系曲线和实用放大电路如图 44-10 所示,它放大微秒量级脉宽的脉冲是合适的。又例如:MC1590G 宽带放大器,其电压增益与频率的关系曲线和实用的视频放大电路如图 44-11 所示。当单级增益选取适当时,可以对几十纳秒脉宽的光电信号进行较大放大倍数的放大。两级串接可得到所要求带宽下足够高的增益。

(2) 展宽电路

窄脉冲展宽实质是峰值保持的一个特例。由于脉冲宽度极窄,要求电路响应快而又要保持相对较长的时间,而且还需有较高的线性输出,采用一般的二极管和电容组成的峰值保持电路就难以完成。例如"光电信号的采样、保持"实验中的峰值保持电路采用的 LF353 运算放大器,其转换速率 $R_S = 13$ V/μs。对于幅度为 5 V、脉宽为 0.5 μs 的输入信号脉冲,由 R_S 可得其输出电压只有 2.5 V,加上二极管自身压降 0.7 V,电容充电电压只剩 1.8 V。加上放大器带宽窄,高频分量损失了,输出信号上升慢,实际输出还不到 2.5 V,故峰值保持误差很大。采用如图 44-12 所示电路能实现几百纳秒脉冲的峰值保持。

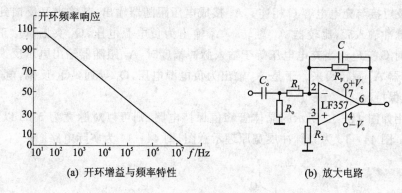

(a) 开环增益与频率特性　　(b) 放大电路

图 44-10　LF357 宽带集成运算放大器

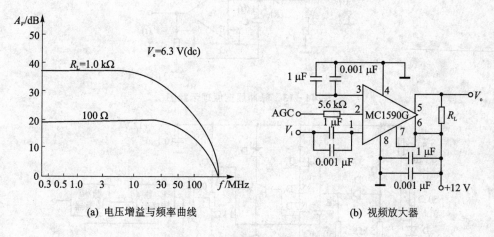

(a) 电压增益与频率曲线　　(b) 视频放大器

图 44-11　MC1590G 宽带放大器

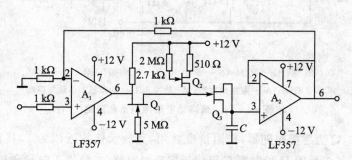

图 44-12　脉冲峰值保持电路

图 44-12 中的 A_1 运算放大器采用宽带运算放大器(例如 LF357 的 R_s 为 40 V/μs)作为比较器。Q_2 为 P 型场效应管,作电流源对保持电容 C 充电。它可使电容 C 得到比运算放大器输出更大的充电电流,保证电容更快充电达到峰值。Q_1 和 Q_3 为结型场效应管,作开关用。

Q_3 的源、漏极短接与充电电容 C 相连。A_2 接成电压跟随器输出,其输出又反馈到 A_1 的负输入端。当正脉冲输入后,比较器 A_1 翻转。A_1 输出为负电源电压,Q_1 夹断,Q_3 正偏而导通。Q_2 通过 Q_3 对 G 充电。当充电电压等于输入脉冲幅度时,A_2 跟随器输出电压反馈至 A_1 负输入端,使比较器 A_1 翻转回来。于是 A_1 输出为负电源电压,Q_1 导通,Q_3 反偏,电容 C 停止充电,进入峰值保持。

如果采用如图 44-12 所示的晶体管峰值保持电路,则可以对脉宽为 5 ns 以上的脉冲进行峰值保持。图 44-13 为其脉冲展宽原理示意图,图 44-14 为实际电路图。

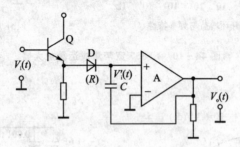

图 44-13　脉冲展宽原理示意图

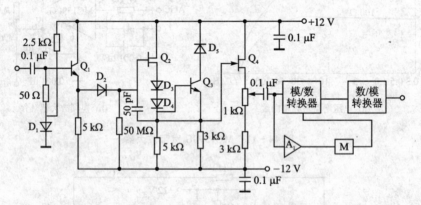

Q_1—SC764;Q_2—V314;Q_3—2SC1090;Q_4—3SK28;D_1、D_3、D_4—1S955;
D_2—1S1955;A_1—限幅放大器;M—脉冲为 1 μs 的单稳态多谐振荡器

图 44-14　晶体管窄脉冲展宽电路图

图 44-13 中,Q 为射极跟随器,作阻抗变换用,其放大倍数近似为 1,其输出电压近似等于输入电压 $V_i(t)$。二极管 D 和电容 C 组成正充电电路(二极管正向导通电阻为 R)。二极管、电容充电电路与 A 组成的反馈放大器结合,以后可以展宽很窄的单次脉冲。由图 44-13 可以看出,二极管正向导通时,电容 C 上的充电电流 i_C 为

$$i_C(t) = D \frac{dV_C(t)}{dt} \tag{44-14}$$

V_C 为电容上的电压降。流经二极管的电流 i_R 为

$$i_R(t) \approx \frac{V_i(t) - V'_i(t)}{R} = \frac{V_i(t) - [V_C(t) - V_o(t)]}{R} \quad (44-15)$$

式中,$V_o(t)$ 为电路的输出电压。因 $i_R(t) = i_C(t)$,由式(44-14)和式(44-15)得

$$\frac{dV_C(t)}{dt} = \frac{V_i(t) - V'_i(t)}{RC}$$

$$V_C(t) = \int \frac{V_i(t) - V'_i(t)}{RC} dt \quad (44-16)$$

又因

$$V'_i(t) = V_C(t) + V_o(t) = \int \frac{V_i(t) - V'_i(t)}{RC} dt + V_o(t) \quad (44-17)$$

对式(44-17)求拉氏变换得

$$V'_i(s) = \frac{V_i(s) - V'_i(s)}{RCs} + V_o(s) \quad (44-18)$$

若放大器的传递函数是 $K(s) = \frac{V_o(s)}{V'_i(s)}$,用 $V'_i(s) = \frac{V_o(s)}{K(s)}$ 代入式(44-18)得

$$\frac{V_o(s)}{K(s)} = \frac{V_i(s) - \frac{V_o(s)}{K(s)}}{RCs} + V_o(s)$$

$$\frac{V_o(s)}{V_i(s)} = \frac{K(s)}{1 + RCs[1 - K(s)]} \quad (44-19)$$

为了简单明了地看出此电路的特性,假设放大器带宽无限宽,即 $K(s) \to K_0$,K_0 为低频增益,则式(44-19)可写为

$$\frac{V_o(s)}{V_i(s)} = \frac{K_0}{1 + RCs(1 - K_0)} \quad (44-20)$$

对式(44-20)求拉氏反变换得

$$V_o(t) = \frac{K_0}{(1-K_0)RC} e^{-\frac{K_0 t}{(1-K_0)RC}} = \frac{K_0}{(1-K_0)RC} e^{-\frac{t}{\tau_0}} \quad (44-21)$$

式中,$\tau_0 = \frac{(1-K_0)RC}{K_0}$。

由式(44-21)可以看出,输出电压仍是电容充电指数上升规律。但是,如果放大器低频增益 K_0 稍微小于1,那么,充电时间常数 τ_0 比普通二极管电容充电回路的时间常数小,充电电容减小为 $(1-K_0)C$,所以电容能被窄脉冲快速充电。但是,实际放大器的带宽不会无穷大,它必然与所用器件的参数有关。

图 44-14 中,射极跟随器 Q_1 和源极跟随器 Q_4 用作阻抗变换,Q_2 和 Q_3 相当于图 44-13 中的放大器 A。Q_1 是超高频晶体管;Q_3 是微波晶体管;Q_2 和 Q_4 是超高频场效应管。二极管 D_1 用于提高 Q_1 的发射极电平,使其近似为 0 V。50 pF 为充电电容器。D_2 是高速开关二极

管。D_3 和 D_4 用于获得 Q_2 所需的偏压,而齐纳二极管 D_5(齐纳击穿电压大约 5 V)是用于减小 Q_3 集电极电平的。

图 44-14 中,有一个模/数转换器和一个数/模转换器,是为了保持模拟量输出不变。在模/数和数/模转换时间内,单次脉冲峰值保持电压跌落只有 1 % 以下,可获得较高的测量精度,电路在 3 V 以内都有很好的线性。

(3) 和差运算电路

和差运算可采用模/数转换后通过数字方法进行运算或由单片机实现,也可用模拟运算实现。图 44-15 为模拟的和差运算电路。它由一个电阻网络实现求和运算,用差动放大器作求差运算,电路比较简单。在求和电路中因电阻网络分压而使信号幅度有些衰减,可由求差运算的放大电路进行补偿。最后的输出电压可再经低通滤波器整成直流,用直流电压表进行指示。

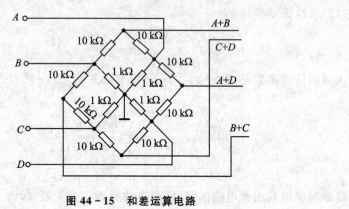

图 44-15 和差运算电路

四、实验装置

本实验采用光电定向实验装置,图 44-16 是实验装置示意图。

650 nm 半导体激光器由脉冲信号驱动发光,当发射和接收对准时,在四象限探测器上得到对称于光轴的均匀圆光斑。实验装置上设置有 4 个光电二极管,对应 A、B、C、D 四个象限,当发射或者接收部分发生偏移时,探测器接收到的光斑不再对称于光轴,且不再对应于相应象限的发光二极管所发出的光。四象限信号经过数据采集、A/D 转换后,送计算机,软件(或自编程序)直观显示对应的光斑坐标。

1. 脉冲产生电路

脉冲信号由 555 定时器和 74HC123 单稳触发器组成的电路产生,555 定时器用于产生方波信号,而 74HC123 单稳触发器连接成上升沿触发方式,其简化电路如图 44-17 所示。74HC123 芯片功能真值表如表 44-1 所列。

第七部分 光电技术设计性与综合应用实验

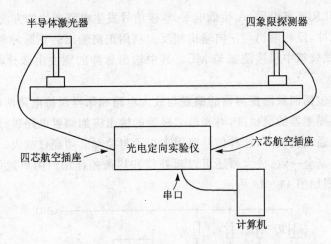

图 44-16 光电定向实验装置示意图

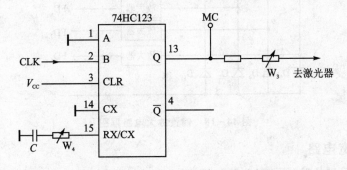

图 44-17 74HC123 单稳触发器简化电路

表 44-1 74HC123 芯片功能真值表

输入			输出	
CLR	A	B	Q	$\overline{Q}$
0	×	×	0	1
×	1	×	0	1
×	×	0	0	1
1	0	↑	⎍	⎌
1	↓	1	⎍	⎌
↑	0	1	⎍	⎌

实际电路中 CLR 接高电平，A 接低电平，B 接信号发生电路产生的方波信号，单稳态触发器正向输出为正脉冲，反相输出与正向输出相反。利用正向输出的正脉冲驱动激光器，MC 为引出的测试点，在试验箱中引接测试勾 MC。其中输出脉冲的宽度由微分电路中 W_4 和 C 的时间常数决定。

信号处理电路包括四象限探测器的偏置与放大电路和采样保持电路两部分。

为提高四象限探测器的灵敏度，对光电二极管的输出应加偏置电路进行处理，同时光电二极管输出信号幅度通常比较小，这种信号要用来指示与控制必须经过放大。另外，由于光电二极管的性能不可能完全一致，放大器还可以起补偿和均衡的作用。由单运放 AD8550 构成的放大电路，电路框图如图 44-18 所示。

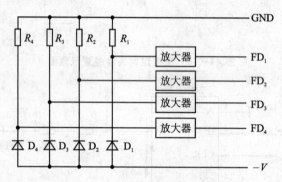

图 44-18　偏置放大电路框图

2．脉冲展宽电路

本实验系统采用的脉冲展宽电路如图 44-19 所示。它由 2 个四双向开关 74HC4066、1/2 个可重触发的单稳态触发器 74HC123、六反向器 74HC04 和 1 个双运算放大器 LF353 组成。图 44-19 中运算放大器部分只画出了对 FD_1 的展宽电路，其他三路与此电路相同。

前置放大器的输出信号 FD_1 输入到模拟开关一，单稳态触发器接成下降沿触发方式，来自信号发生器 CLK 的信号经 74HC04 反向触发单稳态触发器 74HC123，其输出信号是与 FD_1 同相的窄脉冲，控制模拟开关一的通断，即 S_1 的控制信号控制 FD_1 信号能否输入运算放大器。C_4 为模拟信号存储电容。

来自信号发生器 CLK 的信号经 74HC04 反向，控制模拟开关二的通断，它是 S_2 的控制信号，且为占空比可调的方波。

FD_1 信号，模拟开关 S_1、S_2 的控制信号和展宽电路的输出波形如图 44-20 所示，模拟开关 S_1、S_2 在控制信号为高电平时闭合，低电平时断开。

FD_1 信号为高电平时，S_1 的控制信号为高电平，S_2 的控制信号为低电平，S_1 闭合，S_2 断开，输入信号给电容充电，此时电容上的电压按指数规律上升，很快充电到 FD_1 的峰值，并作为 LF353 的同向输入信号，LF353 输出为高电平；FD_1 变为低电平时，S_1 的控制信号也为低电

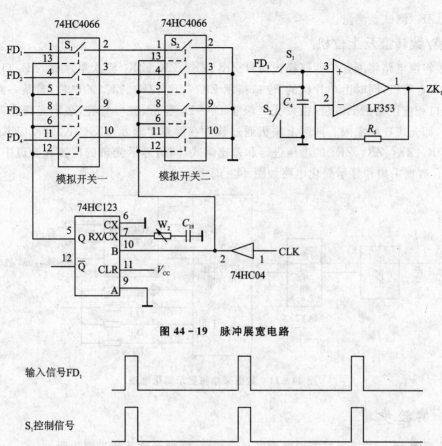

图 44-19 脉冲展宽电路

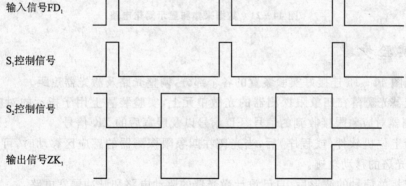

图 44-20 FD_1 信号，模拟开关 S_1、S_2 的控制信号和展宽电路的输出波形

平，S_1 断开，但 S_2 的控制信号还是低电平，S_2 断开，电容通过 LF353 同向输入端的输入阻抗放电，由于放电较慢，在一定时间内仍保持高电平输入 LF353，输出为高电平。当 S_2 的控制信号变为高电平时，S_2 闭合，电容直接对地形成放电回路，将充电电量很快放完。LF353 的同向输入信号为低电平，输出为低电平。当下一个 FD_1 脉冲信号高电平来到时，重复上述过程，即得到展宽后的输出。它与信号发生器的输出信号一样，为占空比可调的方波，调节信号发生器电路中的 W_1，可改变展宽后的脉冲宽度。四个探测器的输出信号经放大展宽后可由 ZK_1、

291

ZK_2、ZK_3、ZK_4 测试点测量。

3. 模/数转换及上位机

模/数转换电路将展宽的四路模拟信号 ZK_1、ZK_2、ZK_3、ZK_4 输入单片机的 P_0 口,通过串口电路输入上位机,同时由单片机的 P_2 口指示 ZK_1、ZK_2、ZK_3、ZK_4 的电位,若某一路为高电位,则 P_2 口相应位输出低电位,由发光二极管 $D_1 \sim D_4$ 显示,二极管亮,表示光斑在此象限的面积最大,即光斑在此象限。同时上位机通过软件在屏幕上显示 ZK_1、ZK_2、ZK_3、ZK_4 的电压值,并将 ZK_1、ZK_2、ZK_3、ZK_4 的电压进行和差比幅式计算,显示光斑的位置和光斑中心的 $x-y$ 坐标值。数据采集和显示简化电路如图 44-21 所示。

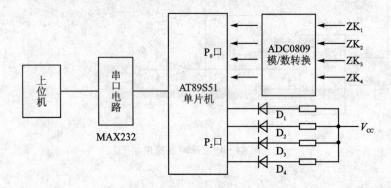

图 44-21 数据采集和显示简化电路

五、实验步骤

① 按照图 44-16 连接好实验装置的各个部分,调整光路及激光器焦距。
② 激光器光斑落在四象限探测器的光敏单元上,实验装置上用于指示的对应象限 LED 亮,测定探测器对应象限接收到的信号、FD 信号以及展宽后的 ZK 信号。
③ 运行上位机软件(或程序)后,当光斑在四象限探测器的感应区移动时,可以在软件上清楚地看到光斑的移动轨迹。
④ 测定相关信号的波形后,自己设计激光器的驱动电路和脉冲展宽电路。

六、实验报告

① 记录激光器脉冲驱动信号。
② 记录并画出四象限探测器出来的放大信号 FD、展宽信号 ZK、S_1 和 S_2 控制信号。
③ 通过上位机显示的数字信号得到的坐标值验证四象限探测原理。

七、思考题

根据实验中的体会,试分析影响定向精度的因素有哪些?

八、测试点说明

实验测试点说明如表 44-2 所列。

表 44-2 实验测试点说明

缩 写	定 义
GND(1、2、3)	地
FD_1	探测器一象限输出并放大后的信号
FD_2	探测器二象限输出并放大后的信号
FD_3	探测器三象限输出并放大后的信号
FD_4	探测器四象限输出并放大后的信号
ZK_1	探测器一象限的信号被展宽后的信号
ZK_2	探测器二象限的信号被展宽后的信号
ZK_3	探测器三象限的信号被展宽后的信号
ZK_4	探测器四象限的信号被展宽后的信号
MC	激光器的脉冲驱动信号

实验 45　激光多普勒测速

激光多普勒测速系统可以对各种流体速度进行非接触测量。在扰动流体、火焰温度场和生物血流研究等方面获得了广泛应用。激光多普勒测速系统是一种精密的光电系统,它使用了多种光电信息处理技术,所以,拟定和设计调试这一实验能够综合训练实验能力。

一、实验目的

① 了解激光多普勒测速的一般原理;
② 训练设计和调试光电系统的综合实验能力。

二、实验内容

对水泵泵出的水在水管中的水流进行激光多普勒测速。

三、基本原理

激光多普勒测速的原理基于流体中的微粒对光产生的多普勒效应,如图 45-1 所示。中微粒流动的速度是 v,照射在微粒上的光为平面单色光波,波矢量为 $\vec{k_s}$,光频率为 ν_0,光速为 c。

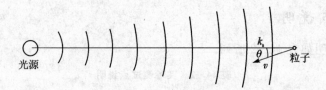

图 45 – 1 激光照射散射粒子

一般 v 要比 c 小得多。根据相对论理论，微粒相对于光波运动，微粒散射光的频率因多普勒效应而发生频移。微粒散射光的频率 ν' 为

$$\nu' \approx \frac{\nu_0}{1 - \dfrac{v}{c}\cos\theta} \tag{45-1}$$

式中，θ 为光波波矢量与微粒速度矢量间的夹角。散射光相对于入射光产生的多普勒频移量 $\Delta\nu_0$ 为

$$\Delta\nu_0 = \nu' - \nu_0 \approx \nu_0 \cdot \frac{v}{c}\cos\theta \approx \frac{v}{\lambda}\cos\theta \tag{45-2}$$

式中，$\lambda = c/\nu_0$ 为散射光的波长。如果实时地测出微粒散射光相对于入射光的多普勒频移量 $\Delta\nu_0$，就可以得到微粒运动的速度，从而也就知道了流体的速度。由于光频率很高，散射光微小的多普勒频移不能直接被光电探测器测得。若采用光外差探测法，则原理上可以实现多普勒频移量 $\Delta\nu_0$ 的测量。图 45 – 2 所示为采用光外差探测法的原理图。由激光器发出的单色连续激光，先经半反射、半透射平面镜 M_1 后，分成两束光。M_1 的透射光照射在流体中的微粒上。M_1 的反射光再经反射镜 M_2 和半反射、半透射镜 M_3 反射后，投射到光电探测器上作为外差探测的参考光束。微粒散射光是沿各方向传播的，其中只有极小部分散射光的方向与参考方向一致，能在光探测器上形成差拍信号。经光电探测器检波输出就得到了微粒散射光多普勒频移的电信号。由光外差原理可知，此时光电探测器输出光电流 $i(t)$ 为

$$i(t) = k[A_L^2 + A_s^2 + 2A_L A_s \cos 2\pi(\nu_0 - \nu')t] = k[A_L^2 + A_s^2 + 2A_L A_s \cos 2\pi\Delta\nu_0 t] \tag{45-3}$$

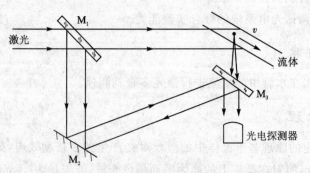

图 45 – 2 光外差法测运动微粒散射光路图

式中，k 为比例系数；A_L、A_s 分别为参考光和信号光的振幅。上式中第三项就代表了多普勒频移信号。

由于微粒散射光很弱，光外差法要求信号光与参考光几乎是平行的（空间配准要求极高），所以，通常实验采用双光束，同时通过流体的光路，如图 45-3 所示。两束光在流体中形成干涉场，这样可以用较大孔径的透镜会聚信号光于探测器上，从而容易获得较强的多普勒频移信号。

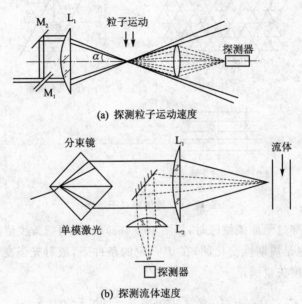

图 45-3 双光束外差多普勒测流速光路图

光源通常选用单模（TEM_{00}）激光器，其出射光束横截面的光强分布是高斯分布规律。光束经透镜后，在透镜后焦面附近，高斯光束的束腰是平面波前。两束光在此相交得到的干涉场是平行的干涉条纹空间，如图 45-4 所示。若两束光的夹角为 α，光波长为 λ，则由图 45-4(b) 可以看出

$$\lambda = A_2 B_1 \sin\frac{\alpha}{2} = 2S\sin\frac{\alpha}{2} \tag{45-4}$$

式中，S 是干涉条纹的间距，可表示为

$$S = \frac{\lambda}{2\sin\frac{\alpha}{2}} \tag{45-5}$$

条纹的空间频率 f'（单位长度内的条纹明暗对数）为

$$f' = \frac{1}{S} = \frac{2\sin\frac{\alpha}{2}}{\lambda} \tag{45-6}$$

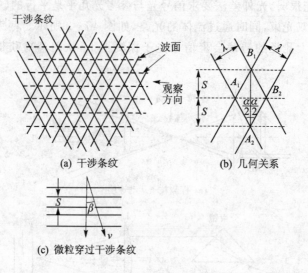

(a) 干涉条纹　　(b) 几何关系

(c) 微粒穿过干涉条纹

图 45-4　流体穿过干涉场

当粒子以速度 v 穿过干涉条纹区时，如图 45-4(c)所示，明暗条纹使微粒受到周期性变化的光照，于是散射光也是周期性变化的，在 f' 一定的条件下，散射光强变化频率 f_D 与微粒穿过干涉光场的运动速度矢量满足

$$\Delta\nu_D = f_D = f'v\cos\beta = \frac{2}{\lambda}\sin\frac{\alpha}{2}v\cos\beta$$

$$\Delta\nu_D = \frac{2v}{\lambda}\cos\beta\sin\frac{\alpha}{2} \tag{45-7}$$

式中，β 为微粒速度矢量与条纹垂线间的夹角。可见，信号频率与干涉条纹间距成反比，与微粒速度在条纹垂直方向的分量成正比，它与观察方向无关。从实际效果看，这种情况比典型外差光路能得到较强的信号。

然而，当两束光是同一频率时，只能由测得的多普勒频移量得到流体速度的大小（模），而不能得到速度矢量的方向（正、反）。如果两束光中有一束预先给予调制，使两束光的频率略有差别，形成一定的载波频率，微粒散射光的多普勒频移叠加于载波频率上，就可以判别方向，常用方法如图 45-5 所示。其办法是把两束光中的一束先通过调制器，例如在图 45-5 中为声光调制器，由声光调制器出射的一级衍射光去和另一束光建立干涉场。声光调制器的一级衍射光相对于入射光有很小的固定频率移动（一般为几十兆赫兹）。于是，两束光形成的干涉条纹区，其条纹是以几十兆赫兹频率移动的。微粒散射光多普勒频率叠加其上，使光电探测器根据获得的信号光频率高低，即能判断速度矢量的正和反。

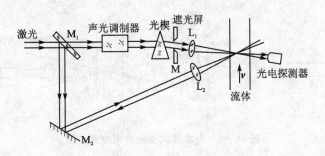

图 45-5　激光多普勒流速矢量测量示意图

在湍流场(扰动流体)中，要准确测出速度矢量应测出 v_x、v_y、v_z 三个坐标方向的多普勒频率。从原理上讲，用上述三套光路可以实现，但是太繁杂。

四、激光多普勒测速实验系统

激光多普勒测速系统应包括：流体、光源和光学系统、光电探测器、信号处理电路等几个部分。

1. 流　体

进行多普勒测速是通过实测流体中微粒散射光而获得信号的。从散射理论得知：当微粒直径远小于光波长时，其散射规律服从瑞利散射规律。微粒尺寸较小时，它的速度才代表流体速度，否则将会小于流体速度。一般微粒直径应小于 $10~\mu m$。散射光强除了与入射光强、微粒尺寸、观察角度有关外，还与流体介质折射率有关。一般来说，微粒直径大些，更容易获得较强的信号，而且在前向(光行进方向)容易得到较强信号。

一般流体中都有某些污染，含有大气中的尘埃、盐粒等，可以直接测这些微粒的散射光而获得流体速度信息。实验中就是直接测量水泵出的水在水管中的微粒散射光，从而获得水流速度的。

2. 光源和光学系统

光源多采用各种连续气体激光器，因为它亮度高、单色性好，适合于形成高亮度干涉场。常用的有 He-Ne 激光器、氩离子激光器和氪离子激光器等。实验中采用功率约为 1 mW 的基横模 He-Ne 激光器。

对实验室里的空气、自来水等流速的测量，经常遇到低粒子浓度的情况，此时，用双光速测速最适宜。自准直双光路系统有测试方便的优点，如图 45-6 所示。图中激光先经透镜 L_1 和扩束后投向 L_2，在 L_2 的前面放一个遮光屏 M，屏 M 上有对称于光轴分布的、透光的两条长缝把光束分成两束，这两束光经透镜 L_2 会聚于流体某一点上，并形成干涉场。会聚透镜 L_3 再把流体中的微粒散射光会聚于光电探测器上。

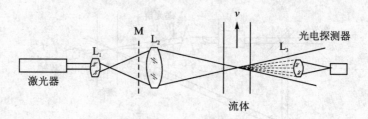

图 45-6 自准直式双光路测速光路图

3. 光电探测器

在激光多普勒测速系统中,光电探测器常用的是光电倍增管、光电雪崩管和光电二极管等。光电倍增管有高增益、响应速度快等优点,在可见光范围内有多种类型可选。光源光功率较低时(约 10^{-7} W),多普勒信号频率在 100 MHz 以下,用光电倍增管是适合的。当多普勒信号频率高于 100 MHz 时,采用光电雪崩管响应较好。当光源功率较大(大于 10^{-5} W)时,采用光电二极管也能得到较高的信噪比。实验中采用 PIN-FET 混合集成光电探测器,它是把 PIN 管与一个以 FET 为前端的宽带低噪声放大器混合集成的光电接收组件,具有响应速度快、响应度高、使用简单、工作可靠等特点。

4. 信号处理电路

信号处理电路的任务是要从光电探测器输出的光电信号中检测出多普勒频率。为此,首先要明确光电探测器输出信号的特点。对双光束型激光多普勒测速作理论分析,得到单个粒子在垂直于测控区条纹方向穿过时,由光电探测器接收到的散射光强度信号为

$$I(t) = 2kA^2 \exp\left[\frac{-2\left(v\cos\frac{\alpha}{2}\right)^2}{W^2}t^2\right] + 2kA^2 \exp\left[\frac{-2\left(v\cos\frac{\alpha}{2}\right)^2}{W^2}t^2\right] \cos(2\pi\Delta\nu_D t)$$

(45-8)

式中,k 是常数;A 是两束光的振幅;v 是流速;α 为两束光之间的夹角;W 为激光束半径;$\Delta\nu_D$ 为多普勒频移。由式(45-8)可见,信号由低频部分和较高频率的高频部分组成,如图 45-7(b)和(c)所示。而高频部分是代表多普勒频率的信号。

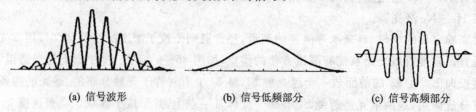

(a) 信号波形   (b) 信号低频部分   (c) 信号高频部分

图 45-7 单个微粒穿过干涉场的散射光强信号

多个散射粒子的散射光信号叠加后就得到连续信号,如图 45-7(a)所示。滤去低频分量后可得到连续交流信号。由于多个粒子的先后次序差别以及速度的微小差异,使散射光信号以不同的相位叠加,于是光电探测器输出信号成为振幅、频率都被调制了的信号。加上微粒到达的随机性,信号有时还有间断。从这样的复杂信号中测出瞬间多普勒频率或平均多普勒频率,信号处理的方法有多种。根据信号强弱、速度高低、微粒浓度高低和测量精度要求的不同,有不同的处理方法。本实验中,我们采用频率跟踪法对水管中水的流速进行实时测量,其信号处理方框图如图 45-8 所示。光电探测器输出的电信号首先经过放大、滤波电路,由 LM565 锁相环跟踪,LM565 输出的频率信号即是多普勒频移信号,然后经频率电压转换电路输出电压信号,最后由 $3\frac{1}{2}$ 位液晶显示。通过调整 F-V 转换系数及液晶驱动电路的比较电平,可使液晶显示结果直接显示水流速度,完成实时测量、实时显示的功能。

图 45-8 激光多普勒频率跟踪仪原理图

五、实验步骤

① 取几滴被测流体于测量显微镜下,观察并测量水中微粒的尺寸大小。

② 按照图 45-6 仔细布置双光束差动多普勒测速光路。为了使测量系统的频率变化范围落入频率跟踪仪的快捕带中,选用聚焦透镜 L_1 焦距为 150 nm,聚焦透镜与水管中心的距离约为 175 mm,打在透镜 L_1 上的两光点距离为 12 mm。测量两束光之间的夹角,估算出每厘米长度中的干涉条纹数。

③ 用显微镜观测干涉条纹。由于 He-Ne 激光功率较强,应在光路中适当加入衰减片,以保护眼睛。然后再用显微镜观测干涉条纹,记录干涉条纹形状和每厘米长度中的干涉条纹数目。

④ 被测流体由水泵抽运流动,被测部分的流体通过一节透明玻璃管,把玻璃管架在光路中,确认水流方向垂直干涉条纹,并确保光电探测器放在收集透镜 L_2 后面并与被测流体的某点共轭,由收集透镜 L_3 前面的小孔光阑限制测量体积。然后接通光电探测器电源,由示波器观测和记录光电探测器的输出波形。当水泵电压为 140 V 时,测量多普勒信号频率,并填写表 45-1。此时挡住双束光中任意一路光,观察光电探测器输出信号波形,并解释形成原因。改变水泵驱动电压,用示波器观察双光路多普勒测速系统中的光电探测器输出的多普勒信号频率随水流速度改变的情况。

表 45-1 示波器观测结果

距离 d/mm	干涉条纹数(条/厘米)		水泵电压 140 V		
	理 论	测 量	光电探测器输出波形	读出信号频率	估算流速/(m·s^{-1})
12					

⑤ 把光电探测器输出信号接入频率跟踪仪输入端，改变水泵驱动电压，读出对应的流速，并填入表 45-2 中。

表 45-2 频率跟踪仪测量结果

电压 V/V	110	120	130	140	150	160	180
流速/(m·s^{-1})							

六、实验报告要求

① 由表 45-1 中测量的多普勒频率估算出所测流体速度。
② 对实验方案进行分析讨论。

七、思考题

① 激光多普勒测速的特点是什么？
② 怎样获得高信噪比的多普勒频移信号？
③ 对比分析图 45-3(a)和图 45-6 所示多普勒测速光学系统对多普勒信号的影响。

实验 46　莫尔三维测量

非接触三维自动测量是随着计算机技术的发展而开展起来的新技术研究，它包括三维形体测量、应力形变分析和折射率梯度测量等方面，应用到的技术有莫尔条纹、散斑干涉、全息干涉和光栅投影等光学技术和计算机条纹图像处理技术。莫尔条纹以及各种光栅投影自动测量技术在工业生产控制与检测、医学诊断和机器人视觉等领域正占有越来越重要的地位。本实验是利用投影式莫尔拓扑系统，对形成的被测物面莫尔等高条纹进行计算机相移法自动处理的综合性实验。

一、实验目的

通过本实验了解莫尔等高条纹的形成机理，了解一种充分发挥计算机特长的莫尔等高条纹处理技术。

二、实验内容

建立莫尔等高条纹生成光路;用数字图像采集器进行计算机数字图像采集;用相移法条纹处理软件计算被测面高度分布。

三、基本原理

1. 莫尔拓扑术

所谓莫尔拓扑术(Moire Topography),是指利用莫尔等高条纹分布进行三维面形测量的技术。它分为影像法和投影法两大类。影像法的基本装置如图 46-1 所示。将光栅投影到邻近的被测物表面上,表面的起伏改变了光栅投影像的分布,形成的变形光栅像由物面反射后,又一次经过原光栅。在距光源至光栅的相同距离上观察,就获得了以光栅平面为基准的莫尔平面等高线。

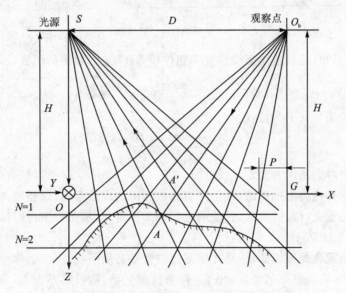

图 46-1 影像莫尔拓扑系统原理

在图 46-1 中,假设光栅 G 为方波透射式的线光栅。对于被测面上任一点 A,根据几何投影关系和光栅分布的傅里叶级数展开形式,得到在观察方向上投影栅变形像反射到 XOY 光栅平面上的分布为

$$I_0(X,Y,Z) = C\left[\frac{1}{2} + \frac{2}{\pi}\sum_{n=1}^{\infty}\frac{1}{n}\sin\frac{2\pi n}{P}(X-\Delta_1)\right], \quad n \text{ 为奇数} \qquad (46-1)$$

而 $Z=0$ 时,光线应从 A' 反射到观察点。在 A' 处光栅的分布为

$$I_R(X,Y,Z) = C'\left[\frac{1}{2} + \frac{2}{\pi}\sum_{m=1}^{\infty}\frac{1}{m}\sin\frac{2\pi m}{P}(X+\Delta_2)\right] \quad (46-2)$$

上两式中，$\Delta_1 = \dfrac{XZ}{H+Z}$；$\Delta_2 = \dfrac{(D-X)Z}{H+Z}$。

最后观察到的分布应是两者的合成，即

$$I(X,Y,Z) = I_0(X,Y,Z)I_R(X,Y,Z)$$

此式经多项式展开后，可取得一个只含 Z 变量的部分和，形式为

$$I_M(Z) = y + A\sum_{n=1}^{\infty}\left(\frac{1}{n}\right)^2\cos\left(\frac{2\pi n}{P}\frac{DZ}{H+Z}\right), \quad n\text{ 为奇数} \quad (46-3)$$

式(46-3)即是莫尔等高条纹的数学描述。从此式中可知，级数项中的系数 $\left(\dfrac{1}{n}\right)^2$ 随着 n 的增大迅速减小，到第二项($n=3$)时就已减小为基频项($n=1$)的 $\dfrac{1}{9}$。所以式(46-3)可简化为近似形式

$$I_M(Z) = y + A\cos\left(\frac{2\pi}{P}\cdot\frac{DZ}{H+Z}\right) \quad (46-4)$$

由式(46-4)可知，莫尔条纹亮纹位置为相位项等于 2π 整数倍的位置，即

$$\frac{2\pi}{P}\cdot\frac{DZ_N}{H+Z_N} = 2\pi N, \quad N\text{ 为整数}$$

可见亮纹峰值位置满足以下关系式：

$$Z_N = \frac{N\cdot PH}{D-NP} \quad (46-5)$$

这正是图 46-1 中两簇光线的交点连线分布。

莫尔拓扑术的另一类为投影法，即用两套参数相同的成像系统，以相同的成像距离分别对两片栅距相同的光栅进行几何成像，并使两光栅投影像重合，从而产生与影像法等效的几何关系，投影法原理图示于图 46-2 中。

若要产生完全重合的投影像，两路光学系统的光轴必须平行，所以也称平行光轴投影式莫尔光路。假定在 2π 后观察莫尔条纹，用 G_1 作为投影光栅，则投影系统 L_1 的出瞳中心 O_1 与接收系统 L_2 的入瞳中心 I_2 分别等效于影像法中的光源点 S 和观察点 O_b。把式(46-1)、式(46-2)和式(46-3)中的光栅栅距 P 代换成 MP (M 为两光路的平面成像放大率，$M=\dfrac{H}{H_0}$)，即可用来描述图 46-2 光路形成的莫尔等高条纹，0 级高度面为光栅的像面。

2. 相移法处理莫尔条纹数据

对于像莫尔条纹和干涉条纹这样的条纹图像，早期的计算机处理技术一般包括的步骤有：图像预处理改善信号比、条纹二值化、条纹细化、条纹凹凸判别和插值计算等。对于形状任意的条纹分布，这种沿用人工干预思路的计算机处理法，不能充分发挥计算机的优势，在像凹凸

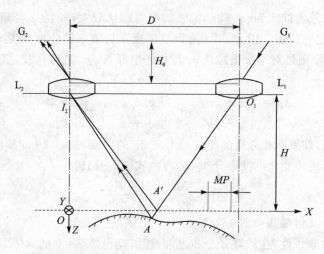

图 46-2　投影莫尔拓扑系统原理图

判别这样的环节上,还不得不加入人工干预才能完成整个处理过程。人们应用一种叫做相移法(Phase Shift Methods)的计算机处理技术来解决这些问题。这项技术正日益广泛地应用于各种条纹图像的自动处理中。这种技术只需三个环节就可得到整个图像上的三维波形。这三个环节是:① 获取若干幅附加了已知相位值的正弦条纹的数字图像;② 反正切相位计算;③ 相位连接消除 2π 不定性。

在图 46-2 的光路中,如果对光栅 G_2 横向微小移动了 δP 距离(P 为栅距),则相应于式(46-2)的形式,并考虑用 MP 代替 P,可得参考光栅的分布为

$$I'_R(X,Y,Z) = \left(\frac{1}{M}\right)^2 \left[\frac{1}{2} + \frac{2}{\pi}\sum_{n\approx 1}^{\infty}\frac{1}{n}\sin\frac{2\pi n}{MP}(X+\Delta_2+\delta\cdot MP)\right], \quad n \text{ 为奇数}$$

用 I'_R 代替 I_R 代入式(46-3)中,可推导出莫尔条纹的分布为

$$I_\delta(z) = y + A\cos\left(\frac{2\pi}{MP}\frac{DZ}{H+Z} + 2\pi\delta\right) \tag{46-6}$$

式中,$M=H/H_0$,为投影光路的成像放大率。

令 $\delta=0,\frac{1}{3},\frac{2}{3}$,即 G_2 逐步位移了 $0、\frac{1}{3}P$ 和 $\frac{2}{3}P$,则莫尔条纹相应产生 $0°、120°、240°$ 的相位移动,从式(46-6)可得到相应的三个光强分布 I_1、I_2 和 I_3。三个关系式联立,可得

$$\phi = \frac{2\pi}{MP}\cdot\frac{DZ}{H+Z} = \arctan\left[\frac{\sqrt{3}(I_3-I_2)}{2I_1-I_2-I_3}\right] \tag{46-7}$$

式中,I_1、I_2、I_3 的分布可通过数字图像的灰度数据得到。这样,由被测物面的变形量产生的相位 Φ 就可逐点计算得到。

但是这里还存在着一个重要的问题,就是反正切函数的值域 $\left[-\frac{\pi}{2},\frac{\pi}{2}\right]$,如果考虑分子、

分母的正负符号,也只能推广到$[-\pi,\pi]$。假如物面起伏较大,相位φ会超过2π范围而出现跳变,即出现2π不定性问题。因此,对于有跳变的反正切值φ的分布,还需经过相位连接消除2π不定性。连接的原则是对一个坐标点φ_i与相邻坐标点φ_{i-1}进行比较,根据比较结果,有

$$\varphi_{ci} = \begin{cases} \varphi_i, & \text{当} |\varphi_i - \varphi_{i-1}| < 2\pi \text{ 时} \\ \varphi_i + 2\pi, & \text{当} \varphi_i - \varphi_{i-1} \leqslant -2\pi \text{ 时} \\ \varphi_i - 2\pi, & \text{当} \varphi_i - \varphi_{i-1} \geqslant 2\pi \text{ 时} \end{cases} \quad (46-8)$$

式(46-8)的含义是,如果两相邻点的相位差出现2π的突变,就以2π的幅度抬高或压低下一点的相位,从而得到连续变化的波形分布Φ_c,再由式(46-7)得

$$Z = \frac{MP \cdot H \cdot \Phi_c}{2\pi D - MP \cdot \Phi_c} \quad (46-9)$$

式中,H、D、M、P各几何参数如图46-2中所示。

由于Z与Φ_c的非线性,在计算Z分布之前,还需把已知$Z=0$的点(X_0, Y_0)上的Φ_c归零,并依次修正全部Φ_c值,这样,用式(46-9)才能正确计算Z分布。以上几项工作都是重复性很强的计算过程,最适合于计算机处理,而且在输入各已知参量后,整个处理过程全部都不需人工干预。在反正切计算后,物面的凹凸性已包含在Φ分布中,不需额外处理。从式(46-7)可看出,条纹分布的背景$\mathcal{U}$、条纹对比度$\mathcal{A}$都不参与Φ的计算。这就是说背景不均匀和条纹对比度不均匀都对Φ的计算影响不大,说明相移法具有良好的抗噪声性。

四、实验装置与设备

实验装置如图46-3所示,其中:① 双胶合透镜一对(L_1、L_2),焦距为184 mm;② 直流灯泡一只(光源);③ 聚光镜一个(L_0);刻线光栅一对(G_1、G_2),密度为12线/mm;④ 平移载物台一个;⑤ 千分表一只;⑥ 平面目标板一块;⑦ 耦合镜头一组;⑧ 电视摄像机一套;⑨ 多功能图像数据采集器一台,采集密度为(256×256)点阵/帧,灰度级为256级即可,采集速度为0.3 s/帧;⑩ 计算机一台;⑪ 磁座支架若干。

五、实验步骤

1. 建立投影式莫尔光路

① 用He-Ne激光做高度基准,调整各光学透镜中心高度一致。首先校准激光束水平度,用标有刻度的目标板,在邻近激光器发射端的位置记下激光束高度,再把靶面移至平台上尽量远的位置,调整激光器俯仰角度,使光斑高度与记录的近点高度一致。在此光束中逐个放入各透镜支架,调整支架高度,使有无透镜时激光束中心不发生上下偏移。最后把灯泡支架也调至同一高度。

② 把L_1和L_2一对成像透镜并排放置于平台中部,两透镜主面要位于同一平面内,两透镜中心距离D调至100 mm左右,锁紧磁座。

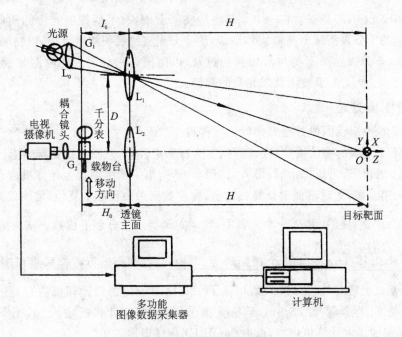

图 46-3 实验装置示意图

③ 在透镜 L_2 主光轴方向上距透镜主面 $H=750$ mm 处放置灯泡支架，H 的测量要从灯丝算起，接通灯泡电源，根据几何成像公式计算，即

$$\frac{1}{H}+\frac{1}{H_0}=\frac{1}{f}$$

这里，$f=184$ mm，灯丝像应位于 L_2 后 240 mm 左右的位置上。在此位置上平行于透镜主面放置光栅 G_2，并细调出清晰的灯丝像。在灯丝与透镜 L_1 的中心点的连线方向上找到透镜 L_1 的成像位置，然后放置光栅 G_1，放置时 G_1 要平行于 G_2 平面。锁紧两光栅支架的磁座，便形成了一个几何参数对称的主光轴平行式双路投影光路。

④ 把聚光镜 L_0 放在光栅 G_1 后，并把灯泡移至 L_0 后，组成光栅 G_1 的照明系统。放置时，L_0 尽量贴近 G_1，以获取均匀照明，灯泡光源也要尽量贴近聚光镜 L_0，以得到较多的有效光能，但要保证 L_0 的会聚光斑尺寸不大于成像物镜 L_1 的口径。调整光源和 L_0 的方向，使光束落在 L_1 与 L_2 的共同像面上。

⑤ 用一个目标平面找到 G_1 的投影成像面，它应在 H 距离左右，调整此目标平面至光栅像最清晰，此时在接收光栅 G_2 后可看到莫尔等效条纹。在 G_2 后放入电视摄像机，并加入耦合镜头，接通摄像机显示器，从屏幕上观察成像情况。调整摄像机与耦合镜头前后和左右位置，要尽量缩小 G_2 与摄像机间的距离，使莫尔条纹尽量充满摄像机靶面，并使摄得的莫尔条纹清晰。

⑥ 实验中，光栅 G_2 是安置在一个平移滑块支架上的，有手柄控制光栅的横向移动，把装在磁座支架上的千分表头调整至滑块移动端，使千分表头的触头接触滑块，以精确测定滑块的位移量。注意，千分表触头不要与滑块接触过紧，以防损坏千分表。此测定装置的布局示于图 46-3 中，至此，便完成了整个莫尔光路的装调。

2. 进行图像处理

① 在计算机中启动图像数据采集器的软件程序。

② 记录下千分表的初始读数，在计算机上运行采集程序，待图像被锁定，在计算机上运行名为 MOIRE1 的程序，出现提示后，键入"1"回车，即把第一帧图像送入计算机内存。稍候，计算机提示输入第二帧，此时不要动计算机键盘，要在数据采集程序上复位，使图像激活，旋动光栅 G_2 的平移台手柄，使 G_2 移动 $\frac{1}{3}$ 个光栅距，移动距离要从千分表上读数。实验所用光栅 G_1、G_2 的密度都为 12 线/mm，因此 $\frac{1}{3}$ 个栅距约为 28 μm。此时再运行数据采集程序。图像锁定后，在计算机键盘上输"2"回车，第二帧相移了 120° 的图像传送到计算机内存，然后数据采集程序复位，再使 G_2 继续移动 28 μm，运行数据采集程序，在计算机输入"3"回车，第三帧含 240°。相移的图像送入计算机内存，此时 MOIRE1 程序退出。

③ 在计算机上运行名为 MOIRE2 的程序，此程序完成 256×256 整幅的式（45-7）的计算，得到值域在 $[-\pi,\pi]$ 之间的相位图。再运行 CC 程序，即可得到相位图的伪彩色显示，按 Shift + Prt Sc 键可在打印机上拷贝出此分布图。

④ 选定初始点。在被测面上选较平坦区域的中心点，贴一黑色点标记，撤离光栅 G_1 磁座支架（注意不要只拿掉光栅，因为 G_1 与 G_2 的方向是标定好的），让投影光直接照射到目标面上，通过调整摄像机光圈大小，使摄得图像中的黑色标记突出于周围色调。运行名为 SP 的初始点标定程序，大概估计出一个窗口尺寸，输入适当阈值，就可计算出窗口内低于阈值的坐标位置。经过几次参量修正，最后得出黑色点标记的 I_0 和 J_0 坐标值。

⑤ 运行程序 MOIRE3，程序提问透镜 L_1 与 L_2 之间的宽度"$D=$"，投影像距离"$H=$"，物距"$H_0=$"，栅距"$P=$"，用标尺测量图 46-3 中相应参量的长度，依次输入计算机，栅距用光栅密度换算。以上参量输入后，再按提问输入连接起始点 (I_0,J_0) 坐标和此点的条纹级数 N_0。这里的 N_0 可这样得到：首先粗略测量 $H+Z(I_0,J_0)$ 的长度，再由式（45-7）计算 $\Phi(I_0,J_0)$ 的值，则 N_0 等于 $\dfrac{\Phi(I_0,J_0)}{2\pi}$ 的整数部分。参量输入完后，程序开始相位连接处理和高度坐标 Z 的计算。等待约 15 min，MOIRE3 程序处理结束。

⑥ 用 DD 程序对计算结果进行三维绘图显示。显示结果即为被测表面的三维坐标计算结果。DD 程序每隔三行显示一行高度数据，因此每次测量结果共分三幅曲面图显示，显示完一幅，按回车键，再显示下一幅。一幅曲面绘出后，可按 Shift+Prt Sc 键在打印机上输出绘制

结果。显示完第三幅后，按回车键，程序退出。

六、实验报告要求

① 做出一幅被测物面的伪彩色相位图，由打印机输出，分析它与莫尔等高条纹分布图的关系。

② 做出一幅被测物面的三维分布显示图，由打印机输出。

③ 图46-4所示曲线是一次实际测量中进行反正切计算后得到的某一行数据的实验曲线。此曲线峰-峰值在$[-\pi,\pi]$之间，试分析造成峰值不稳定的原因。在相位连接处理时，一般都不能直接用2π幅度判断跳变点，而要加权一个$0<\sigma<1$的系数，试分析为什么，并由此分析三维显示图中出现的问题。

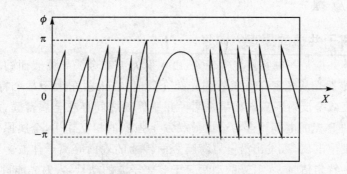

图46-4 条纹图像某一行的反正切位相计算曲线

实验47 激光表面等离子体共振测量薄膜光学特性

激光表面等离子体共振技术是一种简单直接的传感技术。它通过测量表面等离子体共振吸收峰对应的激光入射角位置的变化来确定金属表面附近介质折射率、厚度的大小，从而为进一步研究物质的性质提供高精度的参量。激光表面等离子体共振技术已经成为生物传感器、化学传感器、光电大容量通信、高精确度测量等领域的研究热点，在药物筛选、环境监测、生物科技、毒品及食品检测等许多重要领域有着巨大的应用潜力。本实验主要介绍用激光表面等离子共振技术测量介质薄膜光学特性的实验。

一、实验目的

① 了解激光表面等离子体的共振吸收概念与技术的原理；
② 掌握激光表面等离子体共振吸收法测量薄膜光学特性(折射率和厚度)的原理和方法；
③ 训练装调高精度光电测量系统的能力。

二、实验内容

① 根据激光表面等离子体共振原理，编制本实验的激光表面等离子体四层介质系统（棱镜/金属/介质/空气）的 MATLAB 计算程序，并仿真计算出不同厚度与折射率的介质薄膜时激光入射角与反射系数之间的关系曲线。找出发生表面等离子体共振时的激光入射角与介质薄膜的厚度和折射率之间的关系。

② 搭建实验装置，记录下反射光的强度随激光入射角变化的情况，并确定共振吸收角的角度，再将测得的共振吸收角度代入到所编程序中，调整介质的厚度或者折射率值，拟合得出介质的厚度值或者折射率值。

三、实验原理

1. 表面等离子共振的原理

表面等离子体共振是一种物理光学现象，由入射光波和金属导体表面的自由电子相互作用而产生。当 P 偏振光从光密介质照射到光疏介质时，在入射角大于某个特定的角度（临界角）时，会发生全衰减全反射现象。如果在两种介质界面之间存在金属薄膜，那么衰减全反射时产生的倏逝波的 P 光的电场将会与金属薄膜发生强烈的相互作用，金属原子在倏逝波光波的强电场作用下发生电离，激发出沿金属薄膜表面传播的表面等离子体波。当入射光的角度（或波长）处于某一特定值时，入射光的动量等于等离子波的动量，入射光能量最大限度地转换成表面等离子波的振荡能量，等离子体波随着光波的频率振荡，表现为反射光能量突然下降，人们将这种现象称为表面等离子体共振吸收，在反射光谱（角谱或者频谱）上出现共振吸收峰，反射率出现最小值。此时入射光的角度（或波长）称为表面等离子体共振的共振吸收角或（共振吸收波长）。

表面等离子体共振的共振角或共振波长与紧贴在金属薄膜表面介质的性质密切相关，如果在金属薄膜表面附着被测物质，则会引起金属薄膜表面折射率的变化，从而使表面等离子体共振吸收峰对应的光入射角（或波长）发生改变，根据这个共振吸收的入射角（或波长），就可以获得紧贴金属表面的被测物质的折射率或厚度等信息。

本实验采用固定频率的 P 偏振激光作为入射光，因此测出的激光表面等离子体反射谱为角谱。

2. 表面等离子共振的条件

① 存在金属与介质界面，金属薄膜的厚度适中；
② 入射光为 P 偏振光；
③ 光从光密介质入射，能够发生衰减全反射。

3. 表面等离子体共振耦合方式

要使光波与金属薄膜发生相互作用而产生表面等离子体共振,必须使用耦合方法。常用的耦合方式主要有棱镜(Otto 型和 Kretschmann 型)、光纤和光栅等类型。对于 Otto 型,在棱镜底面与金属薄膜之间有一适当的间隙,将待测定物质置于此间隙中,Kretschmann 型装置是将金属薄膜直接蒸镀在棱镜的底部,待研究的介质在金属薄膜后面。由于 Otto 型的间隙取值非常重要,间隙过大或过小都不好,制作上有一定的难度,实验时调整难度也大,故本实验中采用 Kretschmann 型装置耦合方式。

以棱镜为光波耦合元件,可选择的棱镜几何形状有两种:一种是直角等腰三角形,另一种是半球形或半圆柱形。在棱镜底部镀一层金属薄膜,使透过棱镜底部的倏逝波引发表面等离子体,并与之发生共振。本实验以 Kretschmann 型等腰直角棱镜研究表面等离子共振技术在薄膜光学特性测量中的应用。

4. Kretschmann 型等腰直角棱镜的结构

图 47-1 给出了激发表面等离子共振吸收效应的棱镜 Kretschmann 模型结构,在棱镜的底部镀一层厚度适当的金属膜,然后在金属膜的底部蒸镀一层待测介质膜,从而形成棱镜/金属膜/介质薄膜/空气构成的四媒质分层介质系统,通过棱镜入射到棱镜/金属膜界面的 P 偏振光,如果入射角大于或小于全反射的临界角,则入射光被强烈反射。当入射角接近临界角时,反射光强迅速减弱,对于某一特定入射角,当倏逝波中的平行于金属/电介质界面的电场分量与表面等离子体波的波矢完全匹配时,两种波模式发生强烈的耦合,导致入射光的能量最大限度地被表面等离子体波吸收,产生等离子体共振效应,入射光波能量发生最大转移,反射光强度显著降低,从而发生表面等离子体波共振吸收的现象。

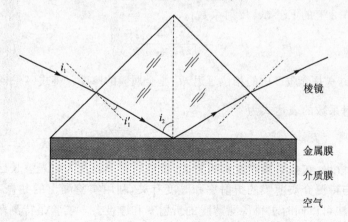

图 47-1 Kretschmann 模型结构

假设棱镜-金属膜-介质薄膜-空气构成的四媒质分层介质系统四部分分别用 1、2、3、4 来

表示，其折射率分别为 n_1、n_2、n_3、n_4。根据折射定律可得

$$n_4 \sin i_1 = n_1 \sin i_1' \tag{47-1}$$

又由于棱镜为等腰直角棱镜，可知

$$i_2 = 45° + i_1' \tag{47-2}$$

由式(47-1)和式(47-2)可以求出角度 i_2 和入射角 i_1 的关系为

$$i_2 = 45° + \arcsin\left(\frac{n_4 \sin i_1}{n_1}\right) \tag{47-3}$$

为了求出图中的场强反射系数，可以采用递推的方法，从底层向上，界面 2-4 的反射系数为

$$r_{234} = \frac{r_{23} + r_{34}\mathrm{e}^{-\mathrm{i}2\beta_3}}{1 + r_{23}r_{34}\mathrm{e}^{-\mathrm{i}2\beta_3}} \tag{47-4}$$

式(47-4)中的 r_{23} 和 r_{34} 分别为界面 2-3 和界面 3-4 的 Fresnel 反射系数，并且

$$r_{ij} = \frac{n_j^2 k_{iz} - n_i^2 k_{jz}}{n_j^2 k_{iz} + n_i^2 k_{jz}} \quad (i = 2,3; \quad j = 3,4) \tag{47-5}$$

$$k_{iz} = \frac{\omega}{c}(n_i^2 - n_i^2 \sin^2 \theta_i)^{\frac{1}{2}} \quad (i = 2,3) \tag{47-6}$$

$\beta_3 = \frac{\omega}{c} n_3 d_3 \cos \theta_3$ 是介质 3 中的相位延迟。θ_i 是光线在介质 i 中的入射角，k_{iz} 是介质 i 中波矢量的 z 分量，n_i 是介质 i 中的折射率，d_3 是待测介质薄膜的厚度。整个四媒质系统的总反射系数为

$$R = \frac{r_{12} + r_{234}\mathrm{e}^{-\mathrm{i}2\beta_2}}{1 + r_{12}r_{234}\mathrm{e}^{-\mathrm{i}2\beta_2}} \tag{47-7}$$

式中，r_{12} 是界面 1-2 上的 Fresnel 反射系数：

$$r_{12} = \frac{n_2^2 k_{1z} - n_1^2 k_{2z}}{n_2^2 k_{1z} + n_1^2 k_{2z}} \tag{47-8}$$

$\beta_2 = \frac{\omega}{c} n_2 d_2 \cos \theta_2$ 是介质 2 中的相位延迟，d_2 是金属膜的厚度。将式(47-4)代入式(47-8)可得系统总的反射系数的表达式为

$$R = \frac{r_{12} + r_{23}\mathrm{e}^{-\mathrm{i}2\beta_2} + r_{34}\mathrm{e}^{-\mathrm{i}2(\beta_2+\beta_3)} + r_{12}r_{23}r_{34}\mathrm{e}^{-\mathrm{i}2\beta_3}}{1 + r_{12}r_{23}\mathrm{e}^{-\mathrm{i}2\beta_2} + r_{12}r_{34}\mathrm{e}^{-\mathrm{i}2(\beta_2+\beta_3)} + r_{23}r_{34}\mathrm{e}^{-\mathrm{i}2\beta_3}} \tag{47-9}$$

由式(47-9)可以看出，在金属膜厚度和折射率、棱镜折射率以及入射光波长已知的情况下，系统总的反射系数与待测介质薄膜的折射率和厚度有关，利用实验测出的共振吸收时的激光入射角，通过优化算法可以同时求得待测薄膜的折射率和厚度。本实验是待测薄膜厚度已知，利用实验测出的共振吸收时的激光入射角，应用式(47-9)，通过改变待测薄膜的折射率的拟合方法来求得介质薄膜的折射率。

实验采用 632.8 nm 激光器作为光源，棱镜采用 K9 玻璃，其折射率为 1.514 8，棱镜下镀

有金属膜,在 632.8 nm 其折射率为 0.166+3.15i。假设空气的折射率为 1,并且在介质薄膜的折射率已知的情况下,通过 MATLAB 编程,经仿真计算可以得到不同薄膜厚度和入射角度下反射率与入射角的关系曲线,如图 47-2 所示。可以看出,共振角随着薄膜厚度的增大而增大;同理,在薄膜厚度一定的情况下,通过拟合也可以求出介质薄膜的折射率。

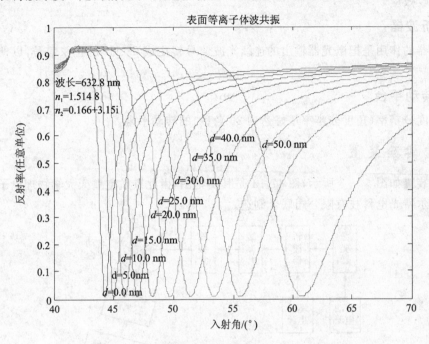

图 47-2　不同薄膜厚度下反射率与入射角的关系

四、实验器件及设备

实验中用到的主要器件有:激光器(含驱动电源)、斩波器(含驱动电源)、衰减片、偏振片、转动平台(其上是被测样品)、探测器、选频放大器、毫伏表、示波器。

1. 激光器

本实验使用 He-Ne 激光器,输出功率为 1~3 mW,最佳工作电流为 4~5 mA,输出波长为 632.8 nm。

使用 He-Ne 激光器应注意:

① 激光电源与激光管工作电压较高,通电时不要触及。
② 不要让激光直射眼睛。
③ 连续使用不超过 4 小时。放置不用时,每月要通电一次。
④ 如射到屏幕上的光点周围出现密集的斑影,则说明激光管镜片脏了,应擦拭干净。

2. 偏振片

偏振片是一种对两个相互垂直振动的电矢量具有不同吸收本领的光学器件。本实验中使用偏振片，是为了实现入射到玻璃棱镜的光为 P 偏振光，因为只有 P 偏振光才能产生等离子体共振吸收效应。

3. 斩波器

斩波器的作用是把激光器输出的连续光波信号转变成 25 Hz 的正弦信号，以便光电探测器接收。

4. 转动平台

高角度分辨率(角度分辨率最好达到 30 角秒)的转动平台。

五、实验装置

实验装置如图 47-3 所示，图 47-4 是其实物图，由北京航空航天大学物理电子学研究室和厦门奥尔特光电科技有限公司联合制造。

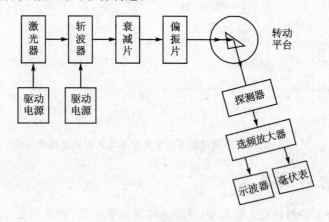

图 47-3　实验系统原理框图

六、实验步骤

① 安装好载物转动平台，将镀有银膜或者金膜的直角等腰棱镜(或者半圆柱棱镜、半球镜)放在载物转动平台中心，并夹持好。

② 安装激光器并调整其高度，使得激光器高度合适。连接激光器电源，调整激光器，使得输出光线水平。

③ 安装斩波器，根据激光器输出光线调整其高度。

④ 安装衰减片和偏振片，并调整其高度，旋转偏振片，使得经过偏振片的光为 P 偏振光。

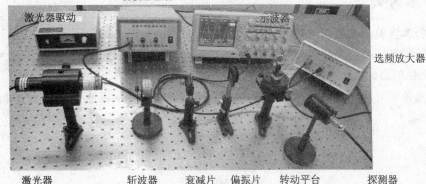

图 47-4 实验系统实物图

⑤ 安装转动平台，调整转动平台至水平，使激光光线通过转动平台的中心，记录转动平台刻度和入射光线之间的角度。

⑥ 安装待测薄膜棱镜样品，使棱镜的斜边通过转动平台的中心，记录棱镜在平台上的位置，以确定入射角度。

⑦ 连接斩波器驱动、探测器、选频放大器、示波器和毫伏表，并接通电源。

⑧ 调整转动平台的角度，找到棱镜全反射的临界位置，安装探测器，每变换一次入射角，记下入射角的度数，同时记录示波器和毫伏表的变化，将测量数据填入表 47-1。

注意：

① 如果实验中的信号较微弱，可以根据情况去掉衰减器或者换一个衰减倍数小的衰减片。

② 等离子共振吸收的位置在全反射附近，因此在全反射附近调整转动平台角度时调整角度要尽量小。

表 47-1 入射角与探测器和示波器输出之间的关系

入射角									
探测器（输出）									
示波器（输出）									

七、实验报告

① 根据所测结果绘制入射角和输出光强之间的关系曲线；

② 利用 MATLAB 编程，通过数据拟合的方法求出待测薄膜样品的折射率。

八、思考题

① 分析本实验的主要误差来源。

② 实验的第一步要调整各部分的高度和位置,如果其中的转动台没有调至水平,会对实验造成什么样的影响?

③ 测量角度时,如何确定棱镜初始的入射角度?分析为什么只有 P 偏振光才能产生等离子体共振吸收?

实验 48 光声光谱实验

早在 1880 年,Bell 就发现了光声效应,因当时相关技术没有跟上,光声效应的研究一直没有受到应有的重视。随着合适的传声器的问世,到 1938 年,M. L. Viengerov 开始利用光声效应来研究气体对红外光的吸收。直到 20 世纪 70—80 年代,微弱信号检测技术的发展,使得国际上掀起了光声光热技术的研究与应用高潮。目前,以光声效应为基础的光声光热技术已经广泛应用于材料学、无损检测、生物医学、痕量气体探测、物理与化学、层析成像与显微成像等众多领域。

光声效应的最初含义是指物质吸收了调制光能而激发出声波的效应。人们通过检测声波就可以对物质的光学、热学、力学、化学组成等各种特性进行检测。由于光声检测具有灵敏度高、可检测的波谱范围宽(10^{-10} m 至几毫米的波长)等优点,因而这种检测技术几乎能适用于所有类型的样品。本实验介绍固体样品的光声谱实验,该实验系统由宽光谱光源(白光光源)、光声池、单色仪(光谱仪)、微弱信号探测以及光声谱记录等部分组成。通过本实验不仅可以建立起光声效应及其应用检测的概念,还可以涉及到光谱测量与记录、微弱信号检测等技术的综合应用。

一、实验目的

① 了解光声效应的原理和光声光谱学的概念及其基本测量方法;
② 学习应用锁相放大技术测量光声微弱信号的方法;
③ 学习物质材料特性的光声谱测量方法。

二、实验内容

① 建立光声光谱实验装置。
② 利用建立起的光声光谱实验装置测量太阳能电池、纳米材料等几种固体样品的光声光谱。
③ 对测得的光声光谱进行材料或器件特性的分析。

三、实验原理

以一定频率(声波频率)调制的光照射到放置在密闭容器(光声池或叫光声盒)内的样品上,样品吸收了光辐射能后以两种形式将吸收的光能表现出来:① 样品吸收光能后引起物质的原子从低能级向高能级跃迁,不稳定的高能级原子通过向外辐射光子回到稳定的低能级,这种辐射跃迁形式不能产生声波;② 样品吸收能量后,跃迁到高能级的原子将能量转化为物质晶格间的振动,以释放声子的形式回到基态,这种跃迁形式可以产生声波。从宏观角度讲,样品吸收了调制的光辐射能后而引起物质的温度升高,物质的热胀冷缩效应引起物质体积随着调制频率胀缩,因样品密封在容器(光声池)中,体积热胀冷缩推动样品周围的空气以调制频率振动,从而在气体中产生声波,若用与空气接触的敏感元件(微音器或压电元件)检测,配合锁相放大等技术,随着单色仪的转动,改变入射光波的波长,就可以探测到反应物质内部结构及成分含量信息的光声光谱。

四、实验装置与设备

光声光谱的实验系统装置如图 48-1 所示。光声光谱仪主要由白光光源、斩波器、光声池、声敏感器件、前置放大器、锁相放大器和光声光谱记录设备(单片机或者计算机等)组成。不管试样的形态如何(气体、液体、固体),所使用仪器的基本构造都相同。从光源发出的白光经单色仪变成单色光,再经声频斩波器变成强度调制的单色光,经透镜聚焦入射到密封在光声池内的被测样品上,光声池内的样品吸收了调制的单色光后便产生了声信号,此信号用微音器等敏感器件检测,检测到的信号经过放大器后变成电信号,再由锁相放大器等提高信噪比后送入数据采集和记录装置,记录下光声光谱。

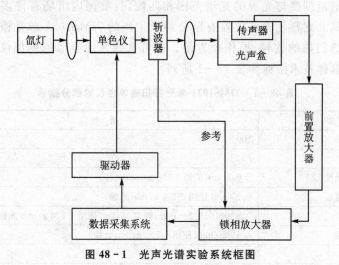

图 48-1 光声光谱实验系统框图

1. 氙灯光源

氙灯是较理想的白光光源。氙灯可分为长弧氙灯、短弧氙灯和脉冲氙灯三种。当氙灯的电极间距为 1.5~130 cm 时称为长弧氙灯,是细管形。它的工作气压一般为一个大气压,发光效率为 25~30 lm/W。当氙灯的电极间距缩短到毫米数量级时称为短弧氙灯。灯内的氙气气压为 1~2 MPa(1 010~2 020 kPa)。一般为直流供电,立式工作,上端为阳极,下端为阴极。该灯的电弧亮度很高,其阴极点的最大亮度可达几十万 cd/cm^2,电弧亮度在阴极和阳极距离上分布是很不均匀的,其光谱分布图如图 48-2 所示。可见,氙从紫外到近红外波长都有发光强度,非常适合于测量物质的紫外-可见光-近红外的光声光谱特性。

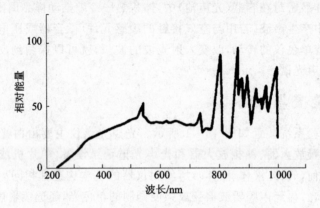

图 48-2 氙灯的发光光谱分布

2. 单色仪

单色仪的光谱范围要与光源的光谱范围相匹配,目前国内市场有许多可供选择的产品。本实验中采用的是北京赛凡光电仪器有限公司所生产的 7IMS1021 单光栅扫描单色仪,该单色仪配有控制光谱扫描的软件,操作较方便。也可选择其他类似的单色仪。7IMS1021 单光栅扫描单色仪的具体技术指标如表 48-1 所列。

表 48-1 7IMS1021 单光栅扫描单色仪的部分指标

类 别	指 标
焦距/mm	100
F/#	F/3
波长准确度	±0.5 nm(使用 1 200 g/mm 光栅)
波长重复性	0.25 nm(使用 1 200 g/mm 光栅)
分辨率	0.5 nm(435.8 nm 处,缝宽 10 μm,使用 1 200 g/mm 光栅)
倒线色散	7.5 nm/mm(使用 1 200 g/mm 光栅)
杂散光	$5×10^{-4}$

续表 48-1

类　别	指　标
机械波长范围	0～1 100 nm(使用 1 200 g/mm 光栅)
实用光谱范围	185 nm 远红外(依所选光栅而定)
标准配置光栅参数	1 200 g/mm，$\lambda_p=500$ nm
光栅有效使用面积	55 mm×55 mm
半固定式狭缝 4 对	高度均为 5 mm，宽度分别为 100 μm、300 μm、500 μm、1 000 μm
仪器外观尺寸	220 mm(L)×147 mm(W)×133 mm(H)
仪器质量/kg	5

3. 斩波器

对光声光谱法信号检测来说，为了使微音器输出的是交流音频信号，必须以某种方法对入射光强进行音频调制，因此在使用连续(直流)光源时，必须用斩波器等将光源变成断续光或调制光。光在调制中光强发生 100% 的变化时，称为断续光，其他情况称为调制光。使用斩波器时须注意：斩波器产生的振动频率常常与光的断续频率相同，在检测光声信号时，容易成为大的噪声源。因此，斩波器和光声盒不能放在同一个台面上，也要避免将斩波器的振动传给光声盒，对这些问题都必须充分注意。

4. 锁定放大器

我们在实验中使用的是美国斯坦福公司(Stanford Research Systems)生产的 SR510 模拟锁定放大器。也可用其他类型的锁定放大器，或者自制锁定放大器。

SR510 模拟锁定放大器的主要参数特点如下：

10 nV 或 100 fA 满量程灵敏度；

动态储备高达 80 dB；

内参考振荡器；

0.5 Hz～100 kHz 参考频率；

四个 A/D 输入，两个 D/A 输出；

GPIB，RS-232 接口。

5. 光声盒(存放待测样品的光声池)

在整个实验中光声盒对我们来讲可以说是一个比较特别的元件，因为并没有成品可以购买，可以自己根据实际待测样品和微音器等设计加工。

五、实验步骤

① 按照图 48-1 搭建起光声光谱实验装置。

② 开启氙灯光源,调整好实验光路,并检查信号放大与数据采集系统是否连接好。
③ 试运转单色仪,调整单色仪输出光谱范围时间,使其与数据采集记录时间相匹配。
④ 将全吸收的绝对黑体样品(如用蜡烛熏黑玻璃片等)放入光声池,旋紧光声池密封盖,同时开启单色仪运转软件和光声谱数据记录软件,记录下绝对吸收黑体的光声谱。
⑤ 不用换黑体样品,再重复一次步骤④的记录数据。
⑥ 将步骤④和步骤⑤两次记录的数据进行比较归一化,如果近似为一条直线,则说明实验系统工作正常;否则,找出原因,调制实验系统。如果归一化直线波动很大,则可能是两次测量的光谱不一致,或者是光源强度不稳定。
⑦ 系统工作正常后,取出黑体样品,将待测样品放入光声池后旋紧密封盖,重复步骤④,将测得的数据与归一化后的数据相除,便可得出待测样品的光声光谱曲线。

六、实验报告

根据测得样品的光声光谱曲线,应用与样品材料有关的物理学、化学、生物学、材料学等知识进行分析,给出样品物质特性的基本分析结果。

参考文献

[1] 江月松主编. 光电技术与实验[M]. 北京：北京理工大学出版社，2000.
[2] 陈汝钧，石定河. 红外实验选编[M]. 西安：西安电子科技大学出版社，1988.
[3] 王仕璠主编. 现代光学实验教程[M]. 北京：北京邮电大学出版社，2004.
[4] 熊俊主编. 近代物理实验[M]. 北京：北京师范大学出版社，2007.
[5] 潘人培，董宝昌主编. 物理实验教学参考书[M]. 北京：高等教育出版社，1990.
[6] 王庆有主编. 光电信息技术综合实验与设计教程[M]. 北京：电子工业出版社，2010.